［国家自然科学基金（主任基金研究项目）批准号 51348006
江苏省高校优势学科建设项目资助
省高校自然科学研究面上项目（指令性）推准号 13KJB560013］

城市逆向规划建设

基于城市生长点形态与机制的研究

张芳 著

东南大学出版社
SOUTHEAST UNIVERSITY PRESS
南京·2015

内容提要

城市是一个联动、开放、有机的复杂系统，其局部与整体之间存在着相互作用的辩证关系。基于城市生长点微观层面的逆向研究，期望为城市局部作用于整体的过程提供一种全新的思路，更加有机辩证地解决城市发展建设问题。本书分为三部分：首先，从城市发展背景入手，揭示城市发展存在的生长点现象，提出"城市生长点"的概念；其次，在时间维度、空间维度建构城市生长点的形态生长模型，对其形态演化及作用机制进行综合研究；最后，结合我国城镇化特点，提出城市生长点开发机制的总体原则，并最终提炼出典型的开发模式，并辅以典型案例。

本书可供从事建筑设计、城市规划、城市设计的人员参考，也可供相关专业技术人员、专业教师与学生学习使用。

图书在版编目(CIP)数据

城市逆向规划建设：基于城市生长点形态与机制的

研究 / 张芳著. — 南京：东南大学出版社，2015.9

（城乡规划新空间新思维丛书 / 黄耀志主编）

ISBN 978 - 7 - 5641 - 5977 - 1

Ⅰ.①城…　Ⅱ.①张…　Ⅲ.①城市规划—研究　Ⅳ.
①TU984

中国版本图书馆 CIP 数据核字（2015）第 199296 号

书　　名：城市逆向规划建设：基于城市生长点形态与机制的研究
著　　者：张　芳
责任编辑：孙惠玉　徐步政　　　　　编辑邮箱：894456253@qq.com
文字编辑：李　倩

出版发行：东南大学出版社
社　　址：南京市四牌楼 2 号　　　　邮　　编：210096
网　　址：http://www.seupress.com
出 版 人：江建中

印　　刷：江苏凤凰数码印务有限公司
排　　版：南京新洲印刷有限公司制版中心
开　　本：787mm×1092mm　1/16　印张：13.5　字数：344 千
版 印 次：2015 年 9 月第 1 版　　2015 年 9 月第 1 次印刷
书　　号：ISBN 978 - 7 - 5641 - 5977 - 1
定　　价：39.00 元

经　　销：全国各地新华书店
发行热线：025 - 83790519　83791830

前言

随着城市及建筑设计学科研究的发展,城市发展中局部与整体间的作用更呈现出一种辩证的关系。传统思维中城市发展模式相关研究多建立在城市规划自上而下的系统之下,注重于相对宏观的城市发展策略、城市规划、城市设计层面研究。近年来,有关城市局部作用于城市整体、自下而上的相关研究逐渐发展起来,笔者将这种研究方向落实到城市生长点的具体问题上,从城市生长点局部的形态与机制的研究推动城市逆向规划建设。"生长点"的概念源于生物学,学术界研究城市问题的理论曾提出过"生长点"的理念,但对其自身特征、界定方式、作用机制等,尚无明确概念。笔者结合城市建设中局部与整体的关系,提出"城市生长点"的具体概念,从城市的起源与生长入手,指出城市生长具有向心的倾向,存在一定的生命周期,无论是自下而上生长的城市,还是自上而下规划建设的城市,都存在城市生长点;在动态发展的城市中,城市生长点贯穿城市生命周期始终,具有一定的自组织性和可干预性。为了进一步明确城市生长点概念,笔者从形态层面和作用原理层面分别比对城市生长点与其他城市"点"之间的异同,进一步明确城市生长点的内在属性与外在空间属性。城市生长是一个繁复而系统的过程,而自下而上逆向研究城市局部与整体的城市规划建设,需要对大量无序的细枝末节进行分类、归纳、整理,研究其内在关联与作用原理,建立城市动态有机的背景下"点到面""局部到整体"的辩证互动关系。本书从空间与时间的维度建立起研究分析构架、两个维度的研究相互支撑、赋予城市生长点完整饱满的逻辑形象,提出城市生长点在城市空间中的"点"—"轴"—"网"的形态演化过程,并在城市生命周期内研究城市生长点的三种主要作用力的特点和作用原理。为了方便读者理解抽象的理论,本书参考类型学的方法,基于定性定位、建设强度、投入与培植、设计层面的总体协调四个方面,总结出若干典型的生长点类型,并辅以案例进行阐述,为城市管理、设计和决策提供参考。

城市生长是一个纷繁复杂的过程,自下而上逆向研究城市局部与整体的城市规划建设,除面临大量无序的细节的梳理以研究理解城市内在的作用机制与原理,还需要大量案例和相关理论以验证城市局部对整体的逆向作用。在初稿写作过程中,笔者有幸得到国家留学基金资助,前往欧洲游学,为笔者实地调研大量欧洲城市的重要的生长点提供了宝贵的机会,这些案例成为本书重要的第一手资料。此外,本书初稿缘于笔者的博士论文,博士论文写作期间得到了导师齐康院士高屋建瓴的系统指导,为本书成型奠定了良好的基础。工作后以此课题为原型获得国家自然科学基金的资助,进一步促成了本书研究内容的完善。众多机缘促成了本书的最终成稿,期望本书起到抛砖引玉的作用。

张芳

2015 年 4 月 5 日

目录

0　缘起与背景

0.1 缘起

0.1.1 城市发展的复杂背景

城市逆向规划研究,是基于城市局部与城市整体之间的互动关系,在城市复杂动态的背景下,从城市动态发展的自身规律与特点出发。通过研究城市局部的"点"自下而上作用于城市的特点,为后续的城市局部作用于城市整体的规划建设提供依据。

首先,城市是一个复杂、动态的巨系统,在时间层面与空间层面,包含着微观和宏观、静态和动态、内部和外部、物质和精神等多种组成要素,各要素之间相互关联、相互作用,构成了城市的系统整体性。观察城市发源可以发现,无论是自上而下的城市,还是自下而上的城市,其产生与发展都反映了不同时代的政治、文化特色,现代城市的状态正是体现了规划干预与自组织两种力量的共同作用。观察城市发展可以发现,城市如同生命有机体一样,存在一定的生命周期,其生长发展是各种因素相互作用的产物;在不同时代,城市发展的周期表现不同,城市生长发展的影响因素也存在差异。

其次,城市是动态发展生长的,有其自身的发展规律与特点。早期城市的产生往往由原点起始,其产生与建立源于城市的"集聚"效应;在城市的发展中,城市的原点可能单发也可能多发;而现代城市从"单点发展"到"多点发展"的演变反映了城市发展过程中"点"的演化与生长。随着时间的推移,城市与生俱来的形态与特色在时间维度中动态发展,通过城市改造、城市更新等城市行为实现其生长代谢,呈现出与日俱增的复杂性,而城市问题也随之日益复杂。

由于城市在时间和空间不同维度具有系统的复杂性,其相关的研究需纳入到城市动态发展的背景中去,遵循城市发展的规律与特点。本书正是从城市动态、复杂的背景出发,观察城市中局部与整体、个体与群体的辩证关系,以研究"点"的特征与发展规律,从一个新的角度来审视城市发展问题,进而推动城市有机健康的生长发展。

0.1.2 我国新城镇化进程

我国目前正处于城市化快速建设时期,是一个承前启后的时期:国家发展和改革委员会的数据显示,截至 2009 年年底,中国的城镇化率为 46.6%,2003 年以来每年增长 1 个百分点。2011 年 4 月发布的《宏观经济蓝皮书》表明:"中国将在 2013 年达到城市化增长率的最高点,此后将在 2011—2016 年结束高速城市化过程。"中国社会科学院发表的《2010 年城市蓝皮书》预计,"十二五"期间,我国城镇化率到 2015 年将超过 50%,城镇人口也将首次超过农村人口,到 2030 年左右,城市化率达到约 68%。近年来的发展也已印证了这些预测。

从我国现代城市发展的现状来看,人类享受着城市生活的丰富和精彩,同时也承受着城市生活中的交通、生态环境等方面的压力,面临许多城市问题。中国城市化已经步入中期阶段,步伐加快,质量显著提高,一方面极大地促进了我国经济的发展,对于带动城乡经济的总体协调发展,促进经济、政治、文化的全面进步起着重要作用;另一方面,我国经济基础薄弱,城市基础建设严重不足,快速城市化产生了一系列问题,如城市建设与城市规划、城市设计脱节,城市局部空间塑造与城市整体发展的矛盾,具体表现在多个方面:①环境污染严重,原有生态环境改变,环境质量下降,且趋于恶化;②中心区人口密集;③交通拥挤;④地价、房租昂贵,居住条件差;⑤失业人口增多;⑥社会秩序混乱等。

城市如何发展、城市病如何解决是一个极其综合、复杂的问题。传统主流的研究思路集中于自上而下的、从整体到局部的规划模式,如一般城市规划分为总体规划、控制性详细规划、修建性详细规划,还包括各子系统的规划等。虽然这种城市规划设计模式系统而有效,但是对于复杂的城市有机体来说,很难将所有城市规律、城市问题都囊括进一个预先计划好的框架内。在复杂而有机的城市网络中,个体与群体、局部与整体往往是一种辩证的关系,城市中的个体也有可能反过来作用于城市整体,在自上而下的体系之外还存在自下而上的体系。这一点近年来得到了城市规划界、城市管理界、建筑设计界等广泛的关注,产生了众多的相关理论研究,如城市针灸、自组织理论、神经网络学说、城市触媒等。这些理论或多或少都意识到了城市网络中局部作用于整体进而影响城市整体规划的方面。关注城市中特异性质的"点"能从另一个角度捕捉到相关的城市规律、城市问题。

对于众多可能影响到城市整体的"点",其对整体的影响力有强有弱、有主有次,在研究中需要遴选出基于当前中国城市发展最主要、最强势的影响作用点,关注这些点的形态与发展机制可以抓住问题的主要矛盾。对于高速发展的中国城市来说,城市发展的中心、发展的初始点是影响城市发展整体形态的重要因素。笔者借鉴其他学科研究将这些"点"定义为城市生长点,通过对这些城市生长点的观察、分析、总结,探索其演化形态与发展机制,可以从另一个角度事半功倍地研究中国城市发展规律和问题,与传统自上而下的城市研究方式结合起来,更加全面地去探索城市。

0.2 相关研究

0.2.1 城市规划建设理论发展

学术界对城市生长的观察与研究由来已久,笔者对相关城市发展理论进行了梳理。同济大学建筑与城市规划学院院长吴志强在《〈百年西方城市规划理论史纲〉导论》一文中,将过去一百多年西方的城市规划理论发展划分为六个阶段;南京大学博士生导师张京祥在其《西方城市规划思想史纲》一书中,将吴志强的划分体系进一步整合,笔者参考以上两种划分方法,在本书中将城市生长发展研究划分为以下几个阶段:早期城市时期:古希腊时期、古罗马时期、中世纪时期、文艺复兴及启蒙时代;工业革命后到二战前;二战后。

在不同阶段的城市发展中,早期的城市呈现出以城市自组织力量与城市规划力量共同作用,重要的都城等往往以城市规划力量为主导,其他城市多以城市自组织力量为主导。在工业革命后到二战前这一阶段中,随着城市化的发展,自上而下的城市规划的力量渐渐成为主导,体现为通过形态秩序、功能合理等理念指导城市发展。二战后,城市发展理论研究深入,对城市的复杂性、系统性、整体性、联系性也有了更为深入的认识,在城市发展相关理论研究中,城市局部作用于城市整体的研究开始崭露头角。

1) 早期城市发展并无系统且统一的理论支撑,但可以观察到"生长中心"

对早期古希腊,古罗马的典型城市生长发展的观察可以发现,城市生长点在城市生长中有一定的自发性。"自上而下"规划的控制力量与城市"自下而上"自然生长的力量是并存的。对比早期中西方不同的城市发展轨迹,可以观察到城市发展往往存在着一定的"生长中心"现象,并总体呈同心圆式生长发展。

2）真正的城市发展理论成形于工业革命后，一定时期呈现出以规划主导城市发展

工业革命带来的系统的城市规划思想对城市的生长发展起重要作用，就如何引导城市生长发展，可以试划分为以形态秩序为主导、以功能合理为主导的相关理论研究。在形态秩序为主导的思潮中：卡米罗·西特（Camillo Sitte）提出了以确定的艺术方式来指导城市建设的原则；伊里尔·沙里宁认为，大到城市，小到工艺品，都是城市形体环境的一部分，都要讲求形体秩序；霍华德提出提出了"城市—乡村"相结合的城市跨越性发展概念——"田园城市"。此后受新建筑运动的影响，在城市建设上出现了强调"功能合理"的思潮：以勒·柯布西耶的《明日的城市》为代表，主张通过对现代技术的运用，充分利用和改善城市有限空间，通过建筑的高层化来减少市中心的建筑密度，增加绿地，增加人口密度。

（1）田园城市：1898年由英国霍华德提出，它是一种有机的城市生长模式，主张规划用宽阔的农田地带环抱城市，使这种城市兼备城市与农村的特点，把社会与城市、区域与城市规划组合在一起，城市规模不大，每座城市都做到城乡结合。田园城市理论对后世城市建设影响很大。

（2）国际现代建筑协会（CIAM）的阳光城市：由勒·柯布西耶提出的阳光城市——"垂直式的花园城市"，提倡功能理性的程序式构架，主张顺应时代的发展对城市进行大刀阔斧地改造，是一种外科手术般对失去功能的器官进行更新替换，是一种功能优先的大换血、大改造。

（3）带形城市：西班牙理论家苏里亚·伊·马塔（Arturo Soria Y. Mata）提出的带形城市（Linear City）主张城市发展模式沿线性（交通线）生长，以绿地作为缓冲，城市建设用地随线性生长不断延伸，带有一定的功能技术色彩。

（4）新城理论：新城理论（Newtown）被认为是田园城市理论的发展，它认为正确的城市发展可以呈跳跃式，新城类似于植物的"芽"，新城以规模较大的母城为中心，在新城"芽"之间以农业用地作为缓冲，新城之间通过快速交通联系，如细胞一样形成多中心模式，这样保证卫星城环境优美，城乡特点兼备。

（5）新陈代谢理论：以丹下健三、黑川纪章为代表，借用生物界的基本规律，以"代谢"的概念阐述城市的发展。他们认为城市应不断进行新旧更替，不断利用新陈代谢的方式生长、变化与衰亡。

3）二战后，基于城市的整体性、复杂性、系统性、联系性，形成更为系统的理论

基于城市整体性的特点，凯文·林奇将环境心理学引入城市分析和城市设计，在《城市意象》一书中提出了城市意象理论与城市意象五要素，城市意象五要素共同组成城市形体环境的视觉秩序；在《城市形态》一书中，他提出要将社会、生态及物资环境看成整体。科林·罗则强调城市的拼贴性，其在《拼贴城市》一书中主张建筑师把视角从建筑单体转移到整个城市，重视城市局部作用于城市整体的作用。基于城市复杂性的特点，克里斯托弗·亚历山大在《城市并非树形》一书中将城市分为两类——"自然城市"和"人工城市"，指出城市半网络结构带来的复杂性，使得城市空间具有了多样性和适应性的特质。基于城市联系性的特点，阿尔多·罗西的"建筑类型学"指出城市空间的物质性显现于城市建筑的共时性和历时性，并提出了类型学的方法。而卢森堡的克里尔兄弟认为，在城市图底关系中，"底"才是城市的主角，是城市中经过优化的文脉的自然产物，而城市设计的过程是一个重建传统城市肌理与公共空间的过程。挪威建筑师和历史学家诺伯格·舒尔茨的"场所精神"理论认为，场所是存在空间的基本要素之一。

0.2.2　工业革命后城市局部作用于整体的相关研究

真正的现代城市发展理论,成形于工业革命以后,在不同的思潮中,学者们对于城市局部反作用于城市整体也是越来越关注。

1) 形体秩序视野下,城市局部作用于整体的相关理论

卡米罗·西特在1889年出版的《城市建设艺术》一书中,批评了当时在城市设计中盛行的形式主义,通过分析中世纪城市空间艺术的有机和谐特点,关注城市建设和自然环境之间相互协调的重要性,从大量的欧洲中世纪城市的实例中获取经验,指出在城市空间艺术创造中需要强调自由灵活的设计、建筑之间的相互协调、广场和街道应组成有机的围护空间,此后形成"城市的艺术"(Civic Art)的专门领域。西特的观点得到了沙里宁的推崇,后者强调城市应该是有机、如自然生长出来一般,指出城市规划与设计要适应这一规律,提倡重视城市的"体形环境",认为城市中的细微局部和大的城市整体,共同构成了体形环境,需要尊重、讲究形体秩序(Form Order)。这种期望通过大规模的城市改建还原理想的城市空间秩序的观点,在法国巴黎奥斯曼的改造和美国的城市美化运动中得到了实践。但是在形体秩序下的有机生长过于强调了城市整体的形象,作为城市构成的城市建筑等城市局部存在的意义仅是为了城市的整体形象完整[①],导致各自褒贬不一的评价。

2) 结构秩序视野下,城市局部作用于整体的相关理论

结构主义(Structuralism)被誉为20世纪影响重大的人文变革思潮之一,其思想来自于瑞士语言学家索绪尔[②]。20世纪60年代以来,结构主义对于建筑理论中的结构主义、文脉主义和类型学研究有着深刻影响,并在哲学层面成为处理城市局部与整体的理论基础。建筑理论中的结构主义源于对经典现代主义建筑理论的批判,指出城市与建筑空间由于功能特征不同而相互独立,从而丧失了彼此之间必要的联系。在1959年的CIAM大会中,路易斯·康、丹下健三和"十次小组"等一批建筑师对此进行了尖锐的批判[③]。此后随着CIAM的解散,形成了20世纪60年代的百家争鸣。这个过程中出现了结构主义和文脉主义,它们都强调城市局部的建筑在城市组织结构中的重要性,并对两者的相互关系进行了研究,同时将其推广到如何塑造整体的城市空间的层面。

(1) 结构主义

不同于功能主义,结构主义指出系统的结构组织法则决定了建筑的形式,继而通过结构的构造延伸,以建筑单元的组合共同构成完整的城市形态,其中"结构"概念不同于物质形态的建筑结构,而是指事物的有机、有序、整体的关系,即"表象背后操纵全局的系统与法则"。

(2) 文脉主义

文脉主义认为个体建筑是作为城市整体构成的一部分,局部与整体之间在共时性和历时性两个层面存在对话与联系。罗伯特·斯特恩在《现代主义之后》一书指出,文脉主义重视建筑个体对环境的尊重,个体建筑是群体建筑的构成,"并使之成为建筑史的注释"。而查尔斯·穆尔认为:"建筑应该在空间上、时间上以及事物的相互关系上强调地方感,要让人们知道他们究竟住在哪里。"

(3) 建筑类型学

安东尼·维得勒将建筑类型学归纳为三点:继承了历史上的建筑形式;继承了特殊的建筑片断和轮廓;以及将这些片断在新的城市文脉环境中的重组拼贴。而阿尔多·罗西从心理学的角度对"原型"的选择进行了研究,将错综复杂的城市建筑、环境的关系统一于"原型"

及其变体上,通过原型使得城市的局部与整体之间建立良好的对话。

　　3) 城市复杂性、系统性视野下,城市局部作用于整体的相关理论

　　二战后的思想更是百花齐放,对城市的复杂性、系统性、整体性、联系性形成了更深入的认识。在后现代主义的广阔背景下,在对结构主义的继承与颠覆上出现了后结构主义,后结构主义认为,在复杂系统中,整体并非占据绝对的中心支配地位,在复杂系统的整体关系中,存在自上而下的整体对局部的支配与控制,也存在自下而上局部对整体的反馈与反作用,这两种作用相互联系形成动态的平衡。

　　(1) 亚历山大的研究与"基核"概念

　　亚历山大在《城市并非树形》一文中提出,城市呈半网络状的结构模型,在对城市复杂性、系统性的认识下,指出处理城市巨大系统的相关问题需要另外的操作手段;他在《建筑的永恒之道》一书中提出的"无名的特质",是把城市构成空间的基本模式作为城市有机体的构成分子,是"人、城市、建筑或荒野的生命与精神的根本准则",此后他在《模式语言》一书中通过模式的建构,通过一系列的组合共同构成城市整体与城市局部的统一。亚历山大在《城市设计新理论》《秩序的本质》两本著作中,更是将城市动态发展的特点引入研究,指出城市局部的动态发展对城市系统整体的形态影响。亚历山大在关于城市地段生长的试验研究中提出"基核"的概念,该研究指出,区域局部的生长总是从入口开始,延伸至街道区域,从而产生一定的功能萌芽区域;随后随着周边的餐饮、会所等的出现,区域的整体功能性加强,公共活动的需求增大,使得区域趋于功能整体完善。在此过程中,这种生长是连续的链式反应,区域中出现的元素,前者总是为后者提供一定的基础和条件。"每一个新元素的出现都为下一个元素的出现提供条件,扮演着必不可少的角色,在完善现有的空间基础上,也会增加新的核心增长点,基核所起的场所中心效应便应运而生"。而最终生成的地段空间则是有机且充满活力的。"基核"在城市中强调其自发性,可以通过随后的控制引导激发其区域发展。而本书对城市生长点的研究,更侧重于主观能动地布点,进而通过对点的特性的利用实现对城市区域的控制引导与促进。此外,亚历山大的实验为城市规划提供了理论参考,强调通过利用公众的、开放的手段来加强地段中物质、能量、信息的交流,以激发新"基核"即生长点,这点对城市生长点的研究具有重要启示。

　　(2) 神经网络学说中的"神经元"概念

　　神经网络理论是认知心理学家通过计算机模拟提出的一种知识表征理论,认为知识在人脑中以神经网络形式储存,神经网络由可在不同水平上被激活的结点组成,结点与结点之间有联结,学习是联结的创造及其强度的改变[④]。传统的神经系统控制理论是等级理论,神经系统的控制是自上而下的。而在人类的习得性运动形成过程中,神经元之间通过相互连接共同构成复杂的网络体系,这种联系会随着使用而被强化,如果弃用则减弱。通过程序化,可以使得复杂的运动具有一定的自发性,反之促进神经网络及运动控制程序的优化,最终形成高效的运动模式。神经网络的研究是一种自下而上的研究,其研究基础是生物神经元学说。众所周知,神经元是神经系统中独立的营养和功能单元,在生物神经系统中(包括中枢神经系统和大脑),均是由各类神经元组成。本书所研究的城市的生长点,在城市系统中如人体中的神经元,其状态并非孤立、静止的。首先,它是一个城市"细胞",其状态受到周围其他的城市细胞及整个城市系统的影响。其次,这些点具有内在与外在的活力,一方面它能够接受来自城市物质环境等多方面的信息;另一方面它能够将这些信息转化为其内部功能组织及外在形态的物质性再造,反过来反馈到整个城市系统,使之对城市产生良性的刺

激,最终对未来城市的发展、演化等产生引导和制约。

在城市系统的层面,这些生长点类似于神经元,通过各种内在、外在的联系在时空维度中共存、交织,形成城市性作用的层级网络,形成一系列的"生长轴""生长带"。这种运作方式与元胞自动机(CA)理论存在着相似性。但是不同于基于 CA 的城市性,这种关联不以空间尺度为参照,主要体现为一种区域性的功能平衡与激励。这种类似于神经网络的城市性作用也有着层级的差异,不同等级的城市性对应着不同层次的作用范围,同时存在着跨层级关联的可能。

(3)中医针灸理论与"城市针灸"

针灸(Acupuncture and Moxibustion)⑤是中国特有的治疗疾病的一种方法,在中国古代常用其治疗各种疾病。其特色在于通过对体表穴位的刺激,进而经过经络来辅助治疗全身疾病。而城市针灸是由西班牙建筑师、城市理论家马拉勒斯(Manuel de Sola Morales)援引中国传统的中医针灸理论和经络理论所提出,着眼于城市建筑作用于城市系统,指出城市中微观的城市建筑之于宏观的城市有机体存在一种类似于针灸的作用,可以对城市问题产生治疗与激化的作用。肯尼斯·弗兰普敦在《千年七题》报告中对此表示支持:"这种小尺度介入有一系列前提:要仔细加以限制,要具有在短时间内实现的可能性,要具有扩大影响面的能力。一方面是直接的作用,另一方面是通过接触反映并影响和带动周边。"

如果将城市看作是一个有机体,那么借鉴中医的针灸理论,在城市中也存在着至关重要的"穴位",通过对关键"点"的局部改造与治疗,进而以点带面地改进、解决城市问题。此外,在城市生命周期中的城市更新、城市再生阶段,这些点的作用不仅是对原有问题的治疗,更是为城市重新焕发活力、重获新生提供了途径。城市生长点作用于城市问题,如同将中医针灸理论"从外治内"的治疗方法应用到城市中,可以通过少量的投入、局部的工程,对城市进行调理,避免了城市因大规模的整治而造成诸如城市文脉的断裂、城市风貌的破坏等问题。

(4)城市触媒

唐·洛干(Donn Logan)和韦恩·奥图(Wayne Atton)1989 年在《美国都市建筑学:城市设计的触媒》一书中提出了城市触媒的概念,如同前述的自组织理论中"基核"的概念,它是城市有机体中的一个重要元素,产生于城市,影响于城市。城市触媒范畴广阔,有着多种形态,可以是城市的一个局部,如城市街区的开发,也可以是城市建筑的一个局部;可以是城市开放空间等物质形态的元素,也可以是非物质的城市事件、城市政策、城市建设思潮、城市的特色活动,等等。

城市触媒对城市的结构形态起到由局部到整体的促进作用,如同化学领域"触媒"的概念,是"能够促使城市发生变化,并能加快或改变城市发展建设速度的新元素",其作用机制是通过特定的触媒元素的介入,从而引发城市内部的某种链式反应,如上述亚历山大实验中新的元素的产生并非是最终产物,而更重要的是能够指导后续产生新的元素,依次循环往复,不断前进。城市触媒有一定的随机性,尤其是城市事件等不可预知的非物质形态的触媒在一定程度上具有不可控制性,所以城市触媒就兼具两面性,其触发结果也是具有正反两个方面,需要通过有预见性地干预对其进行良性引导,通过触媒效应可以产生杠杆效应,对城市产生远远超过触媒本身规模和范围的影响。

需要提出的是,"触媒"(Catalyst)是化学中的一个概念,即催化剂,是一种与反应物相关,通过小剂量的使用来激发、改变或加快反应速度,而自身在反应过程中不被消耗。城市触媒概念的这种"以小见大""四两拨千斤"的作用机制,正如城市生长点在城市不同生命周期中的使命一样,但是,城市生长点更侧重于物质化的形态,具有明显的可识别性,并且较之有更强的可预测性。触媒理论通过新元素改善周围的元素,对现有元素采取改造和强化的积极态度;重视文脉,注重保持城市文脉的延续;着眼于城市总体,以优于各部分总和作为评价标准;在一定程度上重视战略策划。这是在城市生长点具体定位实施之际值得借鉴的。

0.2.3　国内城市局部作用于整体的相关理论

历史上,我国城市设计的思想方法和基本内容一直贯穿在对城市的营造活动中。《周礼·考工记》代表的是伦理的、社会学的规划思想,《管子》和后期的风水理论则提倡自然观的、功能性的规划理论。贺业钜先生在 20 世纪 80 年代的《考工记营国制度研究》和《中国古代城市规划史论丛》著作中,阐述了我国从古代原始社会到后期封建社会中,由聚落、城堡发展到城市、都会的过程,指出我国在公元前 11 世纪的奴隶社会时期,已形成了自己的一套城市规划体系(即营国制度),并向后延续发展至明清两代。

我国的现代城市规划学科起步较晚,最早源自西欧的城市规划学科,其中"城市总体规划"一词被认为是由英国 20 世纪 40 年代的"Master Plan"一词翻译而来,以用地安排、近期建设的用地规划为主要内容,常用的"城市详细规划"则具有较多的本土特色,是由我国规划界在 20 世纪 50 年代提出的,主要对城市近期建设范围内的各项建设项目制定具体设计的依据。新中国成立后,早期的城市建设几乎完全照搬了苏联的城市规划模式,是"计划经济下的规划模式"(即计划和规划一体,规划从属于计划,城市规划的每一个层次,无论是总体规划、分区规划、详细规划,还是建筑设计均在集中的计划下指导进行并完成),城市建设过程纯粹表现为一种高度的"自上而下"的政府行为。改革开放不仅为我国的经济体制带来根本性的变化,还为建筑、规划思想提供了更广阔的舞台,学者们开始关注到城市局部反作用于城市整体的现象。虽然相关研究在研究的深度和广度上较国外仍存在一定的差距,加之许多理论与思想源于西方理论与思想的引进,因而往往具有一定的滞后性。但是,在数十年来的发展中,也积累了不少具有积极指导作用的理论成果。

吴良镛先生在 1989 年的《广义建筑学》一书中指出:"广义建筑学,就其学科内涵来说,是通过城市设计的核心作用,从观念上和理论上把建筑学、地景学、城市规划学的要点整合为一。"强调了在以城市设计主导下,以城市环境品质整体调控的城市各个层面的建设之间的紧密联系,将微观的城市建筑、局部空间塑造纳入宏观的城市设计体系,从而实现以"时间—空间—人间"为一体,有利于从宏观层面整合、把握城市中局部与整体间有序的关系。

东南大学韩冬青教授等在《城市·建筑一体化设计》一书中对中国现代城市建设进行了反思,从建筑的社会化和巨型化与城市设计的立体化和室内化两个方面,分析中国现代设计理论的发展交替和城市空间结构的发展,提出城市·建筑一体化的概念,并结合案例指出城市·建筑一体化的层次和类型。韩冬青教授在 1998 年发表的论文《文脉中的环节建筑》中提出环节建筑的概念,指出城市中局部的公共建筑通过环节建筑与城市整体实现关联与驳接,除了实现其自身特定的功能与空间建构外,还受与之连接的城市职能与空间的影响,从而具有某种城市属性。韩冬青教授认为"建筑总是在有形的文脉中被体验和使用,建筑及其环境被视为一个整体,建筑创作与城市设计相互渗透并成为城市发展计划中一项完整的程序""环节建筑与其所处的基地或城市区段相互契合、不可分离。确立环节建筑观意味着建筑回归城市,使建筑空间突破自我服务的封闭状态,从而演变为一种多层次、多要素复合的动态开放系统"。环节建筑理念的确立,强调了城市中微观的城市局部、宏观的城市系统、微观的城市要素三个层面的有机联系,共同提高了现代城市的运行效率,并在一定程度促进城市的有机生长。

齐康院士在其主编并于2001年出版的《城市建筑》一书中首先强调了"整体"的重要性,通过"进程、整体、地区、活动、对位、超前"的科学研究方法,从"整体""地区""互动""超越""回归""整合"六个方面做出探讨、创新;指出城市建筑学关于城市各相关要素的研究与整体设计,需要研究宏观城市系统中以建筑与环境为主体的关系;将城市比作人的肌体,创新地从"轴""核""群""架""皮"五个层面观察城市,从城市的自然生长及规划控制两个方面对城市建筑设计做出科学的分析,使城市建筑更符合可持续发展。齐康教授认为"要树立一种整合思想,就是要对局部各要素进行交叉综合设计,而不只是简单的功能的组合,更重要的是一种高屋建瓴的使物质要素及其环境达到优美的'艺术'的组合设计,一种自上而下、由粗及细,使物质要素以及环境达到尽善尽美的建筑及其环境设计"。同时他指出关键在于各要素之间的和谐与平衡,是一种动态的,互补、互动的平衡。此后他在2010年的《规划课》一书的第二课中从城市发展观察的角度阐述"生长点"的存在,并指出在城市发展过程中,"生长点不单是由静态转变为动态,而且是个不断运动的动态";将城市生长点纳入城市动态复杂的背景之中,指出其自身是可被识别的——"城市的生长点是有类型、有规模、有兴致、有层次、有空间的,其本身又有结构形态"。齐康教授虽在《规划课》一书中并没有对生长点具体的概念、限定、形态、类型、作用机制进行深入阐述,但是足以对笔者的研究产生极大的启发。

东南大学段进教授在2006年的《城市空间发展论》一书中,对主流的城市发展相关理论进行了详细梳理,在第5章总结出城市空间发展的基本规律——规模门槛律、区位择优律、不平衡发展律、自组织演化律,阐述了城市规划与城市自然发展的自组织力量之间的相互影响与作用,为笔者对城市生长点在城市中的作用与机制的研究提供了参考。

此外,各大高校近年来对于城市"自下而上"局部作用于整体的研究对笔者也极具启发,为笔者的相关研究提供了宝贵的经验。天津大学高世明在1997年的硕士学位论文《城市的核与轴》中,重视城市结构演变的动态过程,从城市空间层面入手,指出城市中存在核空间与轴空间,存在城市生长轴与生长核,并据此对城市进行了分类,还对其作用机理进行了相关研究。同济大学张莉平在2006年的硕士学位论文《让"传统"在历史与时代中生长——丽江古城周边城市建设的调查与分析》中基于建筑与城市的互动,运用吴良镛先生的"有机更新"理论,通过实地调研,分析丽江古城的空间特性、建筑形制,在此基础上,总结出古城得以存活生长至今的因素,并指出后续的城市建设:古城入口广场、拆除新建区、保留改造区,如何在古城周边实现与之连接,营造出适宜古城良性发展的外围城市环境。天津大学邵潇、柴立和在2009年发表的《城市生长的理论模型及应用》一文,用定量分析的方式,通过定义广义信息熵对城市演化系统中组元的复杂相互作用进行处理,以广义信息熵最大原理为基础导出城市系统生长的演化方程,并得到一般化的模型和便于量化分析的框架。华中科技大学的陈任君在2009年的硕士学位论文《城市开发区空间生长机理与优化策略研究》中将开发区作为一种特殊的具有生长能力的城市新区空间,分析其空间演变的影响要素,借用相关概念和模型,通过对生长"作用力"进行抽象研究,以城市开发区为研究对象,探讨其空间的生长机理。

0.3 城市逆向规划建设思路

0.3.1 逆向研究视角与城市生长点概念引入

本书从城市生长的现象出发,研究城市局部的关键点——"城市生长点"自下而上作用于城市的过程及内在的作用机制。相关研究指出,早期的城市发端、中期的城市发展及日后的城市改造、城市更新往往从一个面积有限的范围开始,可以是一座建筑、一个场地或者一组混合体等。这些生长起始区域相对于后来发展起来的城市区域,在形态上可以归结为"点状"。这些点状目标对整个城市的发展、更新的过程起着至关重要的作用,往往承担起城市发展、更新的引擎作用。因此,在研究城市的更新和发展过程中,有必要对这些"点"进行分析和研究。

本书借鉴了生物学"生长点"的概念,提出了"城市生长点"的概念:"以一个或一组特定的城市元素为核心,能激发周边城市区域快速发展,此生长周期内的这些城市元素可称为城市生长点。"

对城市生长点的研究,是建立在城市动态发展的背景之上,认识到在城市不同的生命周期阶段中,城市生长点的功能属性、规模尺度、启动与机遇都不尽相同,契合了城市在时间层面叠加"拼贴"的现状。城市生长点的自身属性、特点使其呈现出"点"—"轴"—"网"的空间演化特点,不同的形态对城市的作用特点不同,契合城市在空间层面的复杂性特点,并在城市不同的生命周期阶段中,表现出不同的作用与特点。

0.3.2 逆向研究核心问题

1)概念的明确

学术界对城市的生长现象已经进行了大量的相关研究,并产生了若干关于城市生长的概念,多种理论研究相互交织、相互借鉴。通过与相关、相近概念的对比与分析,本书首先从概念上明确本书的主要研究对象——城市生长点。

针对城市生长点的概念,通过对城市生长点与城市"节点"、城市"中心"、城市"枢纽"进行对比分析,提出其相同与差异,对城市生长点的概念进行补充解释;针对城市生长点的作用原理,通过对城市生长点与自组织原理的"基核"、神经网络学说中的"神经元"、中医针灸理论中的"穴位"、城市触媒进行对比分析,研究其原理的相似与差异,实现概念明确。

2)动态背景的限定

本书以连续、动态的视角研究城市生长点,对城市发展的相关理论与实践进行梳理,结合历史研究"点"与城市发展的关系,最终指出,城市生长点的研究需被纳入城市动态发展的背景中去,不同城市、不同时期,城市生长点将会发生相应变化,使得城市的发展呈非均衡性特点。

一方面,城市是在不断变化与发展的,有着自己的生命周期,在不同的生命周期阶段中,城市生长点的功能属性、规模尺度、启动与机遇都是不同的;另一方面,在城市不同的生命周期中,城市生长点的角色与作用力都有所不同,不同的城市生命周期则会催生不同的城市生长点,城市生长点从其萌芽到对城市产生作用,直至最后融入城市肌理,有着其自身的生命周期和空间演化过程。

重视城市动态发展的背景,不仅仅体现了从自组织思维角度出发,重视事物的发展过程,还以发展的、动态的眼光认识世界,体现了对历史的尊重,在一定程度上有助于文脉的延续与发展,而非割裂历史。

3) 研究对象的空间、时间限定

空间层面,认识到城市生长点是一个实体,是系统中的一个组成部分。无论城市生长点的范围有多大,其相对于其上一层级系统来说仍相当于一个点。因而从形态上来说,城市生长点具备一定的可识别性。是具有一定的空间属性和特点,可以在城市范围内进行辨别,从而区别于其他城市要素。

时间层面,城市生长点的研究除需被纳入城市动态发展的背景之中,城市生长点其自身还存在一定的生命周期:初期,城市生长点以"点"状独立空间存在;中期,城市生长点形成多点关联的模式,并在城市中形成一定的影响,在一定条件下在城市中形成各种形态的"轴";后期,城市生长点自身"点"的特征较前一阶段更为弱化,形成更为广泛范围的多点关联系统,组织成"网"的形态,进一步融入城市肌理。至此,城市生长点完成其生命周期,演化为城市节点或城市均质机体中的一个组成部分。

0.4 研究目标及思路

(1) 完成相关理论概念的梳理,辩证地审视城市中局部与整体之间的互动关系。

传统的城市规划建设往往都是采用自上而下的方式进行的,从宏观的城市构架到微观的建筑空间单元的建构均是如此。因此,在实际操作过程中,局部的建筑、空间设计往往受控于城市规划的要求,但是在实际的生活中,微观局部对于城市整体的机能、形态、品质都具有一定的自下而上、局部作用于整体的反作用。结合相关研究可以发现,城市中的"点"与"面"、局部与整体两者之间存在着互动的关系,城市规划控制指导城市生长点的布点建设,城市生长点的布点建设也反向作用于城市。

本书从时间层面、空间层面对城市生长点的形态演化进行了分析阐述,提出其开发机制与模式,是辩证地研究城市生长点与城市整体之间的关系。从局部切入到城市整体生长发展,可以避免城市局部建设过分注重自身单体而忽视其对于城市机能的贡献;加强建筑单体与相关城市空间联系、提高城市环境的适应性,以及对于城市整体运作有重要促进作用,有助于在解决局部层面功能与布局的同时关注并参与城市整体层面的运作。

(2) 系统地研究城市生长点的特点、作用力及其影响因素,确保在城市更新与发展过程中局部与整体的相互促进、城市建筑和城市规划价值取向的一致性。

城市规划、城市设计以及建筑设计是关系到城市空间形态最终品质的三个相互联系、相互作用的过程,其中既有相互交叠的职能分工,又由于工作对象与范围的不同而有着显著的差别。

而城市发展和更新最重要的目的就是提高整个城市空间的品质,如何能够保证从城市规划到城市设计,再到最终的建筑设计能够一脉相承,保证其价值取向的基本一致,是一个具有现实意义的问题。通过系统地研究城市生长点的特点及其影响因素,辩证地重新审视这种局部与整体的相互关系,激发各个生长点的活力,使其联合起来产生"1+1>2"的效果,确保城市建筑和城市规划价值取向的一致性,消解过快城市化带来的一系列不利影响。

(3) 理论结合实际,通过研究城市生长点的时间层面、空间层面的演化,结合案例进行分析比较,归纳总结出若干城市生长点的开发建设机制,为不同性质、背景、规模等的城市生长点的开发提供参考。

本书从背景、特点、相互关系等入手研究城市生长点,通过对其在空间层面、时间层面下在城市中的形态演化进行理论结合实际的分析,最终落实到具体的开发机制与模式当中,关注于其布点建设;总结城市生长点开发之终极目标,从定性定位、建设强度、投入与培植、设计层面的总体协调四个方面提出城市生长点的开发机制、总体原则,提炼出若干典型的城市生长点开发机制与模式,并结合案例对其进行阐述与分析。

城市生长点的开发布点,其最终目的是以人为本,在城市中为其居民提供一个满足其各种需求的活动空间和环境。通过对城市生长点相关城市空间的塑造,满足城市居民的需求,为引导城市的合理、有机生长提供途径。

注释

① 城市局部的形象并不重要,城市建筑退为城市的背景,而其组合而成的风格与样式统一的整体才是城市艺术价值的最终体现。例如,在巴黎的奥斯曼的改建中,就建造了"奥斯曼式住宅",六层的高度,一层为商业房,顶层为佣人间,通过对建筑形体、高度、装饰风格的严格限定,保证了街道景观的连续性。同时期新建的楼房统一了巴黎的街景,造就了一个典雅而又气派的城市景观。源于芝加哥的城市美化运动也为这座城市的建筑引入一种新古典主义的统一风格,配合加入的城市斜向街道和对透视关系的塑造,给人们一种统一的城市景观意向。

② 索绪尔归纳的结构语言学四项法则,不仅触发了 20 世纪 60 年代的巴黎结构主义革命,还在西方人文学术领域造成广泛的语言学转向。由于自身局限,结构主义发起的人文科学革命未能成功,却对建筑与城市领域造成了一定的影响。

③ 本次会议也被视为结构主义的开端。

④ 来自百度百科:神经网络理论,http://baike. baidu. com/view/1010588. htm? fr=aladdin.

⑤ 针法是用金属制成的针,刺入人体一定的穴位,运用手法,以调整营卫气血;灸法是用艾绒搓成艾条或艾炷,点燃以温灼穴位的皮肤表面,达到温通经脉、调和气血的目的。

1 城市与城市生长点

1.1 城市的起源与生长

1.1.1 城市生长起源

城市是以人为主体,包含诸多相互关联要素的有机整体,在人类的实践活动中产生和形成的有机整体,城市的出现是人类社会文明发展到一定程度的结果,其概念是指具有一定人口规模、以非农业人口为主的居民点①,体现的是在城市化进程中形成的人类复杂的聚居形式,是社会的发展过程和发展水平的综合反映。在其字面概念中,早期的"城"和"市"具有不同的含义、不同的环境形态(表1-1)。"城"具有防御性的概念,是为社会政治、军事等目的而兴建,"城"边界鲜明,形态往往呈封闭的、内向的构成;"市"则具有贸易、交易的概念,反映人类社会的生产活动、经济活动对空间的需求,其形态往往边界模糊,具有开放、外向的特点。这两种原始的空间形态随社会进步和经济发展逐渐丰富并逐步扩大,进而相互渗透,界线模糊,最终共处在一种新的环境形态中,形成了内容多样、结构复杂的聚居形式——城市②。

究其起源,城市从根本上可分为"因城而市""因市而城"两种类(表1-2)。"因城而市"的城市先有城后有市,市往往是在城的基础上发展起来的,这种起源类型的城市常见于战略要地和一些边疆城市,如图1-1所示的法国城市圣马丹德雷(Saint-Martin-de-Ré),其形态为星状③,便于防卫;另如我国天津乃是起源于天津卫。"因市而城"则是由于市的发展而形成,先有市场后逐渐集聚形成城市,是人类经济发展到一定阶段,进而由集聚效应产生相关社会活动而形成,其本质是人类的交易中心和聚集中心,多见于港口城市。

表1-1 城与市

概念	内涵	边界	形态特点
城	具有防御性的概念	边界鲜明	形态往往呈封闭的、内向的构成
	是为社会政治、军事等目的而兴建		
市	具有贸易、交易的概念	边界模糊	具有开放、外向的特点
	反映人类社会的生产活动、经济活动对空间的需求		

表1-2 城市的两种基本起源方式

起源	起源特点	产生地区
"因城而市"	城市的形成先有城后有市	多见于战略要地和边疆城市
	市是在城的基础上发展起来的	
"因市而城"	由于市的发展而形成的城市	多见于港口城市
	先有市场后有城市的形成,是人类经济发展到一定阶段的产物,本质上是人类的交易中心和聚集中心	

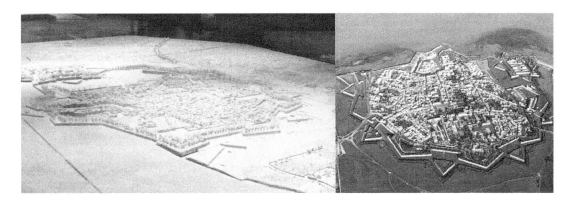

图1-1　法国圣马丹德雷城

1.1.2　城市生长的向心倾向

无论是东方城市还是西方城市,城市起源后,由于东西方意识形态及环境的巨大差异,城市发展的轨迹不尽相同,但是在宏观层面上,早期中西方城市大多都呈现出向心生长的倾向(表1-3)。

中国古代的都城被赋予封建王朝的象征意义,在相当长一段时期内,统治王朝的更替基本上伴随着国都城市的毁灭。在《华夏艺匠》中有如此描述:"从项羽开了这样一个消灭敌人一样消灭前朝城市的先例,其后就成为中国城市发展的一个特殊传统,新的王朝兴起就兴筑新的城市,王朝的败亡,就连同国都一起被毁灭。"所以历代古都随着王朝更替,往往出现城毁新建,地理位置上呈错位式、"跃进式"生长。当然也有例外,自从明代继承元大都建立北京城后,北京城市的发展基本以元大都为基础,通过改建而非重建的向心式发展,直至今日。从表1-3所示的中西方古代城市扩张示意图中可发现中国传统的古城多呈"跃进式"发展,但是在宏观层面上,仍可见其有一定向心发展的现象。

西方的城市往往呈现出更为显著的向心发展,因为在西方文化中,王朝的更替往往伴随统治者本人的更替,后续的建设一般在原有基础上进行。同时,由于宗教的盛行,多数的西方城市发展与宗教密不可分,呈现以教会驻地为原点、城市公共空间围绕其生长的特点。随着宗教延续和商业的发展,城市的发展呈现向心生长的状态,呈"同心圆式"发展。

表1-3　中西方古代城市扩张示意表

	北京	南京	西安	扬州
中国传统古城	1)辽代;2)金代;3)、4)明代	1)、2)、3)春秋战国;4)六朝;5)南唐;6)明代	1)、2)周代;3)、4)秦汉;5)隋唐;6)明清	1)汉代;2)唐代;3)、4)宋代;5)、6)元明清

法国巴黎(Paris)	德国柏林(Berlin)	比利时布鲁日 (Brugge)	荷兰埃姆斯福特 (Amersfoot)
西方古城			
1) 12 世纪;2) 14 世纪;3) 18 世纪;4) 19 世纪	1) 13 世纪;2) 17 世纪;3) 18 世纪	1) 11 世纪;2) 12 世纪;3) 近代	1) 13 世纪;2) 14 世纪;3) 16 世纪

1.1.3 城市具有生命周期

城市起源后开始了自身的生长过程,随着时间的推移,展示出不同的特点。城市具有自身的生命周期,生长过程中城市经历了如下阶段:产生、发展与成长、成熟、达到饱和(临界状态),最终走向衰败。在这个过程中,城市的生长发展并非线性,城市形态也不是静止不变的,往往会有反复的繁荣与衰败的周期波动。在城市的生命周期中,繁荣与衰退的周期波动往往不可避免地带来城市生长的振荡,而现代城市如何保持持久的繁荣与活力、防止过度衰败是城市发展面临的主要课题之一,也是在新城镇化进程中城市发展的重要议题。

国内外学者对城市生命周期予以重视,提出了不同的见解和相应的理论模型。詹姆斯·特拉菲尔比对一个森林生态系统,创新地将能量守恒和系统的观点引入城市发展生命周期之中④。霍尔于 1971 年提出了"城市发展阶段模型",指出城市具有生命周期,"在这个生命周期中,一座城市从'年轻的'增长阶段发展到'年老的'稳定或衰落阶段,然后进入到下一个新的发展周期",并将其归为四个阶段,即城市化、郊区化、逆城市化和再城市化。此后盖伊尔和康图利于 1993 年提出的"差异城市化理论",引入极化逆转理论,将城市分为大、中、小三类,根据其净迁移量大小随时间而变化的特点将城市的发展分三个阶段:①大城市阶段即"城市化"阶段,移民向大城市集中,大城市增长最快,净迁移量最大;②过渡阶段即"极化逆转阶段",中等城市新增移民最多,发展增加;③逆城市化阶段,小城市的迁移增长实现最大。随着这样一个城市发展周期完成后,人口再一次往大城市集中,如此往复。

通过对城市发展历史的考察,可以得出城市生命周期的如下特点:

① 城市是一个复杂有机体,有其自身产生、发展、衰落的过程——城市具有生命周期。

② 城市自身发展轨迹并非直线,而是具有一定限度,呈螺旋式或波浪式发展。城市自身不会无限制的生长发展:城市自身在经历了快速发展阶段后,往往会达到饱和容量,进入稳定增长阶段或者是衰落阶段。

③ 城市的衰落不等同于生命体的死亡,往往具有循环的特点。城市的衰落分绝对衰落和相对衰落,城市的衰落往往伴随一个生命周期的结束;如果能够采取合理的策略,城市则会进入下个生命周期,开始新一轮的生命循环。

④ 城市的复杂性、有机性、整体性,决定了城市生长与发展的复杂、动态特点。城市的

生长发展受自然、社会、经济、人口等多方面因素影响,从而在不同的时间空间维度呈现不同的发展速度、规模、空间组织。

⑤ 城市生命周期中,存在生长点。虽然城市生命周期受诸多要素影响,但不同要素并非都起同等作用,起着至关重要作用的区域或"点",对城市建设和管理具有重要的意义。

1.2 城市生长中的城市生长点

城市从起源上可以分为两类:"因城而市"的城市和"因市而城"的城市。就城市的生长过程而言,大体上可以分为两类:有规划的城市,即"自上而下"受规划控制形成的城市;自由发展的城市,即"自下而上"自组织生长的城市。在"自上而下"生长形成的城市中,设计往往起着主导的、显性的作用;在"自下而上"生长形成的城市中,设计起着隐性作用,往往以自然和社会两种力量对不同的生长可能进行自然选择。在不同的城市生长过程中,城市生长点的特点也具有一定差异(表1-4)。

表 1-4 城市生长中的城市生长点

"自上而下"的城市生长			"自下而上"的城市生长		
生长结果	形态特点	生长点特点	生长结果	形态特点	生长点特点
人造城市			自然城市		
具有礼制意义,控制阶层起到关键作用,社会文化、宗教信仰在城市建设中主导城市的生长方向	体现控制机制的逻辑:规则用地范围、几何构图、严谨逻辑层级等	几何形式、节点具有重要意义。城市生长点的自然萌芽特点:中心性、几何性	遵循自然或是客观的规律,在自然和时间的共同作用下沉淀形成。生长自由,过程缓慢	体现城市主体构成对空间的共同需求。用地自由,更强调内在有机联系,在功能和边界上具有一定程度的模糊性与不确定性	与城市其他要素之间的联系紧密。相对分散、随机,分布自由
城市生长的可干预性			城市生长的自组织性		
"自上而下"的城市,即几何形态的规划形态城市,其城市形态多数反映了统治阶级的意志及特有的时代性,形态体现外力规划控制机制			"自下而上"自由生长的开放型城市,其城市形态多是体现了城市对自然环境、资源、区位的适应,其形态背后隐含着内在的自组织机制		
避免自由生长方式逐渐体现出其社会弊端,需要进行规划干预,避免城市过分的无组织蔓延	⟶两种力量互为补充⟵		自组织机制使得城市能充分地适应自然环境,并利用区域的资源优势,使其能够较快地发展与生长,显出旺盛的生命力		
城市生长点体现自组织性与可干预性的双重性质					

在城市的自组织作用与规划干预之间寻求一个契合点——城市生长点。
通过异质置入,实现"微创介入性治疗",引导其在一定范围内产生边缘效应,进而触发城市内部的"链式反映",从而促进城市发展与更新。
在治疗"城市病"问题上能够起到顺势疗法的作用,避免外科手术式的大动干戈,并对城市产生积极作用,引导城市良性发展

1.2.1 "自上而下"的城市生长

（1）"自上而下"的城市生长

"自上而下"的城市的生长在控制机制下进行,其生长结果往往是"人造城市"。城市的生长往往通过法定的设计准则,辅助严格的控制进行建设实施,形成规划控制的城市。在此过程中,控制阶层的人起到关键的作用,社会文化、宗教信仰在城市建设中主导城市的生长方向。"自上而下"体现控制机制的逻辑,在城市形态上体现为规则用地范围、几何构图、严谨逻辑层级等。

（2）"自上而下"的城市

"自上而下"的城市常出现在集权统治的社会制度中,往往被赋予统治阶级权利的象征。我国古代的一些都城,往往严格地按照"自上而下"的方式进行规划建设,并形成了一套礼法制度,对统治者以及封建阶层等在用地规模、面积、高度、城门宽度、道路宽度提出要求,反映了设计意图上的阶级性。如《周礼·考工记》中的"匠人营国,方九里,旁三门,国中九经九纬,经涂九轨,左祖右社,前朝后市,市朝一夫"即记录了古代都城建设思想。

（3）城市生长点的特点

在"自上而下"的城市生长中,几何形式、节点被赋予了重要意义,城市生长点的自然萌芽随之具有中心性、几何性。我国古代都城的生长发展,呈现以皇城为原点沿轴线生长的特征。典型的如北京城,以宫城作为皇城的核心,四面设高大城门,继而以不规则方形的皇城为中心,四角建设角楼,城外挖护城河明确皇城边界,形成城市生长的南北中轴线。古希腊的希波丹姆式城市,则是反映民主平等的城邦精神以及古希腊哲理探求几何图像与数的和谐,以棋盘式道路网形成城市骨架,以城市广场为中心形成城市的生长,形成城市的秩序和美。

1.2.2 "自下而上"的城市生长

（1）"自下而上"的城市生长

"自下而上"的城市生长往往被称为自然的生长,其生长结果是"自然城市"。这种城市生长,往往遵循自然或是客观的规律,根据城市发展的实际需求自由生长,在自然和时间的共同作用下沉淀形成。这类城市的生长往往具有很大的自由,过程缓慢,整体上很少受过多人为意志的影响,但内在顺应了城市各要素对城市空间的共同需求,不同的萌芽在自然和社会的双重选择中形成一定的有机状态。

（2）"自下而上"的城市

"自下而上"的城市由于时间的沉淀,往往在形态上呈现出有机的活力。早期人类以聚落为基础,形成自然村落,继而逐步发展成为一定规模的城市,是典型的"自下而上"生长形成的城市。一般情况下,这种城市的形态比"自上而下"城市的用地更为自由,更强调内在的有机联系,在功能和边界上具有一定程度的模糊性与不确定性。

（3）城市生长点的特点

在"自下而上"的城市中,城市生长点的萌芽往往相对分散、随机,但是与城市其他要素之间的联系紧密,其分布更为自由,也往往拥有较为长久的活力。

1.2.3 城市生长的自组织性与可干预性

城市的生长轨迹与城市形态,体现了城市生长过程中的作用力的特点。在城市生长中,规划作用与自组织作用是城市生长中重要的作用力量,不同的主导造就了不同的城市特点。上文从观察的角度探讨了两种原始的城市空间形态,其中"自上而下"的城市,即几何形态的规划形态城市,其城市形态多数反映了统治阶级的意志及特有的时代性;"自下而上"自由生长的开放型城市,其城市形态大多体现了城市对自然环境、资源、区位的适应,其形态背后隐含着内在的自组织机制。

城市的发展涉及诸多城市要素的共同作用,涉及自然资源、人力资源、政治经济等多方面要素,城市内部组成的功能性质、区位、规模尺度等也在相应地进行自组织的调整。从自组织的观点来看,城市系统在内部非平衡、非线性的相互磨合、协同的过程中具有一定的反馈机能,城市具有自我调节的功能,城市的发展具有一定的自组织性。

在早期的城市发展中,自由形态"自下而上"的城市相对于"自上而下"的规划城市,自组织机制使得城市能充分地适应自然环境,并利用区域的资源优势,使其能够较快地发展与生长,显出旺盛的生命力。然而,当城市发展到一定阶段,"自下而上"的自由生长方式逐渐体现出其社会弊端,需要进行规划干预。如早期资本主义萌芽时期的城市,面临着资本主义企业的自由发展带来的盲目扩大与恶性扩张,由于长期的自由发展脱离规划的控制,最终导致了工业革命时期一些欧洲城市的恶性增长。可见城市的发展需要一定程度的规划干预,避免城市的过分无组织蔓延。

城市需要适度的规划干预。城市的规划者们曾经将城市视如机械般严密,追求城市的功能绝对分区与城市结构的清晰,然而实践中据此理论建立起来的城市反而丧失了城市应有的活力与生机,从而使得人们再次对城市的自组织生长与规划干预生长这样的"无序"与"有序"进行反思。而从近代城市发展中观察,城市的生长并非完全按照人们规划预期的方式发展,城市发展中相当部分"无序"的自组织发展表达了城市内部的需求,是城市作为一个有机生命体生存本能的生命力的表达。所以,现代城市发展中的自组织作用与规划干预应该同时存在并作用于城市。

笔者研究城市生长点正是希望在城市的自组织作用与规划干预之间寻求一个契合点,以求如一种异质"微创介入性治疗"一般,引导其在一定范围内产生边缘效应,进而触发城市内部的"链式反应",从而促进城市发展与更新;更能够在治疗"城市病"问题上起到顺势疗法的作用,避免外科手术式的大动干戈,并对城市后续发展产生积极作用,引导城市良性发展。

1.3　城市动态发展背景下的城市生长点

1.3.1　城市的发展造就城市生长点

1) 城市动态发展催生城市生长点

城市生长点发生、存在于城市背景之中,与城市的状态、特点存在千丝万缕的关系。城市是一个不断变化与发展的状态,受到社会、文化、经济等多种因素的综合作用而呈现动态生长的过程,因而"城市没有最终的形态"。在此过程中,城市的生长发展并非无章可循,而是受到社会、自然、资源等外在影响呈现非均衡性,必然会涌现出一些占据优势的点,受人流、物流、能量流、资金流、信息流等共同作用,形成城市生长发展中的优势点,继而产生以这些优势点为核心的集聚与生长,促使城市发展的外在形态再次发生变化,如此往复产生了更高一级的自组织发展。

城市的动态发展催生出城市生长点,是城市自然发展中自然选择的结果,体现城市无序到有序、低级到高级的内在演化和发展结果。不同的时代背景,赋予城市不同的时代特点,同时代的城市由于其所处生命周期阶段的不同,在城市的发展与空间形态方面也存在巨大差异,相应的城市生长点也是千差万别。在不同的时间与空间维度之中,其发展重心也不尽相同,所形成的城市生长点在功能属性、规模尺度、启动与发展的机遇等方面存在巨大差异,不难发现一些具有典型时代特点的城市生长点的萌芽。早期的城市沿水系走向发展、沿道路发展都体现了城市生长点在城市动态发展中应运而生的自然现象:在以漕运为主的古代中国,在长江中下游、黄河中下游的城市呈现沿水网发展的现象;在道路交通时代,城市体现出对陆路道路交通的依赖,呈现沿重要干线附近的郊区化蔓延现象;在轨道交通时代,城市也呈现出沿重要轨道交通节点发展的现象。

2)不同的时空特点造就不同内涵的城市点

在早期的城市发展中,不同时期的城市具有不同的内涵,产生不同的城市文化与价值观,城市生长点作为城市时空特点的微缩体现,往往是城市内涵的体现与承载者。相对于城市化大发展、城市多元化发展时期而言,早期城市结构较为简单明确,城市生长点具有较高的可识别性,因此更能清晰地观察到城市生长点与城市的时代特色。

古希腊时期城市生长与生长点的特点如表1-5所示,城市生长在一定程度上体现了唯物主义,人文主义,理性、逻辑思维,以及公正平等等文化内涵,城市生长点的萌芽产生于重要的城市公共空间,如典型的希波丹姆式城市——米利都城、普南城等。

古罗马时期的城市生长与生长点的特点如表1-6所示,城市生长体现了宗教唯心主义思想,城市形态强调秩序感、比例、模数,城市生长点具有中心性,与城市重要节点重合。这个时期典型的城市图景如维特鲁威的"理想城市"。

中世纪时期城市生长与城市生长点的特点如表1-7所示,城市生长体现神权至上思想,形成以教堂为中心的有机平和的生长秩序,城市生长点与宗教中心重合。典型的城市如中世纪的意大利威尼斯城,以及法国的圣米歇尔山城。

文艺复兴与启蒙时代的城市生长与生长点的特点如表1-8所示,城市生长体现了对唯美的认识,反映了人文的复兴,城市形态也追求几何、数学的模式,城市生长点与城市节点、轴线重合,如巴黎的城市生长点与该时期的城市轴线节点高度重合。

表1-5 古希腊时期城市生长与生长点特点

古希腊时期——城市生长点的核心:体现人本主义的文化	
城市生长点体现唯物主义,人文主义,理性、逻辑思维,公正平等	
棋盘式道路网为骨架+两条垂直大街,在形成中心大街的一侧布置中心广场,城市公共空间成为城市生长点	
典型城市图景:米利都城、普南城(希波丹姆式)(右图)	

此后,城市化速度加快,城市发展呈多元化。城市发展中对不同层面问题的研究,体现了学者们不同视野下对城市问题的思考。工业革命后,对城市发展相关理论的研究呈系统化与多样化的特点,具有代表性的有:基于形态秩序,提出用艺术方式来指导城市建设的原则,以及针对城市扩张问题的"田园城市";基于城市功能结构,用地分区管理(Zoning)、绿环(Green Belt)、邻里单位(Neighborhood Unit),以及人车分离、建筑高层化、房屋间距等概念应运而生。这些理论在城市美化运动、奥斯曼巴黎改造以及巴西利亚建设中得到了实践。学者们对如何引导城市生长的问题进行了系统研究,体现了强烈的理性特点,虽然具有一定时代的局限性,但是对后续研究具有指导意义。二战后,对城市问题的研究更为深入与多元化,相关理论及实践均呈现百花齐放的特点,跨学科的研究得到广泛认可。学者们普遍对城市的复杂性与联系性产生了更为深刻的认识,在此时期,城市局部作用于整体的思潮也占有一席之地,为城市生长点研究提供了参考。

表 1-6　古罗马时期城市生长与生长点特点

古罗马时期——城市生长点的核心:帝国的荣耀	
城市生长点体现宗教唯心主义思想、超级国家的思想	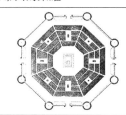
城市形态强调秩序感和永恒的概念,强调比例和模数,城市生长点具有中心性,与城市节点重合	
典型城市图景:维特鲁威的"理想城市"(右图)	

表 1-7　中世纪时期城市生长与生长点特点

中世纪时期——城市生长点的核心:宗教图景与自然秩序		
城市生长点体现神权至上思想,神权凌驾于君权之上	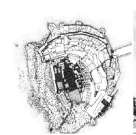	
城市形态以教堂为中心,强调有机平和的内在秩序,城市生长点与宗教中心重合		
典型城市图景:意大利威尼斯城、法国圣米歇尔山城(右图)		

表 1-8　文艺复兴与启蒙时代的城市生长与生长点特点

文艺复兴与启蒙时代——城市生长点核心:人文复兴与绝对君权的秩序	
城市生长体现对唯美的认识以及自然科学精神	
城市形态强调几何构图、数学模式,追求抽象,体现人工的规整美,城市生长点与城市节点、轴线重合	
典型城市图景:法国巴黎(右图)	

1.3.2　城市生长中城市生长点贯穿始终

1）城市生长由原点而发

从城市的起源研究中,可以观察到城市形成的内在动力是"集聚",体现为以人为主体的集聚现象。在形态层面可以观察到,城市的发生与生长,是在原本相对均质的人口分布基础上,形成高层次的集聚,体现为集聚区域"点"的生长。从城市的自然发展历史中,我们可以明显地观察到城市中以"点"的集聚带动城市生长的现象:在人本主义至上的希腊,可以观察到以开放空间的神庙、纪念物、圣地等为生长点的城市生长,如希波丹姆城和米利都城;古罗马对荣誉和世俗享乐的价值观也体现在城市生长过程中,形成以体现帝国的荣耀、军事的强大,以及奢靡享乐的公共空间为核心的城市生长;在中世纪,人类对宗教和自然秩序的敬畏促使教堂等宗教空间自然成为城市生长生活的核心,如法国圣米歇尔山城(见表1-7右图)。由内在集聚力量催生的"点",在漫长的城市生长过程中,如同宇宙产生的"奇点"对后续的城市生长起到先入为主的控制与引导作用。

在城市的自然生长中,可以观察到早期城市生长具有向心性。城市生长过程中的功能分化,进一步促进了原本不均衡的城市要素的再"集聚",从而形成城市中心:在早期的传统城市发展中,人类的生产、生活、政治、文化等多种功能要素高度集中于有限的空间中形成城市,并随城市的发展产生更高层次的功能分化,继而形成明显的城市功能中心,即城市中心区,促进城市生长并以之为引力中心向外呈同心圆般拓展。回顾城市发展历史可以进一步观察到,在城市发展尚未达到一定程度之前的初级阶段,城市的经济政治中心、主要公共服务设施等往往集中在市中心,而城市居住区分布在市中心外围,这种城市形态构成有利于以城市中心为核心形成规模效应,提高城市效率,促进城市生长。因此,在相当长的一段时间内,城市发展的主要方式仍体现为"单点"发展。在现代社会中,"单点"集聚、同心圆生长,依然是许多小规模城市的主要生长方式。

巴黎早期的城市发展具有很强的向心性,从不同时代的城墙拓展中可窥见其同心圆式生长的痕迹(图1-2)。巴黎早期城市的自然生长是呈典型的同心圆式发展,宏观上体现为以西岱岛为原点一圈圈向外扩大生长,巴黎不同时期的城墙真实反映了城市生长的轨迹。最早罗马时期的西岱岛高卢—罗马城郭,逐渐向外拓展形成跨河两岸的发展(1165—1223年菲利浦·奥古斯特城墙所示范围);此后城市发展呈不均衡状态,右岸发展较多(因此存在1338—1380年的单边查理五世城墙和1601—1646年的路易十三城墙);再后来城市进一步扩大形成跨河两岸发展(1784—1791年的包税者城墙和1841—1845年的梯也尔城墙均是跨河两岸)。一共经过六次比较成规模的城市扩张,才形成城市现在的格局。

2）原点可能单发也可能多发

城市的"原点",有可能单发也可能多发。在城市的起源和生长阶段,由于自然、社会等要素分布的不均衡性,相应的"集聚"力量不同,所催生的生长"点"的功能性质、规模尺寸、生长速率也存在很大不同;在形态分布上,有可能单发也可能多发。匈牙利的首都布达佩斯[⑤](Budapest)是典型的由双发的"原点"生长而来的城市:布达(Buda)和佩斯(Pest)原为隔河分别产生的两座城市,两城起源时期有先后:布达由凯尔特人在公元前建城,而佩斯则是于公元3世纪左右建城。在早期的城市发展过程中,两者隔河而望,独立平衡发展,形成截然不同的城市特点,河西岸的布达城以丘陵为主,一度成为匈牙利的首都;而东岸的佩斯城以平原为主,是东西方贸易的中心(图1-3、图1-4)。虽然两座城市的发源、生长各有不同,各自独立发展,但随着城市不断地拓展生长,城市发展的力量终将两者联合,于1873年合并为一座城市——布达佩斯(图1-5),被称为"多瑙河上的明珠"。

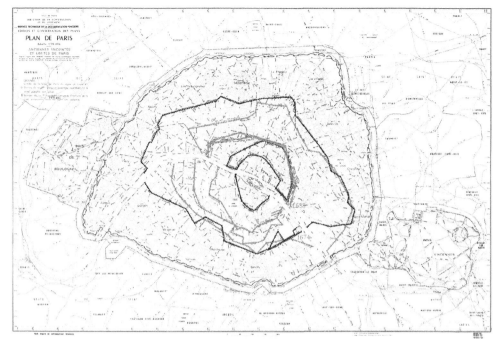

图1-2 巴黎城墙示意图

注:从内到外依次为:1. 高卢—罗马城墙;2. 菲利浦·奥古斯特城墙(1165—1223 年);3. 查理五世城墙(1338—1380 年);4. 路易十三城墙(1601—1646 年);5. 包税者城墙(1784—1791 年);6. 梯也尔城墙(1841—1845 年);7. 现在的城区界限。

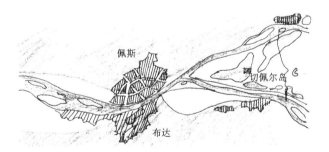

图1-3 布达与佩斯的城市形态

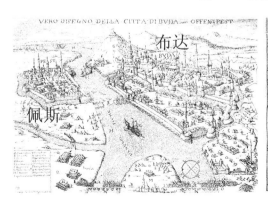

图1-4 530 年与 1602 年的布达城与佩斯城

图 1-5　现在的布达佩斯城

注：左为布达，可见的主要建筑为马提亚教堂（Matthias Church）、布达城堡（Buda Castle）；右为佩斯，多瑙河畔步道（Danube Promenade）、议会（Parliament）；连接两岸的桥梁为塞切尼链桥（Széchenyi Chain Bridge）。

3）城市从"单点发展"到"多点发展"

城市生命周期中的"多中心""多点"发展是一个普遍存在的有机发展的过程。在城市生长过程中，随着更多的人口向城市集聚而达到一定的饱和程度，城市中心区负载过多，这个过程与某些有机生物体的生长类似，当机体末端由于生长而远离能量供应点时，机体末端往往自动分离、脱落产生新的机体。一方面，单中心发端的城市随着内部功能不断分化，原有中心区的空间布局受到挑战，单中心的空间布局便开始显露弊端，产生诸如交通拥堵、公共服务设施不足、环境恶化等城市问题，早期"单点发展"的城市在空间组织构成的层面已不能适应大规模的城市发展需要，进而促进城市从"单点发展"到"多点发展"。另一方面，在城市发展过程中，当城市达到一定规模后，其内部也产生相应的功能结构组织分化，在城市周边区域开始有城市特征显现，形成"多中心"发展的趋势。

城市的"多点发展"过程往往通过规划干预，对城市原有功能结构和空间结构进行调整、优化，将原城市中心功能（如政治中心、文化中心、经济中心以及居住和休闲娱乐等功能）从原城市中心区拆解、迁移至有条件的中小城镇及乡村。发达国家，诸如法国、英国、日本都经历了大城市从"单中心"向"多中心"发展的过程，形成"多中心"发展、卫星城等理论，并在实践中积累了诸多经验⑥，对我国新型城镇化进程中的城市建设有着参考意义。

新中国成立后，许多城市多在原有城市构架的基础上呈同心圆式发展，形成"摊大饼"式的城市蔓延，为了避免城市过分扩张引起的城市问题，从 20 世纪中叶开始，北京、上海等大城市借鉴西方"多中心"发展的经验，开始建设卫星城，以控制城市蔓延。但是在我国，因城市容量、规模过大造成的交通拥堵、环境恶化情况严峻，在此情况下对城市生长点的研究对疏散现有城市人口、产业以及控制大城市蔓延具有重要意义。

1.3.3　不同时间、空间维度中城市生长点呈非均衡发展

1）不同性质城市发展的非均衡性

城市自产生之日起就具有非均衡的特点：城市的发源往往在地理位置便利、自然条件优越的区域首先出现，不同的自然地理条件、社会人文环境催生出差异巨大的城市萌芽，形成了不同性质的城市，不同性质的城市的发展呈现较大的非均衡性。其中，政治中心性质的城市和以港口等贸易为主导的商业性城市，在诸多城市发展中占优势地位。

政治优势的城市：在中央集权的社会中，作为政治中心性质的城市得到较快的发展，其发展动力往往源于政治统一和集权化，较其他城市发展具有极大优势，可以从城市人口的增长中窥见一斑，1500—1799 年，意大利工商业中心城市如佛罗伦萨、热那亚人口呈现平稳的

增长,而政治中心城市如米兰和那不勒斯,则是人口翻倍,首都罗马的人口更是翻了4倍,促使18世纪末期,意大利的政治城市人口位于意大利城市人口的前列,如那不勒斯、罗马、米兰、帕勒摩等。16世纪法国的巴黎、里昂、图卢兹等城市,意大利的罗马、米兰、那不勒斯等城市,英国的伦敦、考文垂等城市也由于其政治地位而迅速发展壮大。

商业优势的城市:以港口城市为代表,重要的商业中心城市在城市发展中占有优势地位。这一类城市往往具有自然地理条件的优势。有数据表明,在1500—1600年的欧洲城市中,人口增长2倍以上的有18座城市,其中6座是港口城市;在1600—1750年的欧洲城市中,人口增长2倍以上的有34座城市,其中11座是港口城市。

2) 动态时空维度中的城市发展具非均衡性

同时间维度下,城市发展的速度存在地区和国家的非均衡性。以欧洲城市为例,16世纪之前,发展较快的城市位于靠近地中海的意大利北部和西地中海沿岸,并保持这种优势一直到17世纪初。此后发展较快的城市多位于西北欧,城市的发展中心向北移动,18世纪西北欧的城市发展超越地中海地区。19世纪工业革命的到来,形成铁路和内陆交通的大发展,再次对不同地理区位的城市发展进行调整,改善了欧洲城市发展在地理层面上的内轻外重现象。

3) 城市内部发展的非均衡性

城市发展的非均衡性不仅存在于宏观的城市层面,而且存在于城市内部。城市是一个动态的过程,决定了城市除却其产生的时刻,其自身内部呈现非均衡的状态,并且不断分化发展。由"点"集聚形成城市的过程,就是非均衡发展的体现,此后城市内部各种要素由于性质、功能、分布等差异,促使城市自身发展呈现非均质生长的特征:不同的城市要素有强有弱,城市中的城市生长点也由于其功能属性、经济政治、规模大小、机遇、启动动力等不同,而存在作用差异和强弱之分,对城市的影响力也不同。

1.4　本章小结

在本章中,笔者将对城市生长点的研究置入城市动态生长发展的背景中,阐述城市在其起源与生长中具有点状发端、向心生长的倾向,并具有一定的生命周期。继而再针对不同性质的城市生长现象,分析城市生长点的特点及其在城市生长中的作用。最终在城市动态发展的背景之中,剥离出本书的研究主体,指出其起源与城市发展的互动关系。

首先,在城市的产生与发展中可观察到城市如同生命有机体一样,存在一定的生命周期,其生长发展是各种因素相互作用的产物。不同时代,城市发展的周期表现不同,城市生长发展的影响因素也存在差异。并且在不同的时间、空间背景下,在城市的生命周期不同的阶段中,这些因素对城市的发展起到推动或制约的作用,对城市生长点有着不同的意义。

其次,从城市发展的内在力量分析,通过对城市的产生进行研究,早期城市的产生可以分为"自上而下"的城市与"自下而上"的城市,在这两种城市中,城市的规划干预与自组织性分别占据了主导地位,反映了不同时代政治、文化特色;指出随着时代的发展与社会的进步,现代城市多是同时体现了自组织性与规划干预两种力量,为城市生长点的萌芽提供城市发展的背景。

最后,将城市生长点的研究纳入城市动态生长的背景之中,结合城市发展案例,研究"点"与城市发展的关系:从早期的城市自然发展历史可以明显观察到,城市的生长是由原点起始的,城市的产生与建立的源动力是城市的"集聚"效应;在城市的发展中,城市的原点可能是单发也可能是多发的;而现代城市从"单点发展"到"多点发展"的演变也反映了城市发展过程中"点"的演化与生长,并最终指出城市生长点的研究需被纳入城市动态发展的背景中去,不同城市、不同时期,城市生长点将会相应变化,城市的发展呈非均衡性。

注释

① 百度百科,http://baike.baidu.com/view/17820.htm.

② 金广君.图解城市设计[M].哈尔滨:黑龙江科学技术出版社,1999.

③ 在城市防御过程中,士兵可以从一侧城墙向另一侧城墙角射箭,同时由于向周围散开的三角形突台没有所谓的正面,因此也没有侧射死角,这大大提高了城市的防御能力,不再需要修筑外伸塔楼——笔者注。

④ 在詹姆斯·特拉菲尔的《未来城》中,他将城市比作一个"像一座森林似的生态系统……需要外来能量以维持功能……有生命循环——有诞生期、成熟期,也都会死亡"。

⑤ 布达佩斯(匈牙利语:Budapest)是匈牙利首都,也是该国主要的政治、商业、运输中心和最大的城市,曾被认为是中欧一个重要的中继站。布达佩斯的人口在 20 世纪 80 年代中期曾达到高峰 207 万(布达佩斯都会区人口达到 2 451 418 人,目前仅有约 170 万居民,它是欧洲联盟第七大城市)。该市是在 1873 年由位于多瑙河右岸(西岸)的城市布达和古布达以及左岸(东岸)的城市佩斯合并而成的。此前没有布达佩斯这个称呼,过去人们一般将它称为佩斯—布达(Pest-Buda)。

⑥ 西方发达国家的国际性大都市的新城发展,通常是伴随郊区化展开,表现为三个阶段:"卧城阶段",即在城市近郊建设的、以居住为主导职能的新城,一般与中心城区有紧密的依附关系。"半独立卫星城阶段",即在原有居住型新城基础上,进行大量工商业服务设施的配套建设,向综合功能转变,逐步满足居民工作、生活、居住的功能,但与中心城区仍保持紧密的联系和依赖关系。"边缘城市阶段",即随着交通通讯和网络技术的发展,高级住宅和办公楼在郊区快速发展,郊区产业高度化集聚、城市功能多元,逐步演变为具有相对独立性的边缘城市。

2 城市生长点概念及解析

2.1 城市生长点

2.1.1 定义

城市生长点的概念,源于植物生长点的细胞分裂与分化促进局部产生新的芽结构,进而促进植物芽轴不断生长的概念,"一种植物枝条的未分化顶端,由一个顶生细胞或一组细胞组成,它产生初分生组织,由此分化为枝条的组织。植物根的顶端由许多扁方形细胞构成的组织,能不断分裂成新的细胞,使根生长"①。这种生长方式被广泛引申至其他领域,泛指"与某一事物联系较紧密的,由此事物生发出来的,有明显传承或依附关系的事物。例如,某某理论的生长点、哲学的生长点、数学教育的生长点,等等"②。

本书的研究将城市视为有机体,研究城市中特定的城市元素促进城市有机体生长的现象,笔者在征得齐康院士等学者的意见后,将城市生长点定义如下:在城市发展过程中,以一个或一组特定的城市元素为核心,能够激发起周边城市区域快速发展,在此生长周期内的城市元素可被称为城市生长点。

2.1.2 概念解读

(1) 城市局部与城市整体的逆向思维

城市生长点的概念源于城市局部对城市整体作用机制的抽象,城市的作用机制是一种城市局部作用于城市整体的过程,以类似于"链式反应"的方式促进城市发展与城市更新:城市生长点以微观的城市局部出现,在一定范围内产生激变效应、边缘效应,引发城市内部一系列的变化与生长。

(2) 生命周期的动态发展思维

城市生长点的概念借用了生物学的概念,将作为城市局部的城市生长点置入城市动态发展的背景之中。这包含了两个层面的意义:第一个层面是在宏观的城市生命周期中,在城市发展的不同阶段中,城市生长点的性质、形态、规模等方面不同;第二个层面是微观层面的城市生长点,其自身随城市生命周期的变化而存在生长点"生命周期":首先,在城市中由自组织、规划干预的力量等方式,以可识别的点的形态产生;其次,在一定的城市环境影响下,城市生长点被激发启动,促进城市结构的变化、生长;最后,城市生长点融入城市网络,进入相对稳定的状态,成为城市肌理的一部分;此外,在一定条件下,结合城市的更新、改造过程,城市生长点可以被再次"唤醒"以发挥作用。

(3) 时间、空间双重维度思维

城市生长点在时间维度和空间维度有其演变发展的特点,可以在时间、空间双重维度进行识别,首先,在空间层面,这些点具有一定的范围和规模,因而在城市肌理中具有一定的可识别性;其次,在时间层面,这些点对城市有机体的功能形态具有结构性作用,往往能够促使城市结构发生变化、产生生长,这些点是能够加快或改变城市发展建设速度的城市新元素。

(4) 形态层面与内在属性的解读

对城市生长点形态与作用机制的解读和研究,可以从相关、相近的概念对比开始。一方面,城市生长点是一种以点带面的形态生长过程,在形态层面与城市中的点状概念存在交叉与重叠;另一方面,城市生长点的研究是一种自下而上、城市局部作用于城市整体的过程,在作用原理方面与自组织原理、神经网络学说、城市针灸理论、城市触媒理论等存在一定的相似性。从以上两个层面将这些概念进行对比，对城市生长点概念的明确具有重要意义。

2.2 城市生长点与其他城市"点"

生长点的概念可拆解为"生长"和"点"，其自身包含了两个层面，展示了其特征和属性：①形态层面——"点"的外在形态特征和属性。②性质层面——"生长"的内在特征和属性。

形态层面，与之相似的是城市要素有"节点""中心""枢纽"，其概念分别与城市生长点存在交叉与重叠。性质层面，城市生长点与自组织原理的"基核"、神经网络学说的"神经元"、城市针灸理论的"穴位"、城市触媒理论的"触媒"有着相似的作用机制。

2.2.1 形态层面的比对——城市生长点与其他城市"点"的相同与差异

在城市的复杂有机体中，其物质构成要素以散点形式分布，在一定的社会、经济、文化、政治条件下，形成多点关联、相互联系、相互作用，形成城市内在发展的动力，反过来促进城市形态层面的关联。在此过程中，城市中的物质构成要素，往往以"流"的方式产生关联；从城市局部到整体，从散点分布的城市构成要素到联系运作的城市有机体，通过城市网络进行信息、能量、资本等交流。城市的内在构成要素之间、城市局部与整体之间只要存在联系与交流，就存在各种"流"在城市网络层面的交叉与耦合，在此过程中，这些交叉与耦合的"点"不容忽视。

城市中重要的"点"数量众多，性质、规模等差异巨大，与生长点密切相关的"点"的相关概念主要有"节点""中心""枢纽"，他们不仅在形态上与城市生长点高度相似，在城市有机体中，这些点对城市的结构变化、生长与城市生长点有相似的作用。在一定层面上，城市生长点与其存在"重合"的现象，但是这些点是否就是"城市生长点"取决于它们在城市中是否具有相对的稳定性，在其形成之后是否以该点为中心，对周边区域形成促进城市生长的辐射与控制。

1) 城市生长点与城市节点

"节点"的本意有中心点、焦点、标志点的含义，抽象并且应用很广泛的概念，在众多领域有着不同的含义。城市生长点是城市"节点"，但城市"节点"不一定是城市生长点，其相似与差异之处如表2-1所示。

凯文·林奇在《城市意象》一书中将城市意象中物质形态研究的内容总结为五种要素，即道路、边界、区域、节点、标志。其中，节点(Node)定义为："城市观察者能够由此进入的具有战略意义的点，人们往来行程中的集中焦点。"[③]从这个定义可知，城市节点是城市空间结构的主要要素的连接点，从联系的眼光来看，节点与城市网络密切相关，甚至可以认为，节点与城市道路有直接关联；节点在城市中占有重要地位，节点是城市结构中重要的枢纽地段，是不同结构的连接转换处；节点是城市观察者可以进入的战略性焦点，也是城市活动的主要集聚点，城市节点可以是一个广场，或是一个重要的城市中心区，是城市活动的容器。在现代城市发展中，城市节点往往被赋予重要意义，而在城市规划中，也往往通过城市节点对相关城市道路路段进行控制，进而对城市产生影响，乃至影响整个城市形态。

2) 城市生长点与城市中心

"中心"，字面解释为与四周距离相等的位置，常用来指在某一方面占重要地位的城市或地区。具体到城市"中心",则是指在城市中供市民集中进行公共活动的地方,可以是一个广场、一条街道或一片地区。城市"中心"与"城市生长点"的相似与差异之处如表2-2所示。

一般情况下,城市中心往往集中体现城市的特性和风格面貌。城市中心功能广泛,如政治、商业、文化娱乐等。一般在一座城市中,这些不同性质的功能可以相互结合,形成一个集中的多功能的复合中心,并且城市"中心"拥有一定的层级。

表2-1 "节点"与"城市生长点"

节点	概念	"节点"的本意有中心点、焦点、标志点的含义,抽象并且应用很广泛的概念,在众多领域有着不同的含义	
	特点	(1) 城市生长点往往是城市"节点"; (2) 节点的概念更为广泛,功能更为多样化,其规模范围随着城市规模的大小和不同的研究等级而具有不同的范围和尺度; (3) 在城市中往往结构功能突出:交通节点、商业节点、行政办公节点、公共空间节点、景观生态节点等; (4) 具有不同的层级:核心节点、城市区域节点、城市组团节点等	
	与城市生长点的关系	(1) 重合:城市生长点与城市"节点"存在重合现象; (2) 有些小型的城市生长点本身往往为城市的节点,"节点"范畴更为广泛; (3) 形态上均可拥有一定层级	如巴黎的拉德芳斯新区的中心商务区,是典型的城市生长点,其核心建筑新凯旋门(La Grande Arche)是重要的城市节点,也是巴黎拉德芳斯城市副中心的城市生长点的重要组成
	判断标准	是否具有稳定性可成为判断标准。城市中很多"节点"具有相对的稳定性,在其形成之后并没有以该点为中心,对周边区域形成促进城市生长的辐射与控制	

表2-2 "中心"与城市生长点

中心	概念	城市"中心",则是指在城市中供市民集中进行公共活动的地方,可以是一个广场、一条街道或一片地区	
	特点	(1) 一般情况下城市中心往往集中体现城市的特性和风格面貌; (2) 城市中心功能广泛,如政治、商业、文化娱乐等。一般在一座城市中,这些不同性质的功能可以相互结合,形成一个集中的多功能的复合中心; (3) 城市"中心"往往拥有一定的层级	
	与城市生长点的关系	(1) 重合:城市中心的核心区域往往是一定时期的城市生长点; (2) "中心"范畴更为广泛; (3) 形态上均可拥有一定层级	如在新城建设的过程中,总是先进行新城中心核心建筑的建设,如政治中心、商业、或者大型活动中心等,通过这些中心的建设形成集聚效应与辐射效应,从而带动新城发展。如南京围绕河西新城的核心商务区和奥体中心形成的河西新城中心
	判断标准	是否具有开放性与不稳定性,是否以该中心为基础产生一系列的城市生长、更新、改造、再生等城市肌理、结构的变化。如有些城市的政治中心本身,由于其功能的单一性,已经稳定于城市网络之中,很难被称为城市生长点	

3) 城市生长点与城市枢纽

"枢纽"原意指重要的部分,事物相互联系的中心环节。具体到城市中,一般指交通枢纽。"枢纽"与"城市生长点"的相似与差异之处如表2-3所示。

表 2-3 "枢纽"与"城市生长点"

枢纽	概念	"枢纽"原意指重要的部分,事物相互联系的中心环节。一般指交通枢纽	
	特点	(1) 交通功能明确; (2) 具有不同的功能和层级	
	与城市生长点的关系	(1) 重合:交通枢纽对城市的发展起着城市生长点的作用; (2) 在城际交通或者更高级别交通基础上的交通枢纽一般都是城市生长点; (3) 形态上均可拥有一定层级	一般来说,有单一交通枢纽和综合交通枢纽,后者则要求有两种及以上交通重要线路与之连接,并有相应的场站与城市内部交通衔接,具有更高的功能复合性,较前者更宜发展为城市生长点
	判断标准	是否能与城市生活产生良好的互动,并能推进枢纽周边的城市生长,功能复合型交通枢纽较单一功能型交通枢纽易发展为城市生长点。一般来说,城市中的重要综合交通枢纽也是重要的城市生长点,如巴黎的莱阿勒区(Les Halles)④	

我国对城市交通枢纽及其分级没有统一的研究体系,一般认为交通枢纽具备以下特征:位于综合交通网络交汇处,一般由两种及以上的运输方式,重要线路、场站等设施组成,为旅客与货物通过、到发、换乘与换装以及运载工具技术作业的场所,又是各种运输方式之间、城市交通与城间交通的衔接处。

2.2.2 作用原理层面比对——与城市生长点相似的作用原理的相关概念

在作用原理层面,在局部作用于整体的研究中,与城市生长点有着相似作用的有自组织原理的"基核"、神经网络学说的"神经元"、城市针灸理论的"穴位"、城市触媒理论的"触媒"。但是在具体的作用过程中有着不同的侧重。

1) 自组织原理的"基核"

在自组织理论中,城市设计通过对基核进行干预与刺激,实现对周边城市系统的影响与控制,最终引导城市良性发展,其特点如表 2-4 所示。与城市生长点更侧重于通过主观能动地布点不同,"基核"的产生强调自发性,规划干预往往在基核产生之后,对其进行相关控制引导以激发其区域发展。

2) 神经网络学说的"神经元"

神经网络学说的研究是一种自下而上的研究,其特点如表 2-5 和图 2-1 所示。其研究基础——"神经元"之于神经系统,与城市生长点之于城市类似,局部与整体间存在动态的关系,"牵一发而动全身"。在系统构成的层面,微观的局部在通过时间、空间不同维度中共存、交织,形成不同作用的层级网络,在有机整体中形成"生长轴""生长带"。

3) 城市针灸理论的"穴位"

城市针灸将城市视作一个有机体,通过"穴位"的局部改造与治疗,进而以点带面促进城市的生长发展,改进、解决城市问题,其特点如表 2-6 所示。引入中医针灸理论"从外治内"的理念,通过少量的投入、局部的工程,实现对城市的调理,避免了城市因大规模的整治而造成诸如城市文脉的断裂、城市风貌的破坏等。

4) 城市触媒理论的"触媒"

城市触媒理论认为拥有宽广范畴的城市触媒对城市的结构形态,能够起到由局部到整体的促进作用,是"能够促使城市发生变化,并能加快或改变城市发展建设速度的新元素",

特定的触媒元素可引发城市内部的某种链式反应,其特点如表 2-7 所示。但是城市触媒具有的不确定性、随机性、两面性,需要通过有预见性地对其进行干预和良性引导。

表 2-4　自组织原理的"基核"

自组织原理	自组织	具有一定功能的非线性的多体开放系统在离开平衡态时会不断与外界进行交换,受到影响和干预后,内部结构从无序(规则或不规则的)变成有序时空结构的过程	亚历山大的实验:强调通过公众的、开放的手段来加强地段中物质、能量、信息的交流,以创造新"基核",即激发生长点的出现
	基核	"基核"对系统的自组织力起着核心作用,城市设计中便是通过对基核进行了解与干预,进而形成对城市系统的影响与控制,引导城市向着良性的方向发展	
		基核之于系统的城市,与城市生长点之于城市有着类似的作用。而自组织理论下的"基核"在城市中强调其自发性,可以通过随后的控制引导激发其区域发展。而城市生长点的研究,更侧重于通过主观能动地布点,进而通过对点的特性的利用实现对城市区域的控制引导与促进	

表 2-5　神经网络学说的"神经元"

神经网络学说	神经网络	在神经网络中,局部与整体存在动态关联关系,"牵一发而动全身"。神经网络学说的研究是一种自下而上、局部作用于整体的研究。在系统构成的层面,微观的局部在通过时间、空间不同维度中共存、交织,形成不同作用的层级网络,在有机整体中形成"生长轴""生长带"	城市的生长点,在城市系统中如人体中的神经元,是一个城市"细胞",与城市其他要素、城市整体存在互动关系,良性的刺激会对未来城市的发展、演化等产生引导和制约作用
	神经元	每一个神经元都有一定的独立性,拥有自己的核和分界线或原生质膜。神经元的延伸部分按功能分为两类[5],生物神经元之间通过相互连接实现信息传递	
		城市生长点与之相似,是宏观城市的重要构成,与城市之间存在局部—整体的互动,一方面受外界影响,另一方面可反向作用于城市	

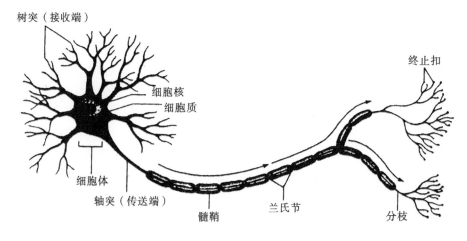

图 2-1　神经元

表 2-6 城市针灸理论的"穴位"

	城市针灸	城市针灸:通过在特定的区域范围内进行小尺度的城市行为,以"点式切入"进行小规模的改造,进而激发其周边环境的变化,最终促进城市更新,激发城市活力	
城市针灸理论	城市穴位	中医针灸的作用方式是通过局部作用于整体的方式,"穴位"是实现调节的关键点。 在城市中存在至关重要的"穴位",城市针灸视城市为有机体,通过对其进行点状"穴位"的处理,进而以点带面地改进、解决城市问题	中医针灸"从外治内"的理念可应用到城市中,通过少量的投入、局部工程,对城市进行调理,避免大规模的整治而造成的城市问题
		在城市生命周期中的城市更新、城市再生阶段,这些点的作用不仅是对原有问题的治疗,更是为城市重新焕发活力、重获新生提供了途径	

表 2-7 城市触媒理论的"触媒"

	触媒	"触媒"(Catalyst)是化学中的一个概念,即催化剂,是一种与反应物相关,通过以小剂量的使用从而激发、改变或加快反应速度,而自身在反应过程中不被消耗。 唐·洛干和韦恩·奥图于 1989 年提出了城市触媒的概念⑥	
城市触媒	城市触媒	城市触媒对城市的结构形态起到由局部到整体的促进作用,如同化学领域"触媒"的概念,其作用机制是通过特定的触媒元素的介入,从而引发城市内部的某种链式反应	触媒理论重视通过新元素改善周围的元素,对现有元素采取改造和强化的积极态度,重视文脉,着眼于城市总体,一定程度上重视战略策划。 城市生长点更侧重于物质化的形态,具有明显的可识别性,有更强的可预测性
		城市触媒范畴广阔,有着多种形态:可以是城市的一个局部,如城市街区的开发,也可以是城市建筑的一个局部;可以是城市的开放空间等物质形态的元素,也可以是非物质的城市事件、城市政策、城市建设思潮、城市的特色活动,等等	
		城市触媒有一定的随机性,不可预知的非物质形态的触媒在一定程度上具有不可控性,所以城市触媒就兼具两面性,其触发结果也有正反两个方面,需要通过有预见性地干预对其进行良性引导,通过触媒效应可以产生杠杆效应,对城市产生远远超过触媒本身规模和范围的影响	

2.3 城市生长点属性

2.3.1 内在属性

城市生长点具有城市属性,在城市中,从其产生、发挥作用,到最终走向稳定、消亡,是一个与城市要素、城市整体之间互动的有机过程,生长点的生长作用激发、产生影响,在城市有机整体中是一种由内而外、由点到面的模式。城市生长点在城市中具有一些基本属性,使其区分于别的城市要素。通过对前述城市生长点相关概念的研究,可以概括出城市生长点的基本属性有异质可识别性、开放性、非平衡性。

1）异质可识别性

城市生长点具有城市性,点与城市互动体现为生长点与城市网络的有机关联。城市生长点在城市中具有异质可识别性(表2-8)。异质特点在城市网络系统中强化了点的重要性,赋予了点对城市结构的控制和引导作用。可识别性赋予了城市生长点积极空间(与周边的城市环境剥离、识别的积极空间)的秩序。

2）开放性

城市生长点的开放性,赋予了城市生长点内在的特点(表2-9)。开放性指城市生长点并非封闭、孤立的点,而是与城市要素具有一定连通性的点。因而,一方面,城市生长点具有基于城市网络与城市要素进行物质、信息、能量的交换流动能力,从而与城市建立起从局部到整体之间的交流;另一方面,连通性使得城市生长点之间也会产生一定的交流与影响:通过连通性形成城市生长点之间的有机联系,以及在内在要素连通交流的基础上,形成城市生长点之间同性相斥、异性相吸的竞争与促进关系。

3）非平衡性

城市生长点的非平衡性,赋予了城市生长点内在的活力(表2-10)。非平衡性是指城市生长点内部要素之间的相对不稳定状态。非平衡性的存在为城市网络中元素之间"流"的形成提供了基础,为城市系统的动态演进提供了可能。城市生长点内在的活力源于其非平衡性,内部要素的不稳定性必然导致系统通过自组织作用进行一定的协同,从而在城市区域乃至城市层面,表现出以城市生长点自身为中心的自组织关联,由于城市生长点具有异质、开放性的特质,这种关联往往扩大渗透到城市肌理之中。

表2-8 城市生长点的异质可识别性

异质可识别性	异质可识别性	城市生长点是一个实体、一个系统。仅仅相对于其上一层级系统来说相当于一个点	
		是城市中有一定标志性的点,对城市生活有一定的坐标作用	
	性质赋予点的内在特点	异质的性质有助于促进其成为城市网络中的关键点	赋予了点对城市结构的控制和引导作用:并非强调其建筑形体,而强调作为点在城市网络中的关系
		可识别的性质赋予了城市生长点积极空间的意义	根据芦原信义的说法,积极空间的性质决定了这个空间应该是有边界的,边界赋予场所以秩序,区别于散乱的毫无秩序的消极空间。赋予了生长点的空间形态属性,是可以与周边的环境剥离开来的积极空间

表2-9 城市生长点的开放性

开放性	开放性	城市生长点不是封闭、孤立的点,而是具有一定连通性的点	
	性质赋予点的内在特点	城市生长点与城市之间形成物质、信息、能量等交流	城市生长点与城市其他节点之间通过物质、信息、能量的流通,以城市生长点为核心形成一定程度的集聚,从而使得城市生长点与城市其他地区形成一定的"势能差"
		城市生长点之间形成有机联系,同性相斥、异性相吸的交流关系	由于连通性形成城市生长点之间的物质、信息、能量的交流,促使生长点之间形成有机的联系
			城市生长点内在要素连通交流的基础上,形成城市生长点之间同性相斥、异性相吸的竞争与促进关系

表 2-10　城市生长点的非平衡性

非平衡性	指城市生长点内部要素之间的相对不稳定状态	
非平衡性	性质赋予点的内在特点	非平衡性的存在为城市网络中元素之间"流"的形成提供了基础,为城市系统的动态演化提供了可能	一方面,相邻地域间相干互动发生异质碰撞,并产生增殖效应
			另一方面,"势能差"的存在使得这种动态演化的活力及效应不以空间距离为参照,可以跨越物理空间实现元素间的互动
		赋予了城市生长点内在的活力	内部要素的不稳定性导致系统通过自组织作用进行一定的协同,从而在城市区域乃至城市层面,发挥城市生长点异质、开放性的特质,往往表现出以城市生长点自身为中心的自组织关联,进而扩大渗透到城市肌理之中

2.3.2　外在空间属性

城市生长点自身所具备的内在性质,促成了城市生长点在城市中具备可识别的空间属性。在城市空间中,由于城市生长点的异质可识别性、开放性、非平衡性的特点,使得城市结构产生以之为核心的自组织作用,促进城市的生长,也使得城市生长点在城市"可见"。如图2-2所示,可以观察到以城市生长点为核心形成城市要素的"激变区域";或者是以城市生长点边缘区域为接触地带,产生"边缘效应"。

1）激变区域

城市各要素之间,具有一定的开放性与连通性,这是城市系统得以运作发展的基础。同理,城市生长点之于其周边城市区域应该是开放性的异质积极空间。武进在《中国城市形态:结构、特点与其演变》一书中讲到:当一定数量的空间类型集聚于某一区位点,并对该点的某些特定的资源(如交通优势、低地租、优美环境等)有着共同需求的时刻,城市生长点就诞生了。这个对城市生长点诞生的描述,反映了城市生长点具有开放性和异质的特征,正是由于异质碰撞的力量产生了边缘效应,使得生长点的力量得以发挥,并且激发自组织机制启动。

同样,开放性决定了城市生长点并非封闭的空间区域,而是与城市网络中不同层级内的其他元素存在多样性的系统关联和流动关系,从而呈现出动态特征,而元素之间物质、信息、能量的流动使得城市生长点的自身系统远离平衡状态。

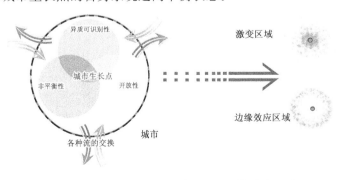

图 2-2　城市生长点的激变区域及边缘效应区域

开放性与连通性使得城市生长点与城市之间有机互动,形成点与城市节点之间的"势能差",进而形成人流、物质流、信息流等,为城市生长点自身的动态演化提供了可能,使得城市生长点充满活力。而城市生长点自身的开放性、不平衡性及其具有的可识别性特征,使其在城市系统中具有明显的"异质"特征,从而在城市中以城市生长点为中心,由内而外对城市产生影响与辐射作用,往往形成点状的"激变区域"。

2)边缘效应

"边缘效应"(Edge Effect)的概念源于生态学:"在边缘地带可能发现不同的物种组成和丰度,即所谓边缘效应。""由于交错区生态环境条件的特殊性、异质性和不稳定性,使得毗邻群落的生物可能聚集在这一生境重叠的交错区域中,不但增大了交错区中物种的多样性和种群密度,而且增大了某些生物种的活动强度和生产力"[⑦]。究其根本,"边缘效应"的存在及其内在触发动力,来源于异质的碰撞。在自然界中,边缘区的自然生态本质是环境的异质性与生境的丰富多样性。如一个森林生态系统,其边缘(林缘带)往往分布着比森林内部更为丰富的动植物种类,具有更高的生产力和更丰富的景观;在一个池塘系统中,生物最为活跃的区域是水、空气、土壤三个完全不同的小系统的交界之处。

城市也是一个复杂的有机系统,其存在和发展是建立在集中和多样性的基础之上。城市生长点相对于其上一层级系统来说,相当于一个点,其内部也如同一个生物有机体,有产生、发展、成熟直至消亡或者是复兴的生命周期,需要和外界不断地进行物质能量交换,在此过程中,具有明显的"边缘效应"。

从宏观城市发展层面来看,城市相对于郊区和乡村,有着高密度集中和多样性的特征,促进了生产力的提高,造就了城市的繁荣。城市的多样性不仅仅体现在城市的社会、经济和物质环境的多样性上[⑧],也赋予了城市"混合"的性质。由于受到各种社会、自然因素的影响,城市要素并非均质分布,因此城市中会出现一些"异质地域"。具体而言,在城市中,"异质地域"由于地质、地貌等自然属性与用地性质、权属、承载活动、社会属性的差异,由于生态因子的互补性汇聚,或地域属性的非线性相干协同作用,产生了超越各地域组分单独功能叠加之和的生态关联增殖效益。此时,城市生长点的触发机制及其作用也变得容易理解:一方面,历史上的城市生长点往往是基于城市"异质区域"的突变而产生;另一方面,城市中往往以城市生长点自身为中心,形成环状边缘效应区域。

微观层面,从流的视野出发,城市生长点相对于城市中其他区域表现出异质特征,并且在非平衡性的城市网络中,通过点使得城市中的物质、信息相对集中,与城市其他地区形成一定的"势能差"。虽然"势能差"的存在使得这种动态演化的活力及效应不以空间距离为参照,可以跨越物理空间实现元素间的互动,但是在具体的城市发展中,临界的边缘位置却是由于"势能差"而产生的物质、信息、能量交流最为活跃的区域,异质之间的碰撞会产生增殖效应,同时它是相邻地域间相干互动的前沿地带和生态关联的纽带,从而形成以城市生长点为中心的环状边缘地带。

3)空间界定

在城市发展过程中,以一个或一组特定的城市元素为核心,能够激发起周边城市区域快速发展,在此生长周期内的城市元素便被称为城市生长点。因此,城市生长点在城市中不是漫无边际的存在,其形态与边界还是有迹可循的。但是由于城市生长点受时代、城市环境、城市文化等因素的影响,其边界划分可能很难用单一的标准衡量。

首先,以建筑本体正形为主体的城市生长点,其边界则是以建筑本体为界限,形成激变区域,如法国国家图书馆;以城市公共开放空间的城市负形为主体的城市生长点,其边界则是以城市周边建筑形成的负形边界为界限,如巴黎贝尔西公园;以建筑+城市公共开放空间为主体的城市生长点,则介于上述两者之间,呈复合状态,典型的如巴黎的莱阿勒区(Les Halles),地面部分由城市公共开放空间构成,其边界以周边城市建筑围合成的主体构成,而地下部分,则以地下空间中的建筑空间和交通换乘空间构成。

其次,在城市发展的不同时期、不同的城市环境的影响下,城市生长点的空间边界可能会发生变化。以巴黎的莱阿勒区为例,早期的状态为中央菜场,形成以建筑主体为主要构成的城市生长点——以建筑为核心,建筑周边形成商业、交往空间。此后在20世纪70年代的改造中,莱阿勒区形成地面以公共开放空间为主、商业商务建筑为辅,地下以商业、商务、公共文化空间为主的复合型状态,实体空间向地下发展释放地面空间。在21世纪初的改造中,根据城市的发展,设计师通过整合城市地面、地下的城市公共开放空间,对区域不适应城市发展的局部进行梳理,形成地下—公园—地上周边空间的层次。在这个过程中,我们可以观察到,城市生长点的形态、边界随着城市的发展与时代的进步在发生进化。

2.4 城市生长点在城市中

城市生长点在城市中具有一定的特点,基于城市网络实现与城市生长点、城市要素的关联、互动,点与点之间的非平衡性使得某些点在城市网络中具有"势能差"的现象,在点与点、点与城市之间产生各种相互作用(表2-11)。

2.4.1 点之于点

1) 城市生长点之间存在连通性
(1) 城市生长点的城市性,决定点与点之间具有连通性
在宏观的城市中,各个不同的功能和区域存在着连通性。在物质层面,城市作为有机体,其物质能量的循环依赖于城市物质环境系统的连通性,包括交通网络和公共空间的可达性。在文化生活层面,人类是社会动物,城市的连通性为人类的相互作用、交往提供了机

表 2-11　城市生长点的作用特点

城市生长点的作用机制	点之于点	连通性	宏观整体层面的连通	需要依赖城市网络,具有"势能差"的现象
			微观局部层面的连通	
		异质吸引与同质排斥	同质竞争:同质排斥	两种作用并存、互动,相互转化
			异质互补:异质相吸	
	点之于城市	自发性	向上由城市的自发性继承	从整体到局部均存在演化过程;良性生长是点与城市三重特性共同作用的结果
			向下对后续城市生长产生引导	
		自组织性	向上由城市的自组织性继承	
			向下对后续城市生长产生引导	
		可干预性	向上由城市的可干预性继承	
			向下对后续城市生长的引导	

会和场合,进而使得经济和社会活动成为可能,只有这样,城市系统才能运作,人类社会才能够繁荣和发展。城市生长点作为其中重要的微观构成,点与城市、点与点之间存在连通性。

(2)城市生长点的自身特性,决定点与点之间具有连通性

城市生长点的自身特点,赋予了其内部构成要素具有开放性、非平衡性、非线性的特点和内部涨落等耗散结构的特征。城市生长点的构成要素与城市要素之间的"边界"具有模糊性,内外元素往往基于城市网络产生联系,形成各种流。

城市生长点基于城市网络而连通,生长点与城市节点之间产生一定的"势能差"以及各种"流"。城市生长点正是以此为基础对城市局部产生激发、促进作用,进而对城市整体的功能形态产生整体结构性作用。

(3)连通性需要一定的载体

城市生长点的连通性并非随意存在,需要一定的载体,在成熟的城市系统中,城市生长点的连通性依赖于城市网络,借助于城市网络中的各种流实现与其他点的物质、能量、信息的流动。而在城市肌理断裂地带,这些城市生长点之间的吸引力会引导城市网络的再生与重构。

2)城市生长点之间存在异质吸引与同质排斥

(1)互补作用,使得城市生长点具有异质相吸

城市生长点一经产生,便以之为中心产生对周围地区的影响:一方面,产生集聚效应,通过城市网络的"虹吸作用"为区域带来物质、经济、文化、人力等资源,在这个过程中,不同的城市生长点往往由于性质、构成要素等互补而产生异质吸引作用,促进城市生长点的关联升级。

(2)同质竞争作用,使得生长点具有排他性

由于竞争作用和阿利氏效应,生长点对与自身空间类型同质的空间类型产生排斥。同质排斥的作用促使同质的城市要素相对于生长点产生扩散作用,或是与生长点产生空间竞争。但不乏少量城市要素能够与城市生长点产生同质相吸作用,形成规模效应。

(3)同质排斥、异质吸引是混合存在的现象

如城市生命周期中集聚、扩散作用并存一样,城市生长点的异质吸引、同质排斥也是一对相互依存、相互协调的作用力与反作用力。城市的发展与生长形成非均衡拓展的同心圆"年轮",便是这对作用力共同作用的结果。

2.4.2 点之于城市

宏观的城市从起源上可以分为自下而上自由生长与自上而下规划生长两种类型,体现了自组织力量与规划干预的力的作用,随着城市的发展,自组织力量与规划干预力量共同作用,形成了当今城市复杂的有机整体结构。作为城市微观构成的城市生长点,具有城市性,因而也继承了这一特点。究其产生有两种作用力:一种是在城市发展的自然过程中,为顺应其生长、发展、改造、更新、再生等各种城市内在需求,凭借城市的自组织力量而自发产生,在适合的区域产生自然萌芽,产生城市生长点;另一种多是在现代城市建设中,,通过规划、政策法规等层面的干预产生,反映人类对城市发展的主观能动性,是自上而下对城市的结构干预、对城市发展方向的人工引导结果。因而城市生长点的产生具有两重性:自组织的自发性与规划控制的可干预性。

1）自发性

城市生长点的自发性指借由城市自组织力量形成城市生长点的现象,是一种自然状态的自发的城市生长点萌芽。

城市生长点的自发性与自组织性质沿袭了城市自组织性质的特点。在没有过多外部限定情况下的城市早期,可以观察到城市往往受地域、地形等自然条件影响,在优势区域形成一系列物质、信息、人力等自然集聚。此后城市的自身发展演化,也受自组织力量影响,通过内部城市要素之间的调试、转化、协同,形成空间功能结构的不断优化和生长进步。

纵观城市发展,可以观察到早期自由发展的城市多沿河岸、海岸线生长,在港口、码头等优势区域形成生长点;近现代陆路交通发达的时代,城市往往沿交通线生长,在交通节点的优势区域形成生长点。

2）自组织性

城市生长点的自组织性,向上是对城市自组织性的继承,向下体现为对后续城市生长的引导,是生长点构成要素与外部城市要素关联、互动的结果。

当城市生长点产生后,其内部要素通过城市网络以"流"的形式与城市要素关联,对周边区域产生直接的影响;随着生长点的成熟,当城市生长点规模达到一定的门槛,往往升级而产生关联跨越式的"蛙跳",刺激至牛长点直接辐射区域之外的空间,由远及近与原城市生长点关联、生长、合并,或在新的区域产生新一轮的城市生长。

在亚历山大的城市地段生长实验中,地段的生长是完全自发的(图2-3),在前几个阶段中,自然萌芽的生长点活跃,生长方向模糊,具有不确定性。当生长达到一定的阶段(见图2-3第一阶段生长),区域内产生关联跨越的"蛙跳"式生长(见图2-3第二阶段生长),促成以水边浴室为新的生长点的新一轮城市生长,形成以此为中心的教堂、住宅、学校、商店等的生长,并形成新的地段中心广场。

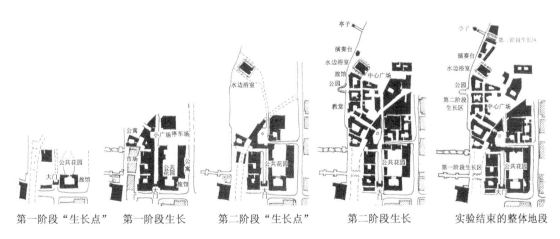

| 第一阶段"生长点" | 第一阶段生长 | 第二阶段"生长点" | 第二阶段生长 | 实验结束的整体地段 |

图2-3 亚历山大城市地段生长实验

3）可干预性

城市生长点的可干预性,首先,继承了城市发展的可干预性,如果将城市生长点引导的城市生长视作城市系统自我协调、自愈的过程,针对必然存在的发展的"涨落"过程,需要对其"涨落"程度进行调节、控制,避免超过某个"度"而造成系统内部的衰落和崩溃;其次,在城市自身"无序"与"有序"共存的生长过程中,尽管城市具有自然生长的固有特性,具有一定的自组织能力,但其生长发展仍受经济、政治、社会、文化等的影响,往往会出现自组织调节能力无法实现的城市结构、形态等层面的转变,需要规划干预对其进行引导与调节。

缺乏干预与引导的无序生长往往会对城市产生负面的影响。如我国城市城郊结合部无序蔓延的情况,往往是由于城市功能的多样化不断渗透,原有的空间不能满足其发展需求,使得结合部的空间界限受到破坏和弱化,而往往导致区域独立性丧失、边界模糊,进而沦为城市功能的附庸,呈现功能复杂、交通混乱、公共基础配套的缺失、环境文化的缺失、城市文脉断裂的现象。这种无序混乱的发展往往形成恶性循环,"虹吸作用"反向作用于区域,造成物质、人力、资源等大量地流逝,进一步导致该区域空间环境的恶化。

2.5 本章小结

本章开篇提出城市生长点的概念:在城市发展过程中,以一个或一组特定的城市元素为核心,能够激发起周边城市区域快速发展,在此生长周期内的城市元素可被称为城市生长点。并对其概念进行了相关限定与解读:通过逻辑解释以及与相关、相似的概念、原理进行对比分析,对城市生长点进行了背景、时间、空间的限定;对城市生长点的基本属性以及空间属性进行解读;最终将城市生长点置入城市背景中,指出其特点及相互作用。

首先,提出要将城市生长点的研究纳入城市动态发展的背景之中,认为城市是在不断变化与发展的,城市有着自己的生命周期;在不同的生命周期阶段中,城市生长点的功能属性、规模尺度、启动与机遇不同;指出城市生长点需具备一定的空间属性和特点,可以在城市范围内进行识别,从而区别于其他城市要素;城市生长点的自身存在一定的生命周期。

通过与相关、相近概念的对比与分析,明确城市生长点的概念。针对城市生长点的概念,将城市生长点与城市"节点"、城市"中心"、城市"枢纽"进行对比分析,提出其相同与差异,对城市生长点的概念进行补充解释;针对城市生长点的作用原理,对城市生长点与自组织原理的"基核"、神经网络学说的"神经元"、城市针灸理论中的"穴位"、城市触媒理论进行对比分析,指出其原理的相似与差异,为全面理解城市生长点提供了理论基础。

其次,从基本属性、空间属性对城市生长点自身进行了解读与分析。

基本属性层面,城市生长点是一个实体、一个系统,仅仅相对于其上一层级系统来说相当于一个点。其异质可识别性是基于点与城市网络的关系存在,城市生长点则是可识别的网络化城市上的点;并在城市中,具有开放性与非平衡性,不是封闭、孤立的点,而是具有一定的连通性,与城市建立起局部和整体之间的联系;并由于内部要素之间的相对不稳定状态,在城市生长点与城市网络上各要素之间形成各种"流"和"势能差",从而赋予城市生长点内在的活力。

空间属性层面,开放性与异质的特性使城市生长点与周边城市要素之间呈非平衡发展,能激发城市的自织织机制发生作用。从空间形态上可观察到以之为核心的"激变区域",或与之相接的边缘地带的"边缘效应",使得城市生长点的区域、范围在城市肌理中可被识别。

最后,将城市生长点置入城市背景中,研究其特点及相互作用。

城市生长点之间、城市生长点与城市要素之间存在连通性,并以城市网络为物质载体。在此基础上,形成生长点相互之间、城市要素之间的异性相吸、同性相斥的作用力,这对作用力共同作用形成了城市现在复杂有机的肌理。从城市的宏观演化以及具体的生长过程中可以观察到城市生长点的自发性产生、发展、自我更新,指出城市生长点在城市中具有一定的自发性与可干预性,但需要一定的干预与引导。

注释

① 新华字典,http://xh.5156edu.com.

② 百度百科,http://baike.baidu.com/view/1035446.htm.

③ 凯文·林奇(美).城市意象[M].方益萍,何晓军,译.北京:华夏出版社,2003.

④ 巴黎的莱阿勒区是一个重要的交通枢纽,同时也是巴黎重要的城市生长点。详细分析见第5章案例。

⑤ 神经元的延伸部分按功能分为两类:一种称为树突,用来接受来自其他神经元的信息;另一种用来传递和输出信息,称为轴突。神经元对信息的接受和传递都是通过突触来进行的。

⑥ 唐·洛干(Donn Logan)和韦恩·奥图(Wayne Atton)1989年在《美国都市建筑学:城市设计的触媒》一书中,提出了城市触媒的概念。

⑦ 赵志模,郭依泉.群落生态学原理与方法[M].重庆:科学技术文献出版社重庆分社,1990.

⑧ 如多样化的建筑、多样化的街道、多样化的社区、多样化的城市景观、多样化的城市空间。

3 城市中不断演化的城市生长点

城市生长点作为异质元素出现在城市中,通过城市网络与城市发生直接或间接的关联,这个过程具有一定的自组织性,在宏观层面表现为城市空间发展的自组织性。触发自组织协同作用的力量源于空间竞争,竞争与协同具有矛盾统一性,具体表现在自组织系统的矛盾双方相互依存、相互斗争,在一定阶段内通过一段激烈的竞争达到统一,此后在协同性的基础上会再次爆发新的竞争。微观层面,城市生长点在城市空间中的演化过程,可以视为城市生长点个体组成要素作为城市"异质"部分通过入侵、扩张、更替变换等形式融入城市肌理的过程,在此过程中与城市组成元素之间产生互动、选择、激发、竞争,最终达到共生、相对稳定的城市空间功能结构。这个发展的过程具有一定的自组织性,体现了竞争与协同机制的共同作用,并在城市中不断反复演化,从而推动城市的空间结构演化。

城市生长点在城市中,作为异质元素与周边环境相互磨合、适应,通过"链式反应"和系统的"自我平衡"发展演化,直到系统整体呈现一定程度的稳定性。这个过程体现了城市系统在内部非平衡、非线性相互作用的过程中形成的作用反馈机制,这种反馈可以使得城市生长点与城市系统通过相互的磨合、适应,而产生一系列的城市发展契机,最终磨合的结果体现了城市生长点与环境相互融合的能力。这个过程,实际上反映了城市生长点由"异质"特性在发挥其生长刺激之后,转入休眠、融入城市的一个生命过程。

3.1 "点"

"点"即城市生长点自身,是城市生长点在城市肌理中识别性最高的阶段,在这个阶段中,城市生长点以自身为中心对周边形成控制与辐射,或者是形成跨越关联,缝合城市肌理断裂带,从而形成城市生长点对区域及城市的引导(表3-1)。

表3-1 城市生长点"点"阶段的特性

	形态	城市中典型的节点,是具有某种特点的集合点		
点	特性	"点"依赖于城市网络存在	城市生长点具有城市性,对周边空间存在作用力,对其周边城市空间具有引导性、规范性、激发性	"点"的形态,是城市生长点在城市肌理中识别性最高的阶段
		"点"为核心形成控制与辐射		
		"点"跨越关联缝合城市		
	点与城市生长	功能引导		
		结构引导		
		秩序引导		
	布点	基于既有网络系统布点		
		盲区布点		

在城市生长点的自身演化过程中,点状的城市生长点,其异质可识别性最高,其自身性质决定其对周边空间存在明显的作用力,表现为对其周边城市空间具有引导性、规范性、激发性。在城市中,"点"状时期的城市生长点对区域及城市生长作用开始显现,对城市生长发展起引导作用,包括功能引导、结构引导、秩序引导。

"点"状时期是城市生长点形态演化周期的初期阶段。"点"的产生有两种方式:一种是在无外力干预的情况下自发产生;一种是通过人工干预,进行"布点"。前者往往发源于城市的优势地点,早期城市受自然地理条件影响较多,往往于自然地理条件最优的区域形成城市中心。后者则是通过对城市发展的现状分析,引导性地进行城市生长点的布点,以促进城市结构的良性生长,这也是本书研究的重点。

3.1.1 "点"的城市特性

1)"点"依赖于城市网络存在

形态层面,点状城市生长点作为城市系统的一个局部,需要通过城市网络参与到城市的各种物质、能量、信息流动之中,通过城市街道、城市广场、城市开放空间的连接,产生与其周边城市组织的连接,形成城市生长点与城市整体的互动。

作用力层面,城市生长点与城市发生关联与互动,依赖于城市网络的存在:"点"借由城市网络,通过一定的"场"对其周边城市要素发生力的作用[1],并基于城市网络与城市要素实现各种物质、非物质层面的交流与互动。这个过程发生的内在条件是"场力"的存在,城市生长点自萌发的时刻就具备"场力"[2],是与生俱来的;外在条件是城市网络的存在,借由城市网络,城市生长点以自身为中心对周边形成控制与辐射;也可以通过跨越关联,缝合城市断裂带,引导区域及城市的生长。

2)"点"的控制与辐射

城市生长点与城市网络的关联,在要素连通与互动中被不断强化,当到达一定门槛时,元素之间的局部规则被颠覆而产生局部与整体关系的倒置。这种关系随着点状局部与城市整体的互动演化,不断加强,赋予城市生长点在城市中能够重置城市要素秩序的能力,进而影响城市整体的生长发展。具体表现为:城市生长点以自身为核心,形成具有一定的范围和规模,具有一定的可识别性,对城市整体功能形态具有整体结构性影响,推动城市的发展,促使城市发生变化。

城市生长点以自身为中心形成控制与辐射作用的过程,在城市肌理的变迁中可以明显观察到:通过置入与城市功能、形态、肌理差异较大的异质的点,并以之为核心逐步替代原有的城市肌理。一般为大型公共建筑(群),可以引导后续的城市肌理呼应城市结构发展方向。如图3-1所示,南京河西奥体中心及法国巴黎拉德芳斯巨门对新区生长具有引导与控制作用。

3)"点"跨越关联缝合城市

在城市肌理的断裂带,相互独立的城市生长点之间,从相互吸引形成呼应与互动,到最终形成有形或无形的联系——跨越关联。如图3-2所示,"点"的跨越关联,在两个层面上实现对城市肌理的缝合。

一方面,城市生长点以自身作为黏合剂,缝合城市肌理的断裂地段,城市生长点通过城市系统中的道路、街道、水系、景观、文脉等,基于要素流动与互动,连接原有城市片段形成有机整体;这个过程体现了城市生长点的跨界耦合作用。另一方面,城市生长点如神经再生过程[3]中的施万细胞,能够引导城市与城市生长点之间的组织再建,在城市发生跳跃式生长的时候,通过跨越关联作用,缝合相对离散的城市生长点与城市;这个过程体现了城市生长点的再生作用。

3.1.2 "点"之于城市生长

"点"状的城市生长点是城市中的活跃元素(表3-2),其异质切入可以实现对城市生长的良性引导:功能引导,结构引导,秩序引导。

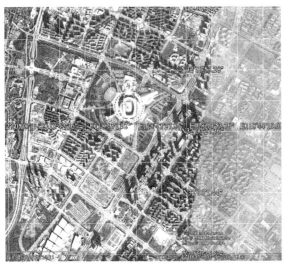

图 3-1　南京河西奥体中心及法国巴黎拉德芳斯巨门对新区生长的控制

图 3-2　城市"生长点"缝合城市肌理

表 3-2　点之于城市生长的功能引导、结构引导、秩序引导

点之于城市生长	功能引导	点状局部质变引发量变,量变再次导致城市区域质变	引导作用强度:受城市生长点的规模、地位、等级影响	在功能不适应的落后衰落区域,通过新功能的引入,实现区域在功能、资源、公共基础设施、人口等方面的跨越;将活跃的城市要素引入
			功能性质:受城市生长点的规模、功能性质直接影响	
	结构引导	结构引导在不同城市空间层级中具有不同体现	宏观层面:拓展城市结构"蛙跳效应"	新区布点,以城市生长点为节点的城市结构拓展:法国巴黎的拉德芳斯副中心、北京的奥林匹克公园等
			中观层面 集聚生长"中心辐射控制"	大型公共建筑引发空间集聚,促进城市肌理的结构性转变:南京河西奥体中心等
			微观层面	
	秩序引导	内部空间秩序特征对城市周边建筑形态等的控制与引导	城市生长点的形态,内部空间性质、秩序,与周边区域的建筑形态,城市空间的性质、秩序产生分异、协同的过程	城市生长点的异质要素突破原有空间形态,由量变引起质变,促进城市空间结构的变化与调整:南京新街口地区

1) 功能引导

城市生长点的引导作用是,通过城市生长点的布点而带入新的功能,或是由于点的布点调整引起周边区域功能的调配及强化。城市生长点对其周边的功能引导,往往是一个动态的长期的过程,无论是借由布点置入新的功能而带动后续的功能发展,还是以空间的调整带动区域的功能调整与优化,均是以新的功能的引入,吸引相关功能在城市生长点周边产生凝聚,形成规模效应,最终实现"点状局部质变引发量变,量变再次导致城市区域质变"的过程。

在这个过程中,城市生长点自身的规模,在城市系统中的地位、等级等与其引导作用的强度成正比,城市生长点的规模、功能性质直接影响其引导作用的规模及性质。一般情况下,城市生长点自身规模越大,其城市等级越高,它对区域及城市功能演化的作用力就越强及作用时间就越久、范围就越广。

具体到城市发展中,往往出现城市局部功能、布局、规模不能够适应城市发展的需求,落后于城市周边而停滞或衰落的现象,此时需要通过新功能的引入,实现区域在功能、资源、公共基础设施、人口等方面的跨越关联与升级;并以此为契机,将活跃的城市要素(如新型公共交通、公共空间)引入该区域,通过生长点区域内部要素与城市要素的互动,产生对人流、物流、信息的集聚效应,进一步催化功能的完善与优化。

2) 结构引导

城市生长点是城市结构的有机构成,在城市空间结构中,城市生长点的形态可能是一个实体或一个具有空间范畴的系统,但是相对于其上一层级系统而言是一个点。由于城市空间结构具有层级,所以其微观局部的城市生长点的结构引导作用也体现在不同的城市层面。

宏观层面,城市生长点起到拓展城市结构的作用:城市生长点在产生、布点时超越原有的城市空间结构框架,形成"蛙跳效应",在新的空间中组织新一轮的城市生长,并由于生长点的生长特点,向上与城市整体、向下与城市要素产生有机互动,进而产生生长轴。如法国巴黎的拉德芳斯副中心,借由拉德芳斯巨门作为主城区与新城区之间的结构性节点,在原有城市结构外形成拉德芳斯新区,拓展延伸了戴高乐大道与法国巴黎城市的传统轴线连通,实现了城市新旧的关联,使得城市的文脉得以延伸,这样的作用在北京的奥林匹克公园也有体现。

中观、微观层面,城市生长点的结构引导作用,主要受生长点"中心辐射控制"的作用,形成以之为中心的结构形态拓展,并不断强化生长,逐渐替代区域原有的城市肌理,推动城市的新陈代谢与更新。城市生长点的"中心辐射控制"作用是一种较为连续稳定的生长方式,体现在如城市中重要的大型公共建筑(群)对城市人流、物流、资源等的吸引,促使形成一定的空间集聚,进而使得该区域产生结构性转变,并沿城市网络产生对相关城市要素的影响,达到一定程度门槛的时候产生质的飞跃。典型的如城市内部副中心(Sub-CBD)对城市肌理的控制与改变。

3) 秩序引导

城市生长点异质可识别的性质,导致其切入城市的初期,会以生长点为中心,形成一定程度的"异质孔洞",即城市生长点的自身形态,内部空间性质、秩序,与周边区域的建筑形态、城市空间的性质、秩序产生分异现象。由于作为城市活跃要素的生长点所体现的是城市发展的趋势,这种反差会对周边城市建筑的形态特征产生一定影响,其内部空间的秩序特征对城市周边区域的建筑形态产生整体的控制,从而体现出对周边的秩序引导。

以南京新街口的生长为例,在 1979 年以前,南京新街口地区的城市肌理相对较为均质,沿城市主干道的商业建筑规模尺度都不大,高度也相对平衡。直到 20 世纪 80 年代金陵饭店的建设,从建筑形态,与城市道路、城市开放空间之间的新秩序,打破了新街口原有的相对平衡。首先,金陵饭店的体量突破了原有建筑的尺度,其自身简洁规则的形态与原有以民房改建的商业建筑的混杂随意形态形成了强烈对比。其次,早期的沿街商业与主干道的关系没有合适的公共空间作为缓冲,新建的金陵饭店便将开放的公共空间引入到商业建筑与道路之间。在建筑层面,新街口从 20 世纪 90 年代至今,多以高层、超高层为主,形成了以金陵饭店为圆心的沿主干道的生长,虽然在如今的新街口区域发展中,金陵饭店已经不是唯一的中心,但是在整个新街口地区的成长过程中,金陵饭店是其成长的坐标原点。

总之,城市的结构与城市的功能、空间秩序是相互联系、相互影响的关系,城市功能的转换与变化,必定会促使城市肌理的改变,量变引起质变,当微观、中观的改变达到一定门槛的时候,城市的空间结构便随之发生相应变化与调整。

3.1.3 城市生长点"布点"

在城市生长点带动城市生长的过程中,城市内部的连续生长往往与内外关联的"蛙跳"式生长同时进行,共同依赖于城市既有的网络。城市点状生长的布点要考虑城市点状生长与城市生长点的内在需求,才能使得布点有效实现。前者顺应城市自组织的需求,以生长点带动连续生长逐步地促进城市的生长与更新,后者布点往往顺应城市的扩散机制需求,在原有城市网络外围布点,促使城市产生"蛙跳"式生长。

点状的城市生长点布点(表 3-3)有如下特点:

基于既有网络系统的城市生长点布点,依赖城市网络的存在,一般选择在城市网络的重要节点、城市交通的重要节点,尤其是多种交通混合的节点进行布点。通过城市既有网络,使城市生长点的集聚效应得以顺利发挥,吸引城市各种物质、信息、人口等资源的集聚,从而形成规模效应,实现城市的点状生长。

在城市网络盲区布点,往往需要一定的外力条件,如城市重大项目投资、重要城市拓展发展项目,或者是基于重大城市事件的建设。这类布点往往需要大量的用地规模,城市中的工业废弃地或是城市网络外围的郊区都是良好的选择。但是一方面,盲区布点往往需要后续的城市建设支持,使得城市跨越式布点具有一定的后续发展保证;另外一方面,盲区布点应考虑城市未来的生长布局,使得城市结构的生长与点状发展的布点相吻合。

表 3-3　点状生长的城市生长点布点

	生长类型	布点的特点		布点与培植	
城市生长点布点	连续性生长	顺应城市自组织需求	是以点带面逐步、连续的生长	一般选择在城市网络的重要节点、城市交通的重要节点,尤其是多种交通混合的节点布点	需要在城市建成区有足够的布点空间
		在城市网络上布点			
	跳跃式生长	顺应城市扩散机制需求	布点跳出城市既有网络,实现城市跳跃式生长	往往需要一定的外力条件,如城市重大项目投资、重要城市拓展发展项目,或者是基于重大城市事件的建设	需要后续的城市建设支持,应考虑城市未来的生长布局,使得城市结构的生长与点状发展的布点相吻合
		在城市网络盲区布点			

3.2 "轴"

城市生长点在城市系统中的生长也具有一定的特异性,在多点发展的情况下,往往会在城市中形成"轴"。在城市生命周期中,为满足城市自身的运作和代谢需求,需要与外界进行物质能量的交换,不难观察到沿生长轴(一般是指城市对外的交通干线)而展开物质能量交换的特点,这是一种符合生态学"边缘效应"的自然生长状态,在生产力比较低下的社会中表现得尤为突出。我们现在依然可以在中小型城市中,观察到城市沿轴生长的现象:在小型的城镇中往往以过境道路形成整个城镇对外物质能量交换的主轴,城市发展以此为"生长轴",呈现居住、商业和有关行政办公建筑沿道路两侧生长延伸的特征,形成城市生活和景观的核心区域。

"轴"是城市生长点多点关联的形态,并在城市中形成一定的影响,在这个阶段中,城市生长点自身"点"的特征被弱化,形成以多点关联、有组织地对城市产生线性范围上的影响。"轴"是城市生长点生长的一种方式,也是一种较单点状态更为强烈地对城市进行控制与辐射的方式,并在城市中形成不同的层级,使得城市生长点的活力得以渗透到更为广泛的城市肌理之中。

3.2.1 "轴"的城市特性

1)"轴"的点状、线性构成

在城市自然发展中可以观察到轴的现象,轴的物质载体往往与城市的公共空间、交通干道有密切关系。在结构简单的工业城市中,往往呈现城市沿交通干道放射状发展的轴状生长特征,在多数城市要素复杂的大中型城市中,往往可以观察到城市公共空间、城市绿地、重要城市建筑等关联形成主次轴层级,并以重要的城市道路为主要线性构成要素,城市发展整体呈现沿主轴生长的现象。我们熟知的城市的线形带状结构、星形结构以及"节点—走廊"结构都是城市沿轴生长的结果。

引导城市生长的轴,在不同的时期、不同的城市中,其构成要素不同,但形态上基本可以分为点状要素和线性要素两大类。现代社会中多以城市公共空间、城市绿地、重要城市建筑等为构成节点,并以城市水系、城市绿带、城市交通线等线性要素连接构成,城市中线性构成要素的延伸、点状要素的增加均能引发城市中轴的延伸生长。

2)"轴"关联城市节点

从"轴"线具体的组成来看,在沿城市的"轴"均布置有相应的重要节点。城市的"轴"在城市中得到重视,"轴"上的建筑、节点也是城市建设的重中之重,特别是在主轴线上的建筑,前后布置,空间搭配,主次有序,形成一定的节奏,再结合城市的次轴,城市的交通网络,共同构成了整个城市的主次秩序。如图 3-3 所示的北京城市轴线中,北京的故宫、鼓楼、天安门广场等不仅是城市轴线上的重要节点,更是城市意象的重要组成部分。与此相似,巴黎的轴线上有卢浮宫、协和广场、凯旋门,都是由帝王的宫殿、广场、标志性的建筑组成。两个主"轴"线上都存在历史上具有一定政治意义的节点,并且"轴线"上的广场、开放空间、道路、建筑等呈一定节奏的组合出现。

3)"轴"的延伸引导城市生长

相对独立的生长点在连通性与相互作用达到一定的门槛时,就可以形成一定的生长轴。

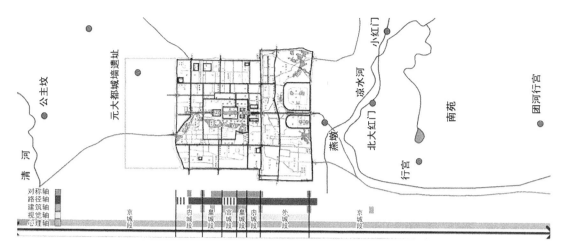

图 3-3　北京城市轴线不同尺度的要素分析

"轴"关联城市生长点、城市节点,由于主轴、次轴之间的互相作用,并交错耦合形成有层级的网络,因此以主轴的延伸为主要作用,最终形成城市轴线系统的格局与形态,从整体上推进城市的发展与更新。

轴可以通过自身要素节点与城市生长点关联,或是自身线性要素的延伸,形成轴自身的延伸,从而引发城市沿轴生长的现象。一般而言,城市快速交通和对外交通的建设和延伸是引发城市轴向扩展的主要原因,交通条件的升级改善、城市要素交流的增加,往往带动沿道路两侧用地的建设与发展。

巴黎从城市选址到中世纪自由生长的阶段之后,城市规划建设在路易十四时期形成明确的轴线(图3-4),并在路易十五时期得到加强,形成巴黎城市生长的传统轴线,此后的规划建设以此为基础,在奥斯曼时期的巴黎改建进一步强化延伸,更使生长遵循"轴"的方向;新时代新城区的建设也是对传统轴线的延伸,甚至"大巴黎"计划也在未来的城市建设中提出了通过继续延伸"轴"来引导城市的有机生长。

4)"轴"的层级分化

"轴"的产生往往是源于"点"的串联,并通过构成的"点"产生对城市的作用,在"轴"的系统之中,其构成"点"之间也存在竞争、协同的作用,并整体最终形成"轴"在城市系统中的生长、分化,从而形成城市的轴线系统。轴一般情况下分为主轴与次轴,两者交叉、互动,形成一定的格局与形态:一是主轴控制的带状格局;二是具有主次轴相交的枝状格局;三是具有多中心散点分布及其之间放射轴线形成网状格局。

主轴的形成往往是时间层面不断沉淀积累的过程,在城市漫长的生命周期中,以生长点、城市节点等要素为基础,形成线性的串联、生长,共同在城市物质层面构成一定的空间秩序,同时对城市公共生活形成引导与心理暗示,以有形和无形两个层面推进城市整体的发展与更新。次轴往往尺度较小,其形成所需的时间也较短,对城市的作用也较主轴弱。

古城巴黎的轴线形成经历了很长时间,记录了在巴洛克时期"绝对君权"式的扩张,以及在18世纪拿破仑时期大规模的改造,形成了当今主次相间、层次分明的轴线群。巴黎城市的主要轴线有南北和东西两条,同时拥有以埃菲尔铁塔为节点的放射状副轴(图3-5)。大家熟知的卢浮宫—协和广场—香榭丽舍大道—凯旋门—拉德芳斯中心一线长约为8 km,串起了巴黎众多城市节点。开放空间、绿地、重要建筑(如卢浮宫、凯旋门等)被串联起来,容纳

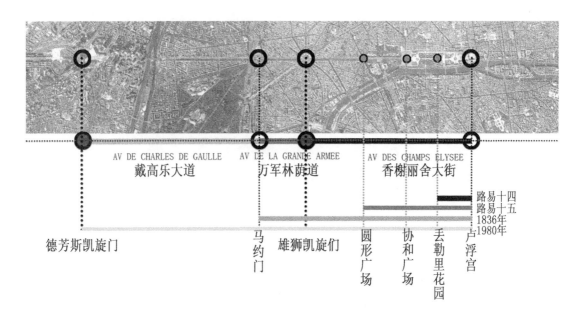

图 3-4　巴黎轴线的生长与城市生长点

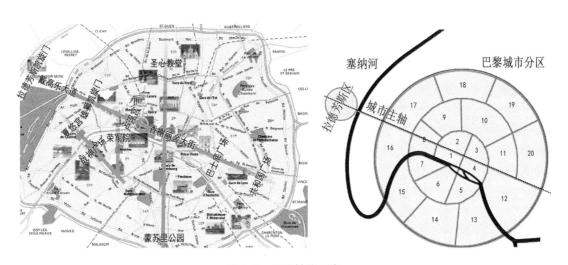

图 3-5　巴黎轴线示意

不同的城市公共活动,承载着不同时期的城市文化。而巴黎的南北轴线相对弱化,从蒙苏里公园(Park de Montsouris)经过卢森堡公园、参议院、法兰西学院,越过塞纳河,经过巴黎歌剧院(Opéra),一直延伸到蒙马特高地的北塔,与位于巴黎南部的大学城对面的蒙苏里公园内的南塔遥相呼应。当然巴黎城市中还有次级轴线存在,比较突出的是以埃菲尔铁塔为中心的军校—铁塔—战神广场—夏悠宫轴线。

3.2.2 "轴"之于城市生长

"轴"是城市生长点生长的一种方式,也是一种控制力。齐康院士在《规划课》一书的第七课中讲道:"城市中的轴,是一种概念,也是一种操作手段;它起组织作用,也起到控制作用。"王建国教授认为,城市轴线通常是指一种在城市空间布局中起空间结构驾驭作用的线形空间要素。可见,城市的轴是一种线性的形态,可以有实有虚。城市生长点可以基于城市要素中的城市干道、城市水体、城市景观等城市线性要素发挥其生长作用,如城市的干道(封闭的快速道路除外)除了交通功能之外,还可以成为城市的发展轴;城市的水体,如河流也可成为轴的构成,在沿河沿海城市沿水体发展,如广东、香港等城市;或是城市特定的景观轴线,如华盛顿的城市绿轴等,都可以成为城市的发展轴。

1)引导

"轴"是城市生长点生长的一种形态,由城市的生长点而生。根据神经网络学说和元胞自动机的理论,城市生长点在城市中如同神经元细胞,生长点相互之间尤其是临近生长点之间的相互作用力及连通性必定会产生某种联系,当这种联系达到一定的门槛时,这种联系就变得"可读""可见",从而生长点与生长点之间会产生一定层级的"副轴"。当这种联系被不断强调达到某种程度从而形成"主轴"时,"主轴"能够反过来对生长点产生控制和促进的作用。

2)连通

城市中的"轴"往往是联系了不同的城市要素,甚至跨越了不同性质的城市街区,轴上的城市生长点不仅能够沿轴生长,更能够向外实现跨越式的发展。反过来,"颗颗珍珠靠线穿",观察城市历史的发展和形态的变化,城市中的"轴"的发展一定是与城市的生长点紧密结合的:线性的"轴"串联起点状的城市生长点,"点"通过"轴"形成由点到线,进而再扩散到面作用,将城市生长点的良性刺激扩散到整个城市之中。这个过程中不仅实现生长点之间、生长点与城市之间的要素互通与联系,更是形成规模效应,对城市的发展起到控制和推进的作用。

3)控制

"轴"在构成上,往往是由多个"点"构成,所以,"轴"的作用集成了多点的效应,往往比单点状态具有更强的控制力。其控制影响的作用沿"轴"线性展开,其作用较单点状态有更广泛的控制范围。所以,在城市的生长发展过程中,"轴"往往具有更加明确的控制引导作用,同时由于"轴"具有一定的指向性,其控制指导作用也具有一定的方向性,体现为沿轴线方向的控制作用与沿垂直轴线方向的辐射作用。

如法国巴黎的城市轴线——香榭丽舍大街,以及北京的故宫轴线等,其轴线的生长与城市的空间发展密切相关。"轴"的控制引导作用可以从城市沿轴线的不断生长延伸的现象中明显观察到。法国的香榭丽舍大街在近代,通过雄狮凯旋门的建成得到延伸,更是沿着戴高乐大道继续生长直至巴黎拉德芳斯城市副中心。虽然"轴"的延长伴随着城市的生长,人口密度的增加,轴线两旁建筑的不断叠加,但是沿城市"轴"的整体空间一直保持着完整性,体现了"轴"对城市在漫长的生长发展过程中的控制与引导。

3.2.3 "轴"与城市生长点布点

在城市发展过程中,如无外力干预,城市生长点往往以自身为中心,形成集聚效应,产生以"点"为核心的生长。但是,由于城市要素并非均布发展,在城市生长点的自然生长过程中,往往体现出城市生长点沿生长阻力最小的方向展开,产生一定程度的轴状生长。在城市中,这种生长可以通过适当的引导,以推进城市合理有机的生长。1882年西班牙工程师马塔的"带形城市"指出,交通线在城市发展过程中具有引导性,重要的轴线道路如同城市的"脊椎"④,主张城市发展沿交通运输线带状延伸。齐康院士更是强调城市形态的轴向生长应与局部点状生长相结合。

城市生长点的布点与轴密切相关,轴的延伸往往伴随着城市生长点的激发,城市生长点的布点也往往拓展了城市的轴线。笔者根据其布设的逻辑先后次序关系,将与轴相关的城市生长点的布点大体分为"设轴布点"和"沿轴布点"两种类型。

1) 设轴布点

"设轴布点"的方式是通过规划梳理、设定城市轴线,或是在城市未开发区域规划城市轴线,以此引导、激发相关的城市生长点的布点。设轴布点,涉及城市整体或局部的肌理整合,一般应用于城市新区或是城市次轴上。比较著名的有"哥本哈根手指状规划"、"日内瓦规划"和新加坡的概念规划等。

其中,中北欧的重要城市斯德哥尔摩城(图3-6),城市由市中心沿地铁、铁路、快速路发展,形成以市中心为核心的六个生长方向,规划的几条重要交通线成为城市向外生长延伸的生长轴。在每条轴线的优势地域,则布设城市生长点,不同的生长点形成串联态势。至20世纪80年代,斯德哥尔摩郊区已经沿轴共有26个城市生长点⑤。在这个过程中,生长点的布点是以交通线的延伸为基础,生长点布点与轴线的生长是相辅相成的。

2) 沿轴布点

"沿轴布点"则是在既有城市轴线的基础上,在城市的轴线上、轴线的延长线上进行城市生长点布点,一方面借助城市轴线的作用来激发城市生长点的作用发生;另一方面通过城市生长点的布点来推进城市轴线的生长。沿轴布点,是基于城市轴线自身的引力作用发挥引导城市生长,多见于城市轴线明晰的区域。

在轴线延伸方向设城市生长点也是利用了城市轴线既有的生长作用力,使得城市生长点能够快速健康生长,是对城市结构拓展起到促进作用的一种方式。巴黎的轴的发展经历了漫长的岁月,历史上巴黎轴线的延伸,与重要的城市生长点布点密切相关,传统的轴线是城市生长的重要痕迹,串起了城市在不同时期重要的生长点与城市节点(见图3-4)。现代的巴黎,更是通过在轴线延伸方向布点——拉德芳斯新副中心城市生长点的布点建设,实现了传统轴线由戴高乐大道向新区延伸。

我国的北京也是如此,城市传统轴线的生长基本以故宫为核心,向南北两个方向生长延伸(图3-7)。虽然一些传统节点一度遭受破坏导致轴线的模糊,但是新中国成立后的现代城市建设和城市更新为轴线的生长延伸注入了新的活力,如大红门区域的城市更新改造在新的时期强化了轴线的序列。亚运会和奥运会的召开,分别形成的亚运村、奥体中心,成为不同时期的城市生长点,并促使了轴线的生长。2004年永定门的重建,2008年奥运会的召开,北端奥体公园以及相关开放空间的建设构成了新的生长点,促使古老的轴线最终完成了北延的使命。

3.3 "网"

"网"是城市生长点演化的最终形态,在这个阶段中,城市生长点自身"点"的特征较前一阶段更为弱化,形成更为广泛范围内的多点关联。"网"是城市生长点最终融入城市肌理的方式,当城市生长点的特征被弱化为节点的时候,便宣告了城市生长点一个生命周期的完结。

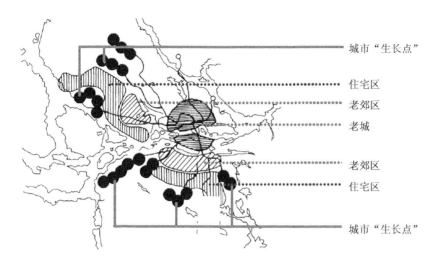

图 3-6　斯德哥尔摩的轴状生长与城市生长点

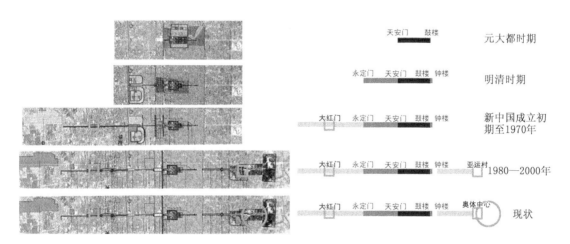

图 3-7　北京城市轴线的生长与城市生长点

3.3.1 "网"的城市性

1)"网"是城市"流"的载体

在城市中,各个不同的功能和区域存在连通性。城市如同有机生命体一般,需要通过各种循环来维持自身生命的延续与发展,城市生长点在城市中得以生长,需要依赖城市中的各种流,而各种流的载体,便是城市网络。城市网络的"流动""疏导""联系"的作用,促进了城市中不同地理位置、不同功能区域的物质、能量、信息的流通,实现了城市要素的相互联系。城市网络系统对于城市的作用,如同生物体的血脉之于身体的作用,枝干之于植物的作用,叶脉之于叶子的作用,是城市各种"流"的载体。在现代城市中,城市的各种"流"在性质和数量方面不断实现着各种超越。城市生长点作为城市中的重要组成部分,其产生、发展、发挥作用都依赖于城市中各种"流"的存在。

2)"网"是城市生长点的基础

生长点是城市的"点",它的内在属性和空间特性决定了其在城市中并非孤立的存在,城市生长点一旦确立,便以"点"为中心,通过相关的城市"网"的"虹吸作用"在城市生长点与各种城市要素之间建立起关系,"网"是城市生长点产生、发挥作用的基础:"点"通过城市网络与相关城市要素产生关联,在物质、能量、信息流通的基础上,通过城市网络发挥"场力"作用,促进城市生长点与城市要素之间根据功能关系形成一定的结构系统,产生规模效应,形成更大范围的"场力",对城市空间产生更加强大的作用。

3)"网"的非均衡性催生城市生长点

城市的"网"存在自身的生长与演化的规律,往往呈现非均衡性的特点,一方面由于网络系统自身存在具有"涨落"和"自愈"的现象,表现为"网"在时间层面发展呈非均衡的状态;另一方面由于城市发展的过程是非线性、非平衡的,一般首先在拥有一定优势的地方发展,表现为"网"在形态层面的演化呈现非均衡的状态。在城市网络发展的优势区域,往往会催生城市生长点的自发性萌芽:城市网络不同的区位由于固有差异,在城市"流"的流通过程中会产生"势能差",表现为人类活动呈现从低势位向高势位的流动,这种源于城市系统从无序到有序的负熵流,基于城市自组织机制的作用,往往促使在优势区域产生生长点萌芽,对城市网络的各种流产生"虹吸效应",促使以城市生长点为核心产生人流、物流、能量流、信息流、资金流的空间的自组织聚集。这个过程可以不断重复,螺旋上升,促进区位条件的量变到质变,进一步产生了更高一级的自组织现象,发挥城市生长点在城市中的生长促进作用。

3.3.2 "网"之于城市生长

1)总体结构控制引导

客观事物发展规律是以点带线,以线带面,反之则自上而下进行总体控制与引导。城市规划中的"点""轴""网",并非是城市规划中吸引眼球的噱头,生长点是城市的"点",它的内在属性和空间特性决定了它在城市中并非孤立的存在,"点"通过与城市要素产生关联,以自身为中心产生"场力";各生长点之间互动、关联形成系统的结构网络,系统中各节点之间的"场力"由于规模效应被放大,产生更大范围的引导与控制。在城市规划设计中可以结合城市网络,通过生长点的设立来实现对城市空间秩序的建立、规范、调整,从而使得城市健康发展。在实际的城市发展建设及城市更新中,通过城市生长点的合理布点,促进三者相互作用,是城市得以保持活力同时能够遏制城市肆意蔓延的重要内在力量。

法籍工程师朗方(Le Enfant)⑥的华盛顿特区的原始性规划(图3-8),是通过"网"对城市发展进行结构引导的案例,城市结构通过网格+放射形的复杂街道系统实现与重要交点和中心的连通,在"网"的构架下的城市生长遵循一定的秩序,却又生机勃勃:在实施的规划以及后续的城市建设中,进一步细化了华盛顿中心区的轴线系统⑦。城市的"主轴"——由国会山庄(点)开始,通过林荫道连接,到华盛顿纪念碑(点)并延伸到林肯纪念堂(点),然后轴线向西经纪念大桥跨河至波托马克河之中的小岛,最后阿灵顿国家公墓作为结束"点"。

华盛顿特区的"点"—"轴"—"网"形成有机良性的互动(表3-4),南北向道路与东西向的"轴"穿插形成多层级的"轴",以适应城市的交通需求。"轴"上以文化建筑为节点,白宫的轴线向南经华盛顿纪念碑,越过潮汐湖,到填充的新岸与马里兰大街的延长线相交,交点处为于1933年建的杰斐逊纪念堂。林肯纪念堂和杰斐逊纪念堂,这两个生长点的设立,反向促进了城市格局"网"的进化与拓展,突出地体现了城市生长点通过"点"—"轴"—"网"系统对城市空间结构进行控制与影响。

图3-8 朗方设计的华盛顿特区的原始性规划

表3-4 华盛顿特区原始性规划的"点""轴""网"的互动

		核心构成	规划考虑	在城市中的内在关联
华盛顿特区的原始性规划	点	林肯纪念堂、杰斐逊纪念堂	"轴"上以文化建筑为节点	朗方当时统一称之为"节点",其构成有城市生长点和城市节点
	轴	以国会和白宫为中心,贯穿林肯纪念堂和杰斐逊纪念堂,指向国会(华盛顿地块的最高处)	从国会山庄和白宫向四面八方放射出许多道路,通往一系列的纪念碑、纪念馆、重要建筑物和广场	城市构成层面引导城市主次层级发展
		东西向的"轴"与穿插其间的南北向道路形成多层级的"轴",适应城市的交通需求		"轴"体现了设计师理想与启蒙时代的影响[③],具有广泛的内涵
	网	在全美人口400万左右的情况下,对人口数量增长大胆预测,反映在城市网络系统中	考虑华盛顿地区特定的地形、地貌、河流、方位和朝向	与点、轴形成互动,点、轴反向促进城市网络结构的进化

2)局部空间拓展引导

在我国中小型城市的发展中,通过"点""轴""网"体系引导城市拓展是城市规划中的常用手段。城市网络系统的发展,往往催生城市的生长点,促进城市的生长拓展(图3-9)。在此过程中,江苏省常州市的拓展就体现出从主城区开始,通过城市生长点的逐步串珠状布点,形成城市拓展"轴",进而实现城市肌理"网"的生长。在具体实施中,五个重要的城市生长点分别为:①行政副中心武进新区;②城市主城的城市综合中心;③由行政管理中心、商务中心、高新技术中心组成的高新区;④新龙区;⑤以交通工业为主的新港区。

在城市发展过程中,通过上述五个城市生长点的设置来实现对城市生长"轴"的引导,使得不同性质、不同功能的城市生长点通过"轴"实现带状共生,具体实施中以南北向的三条主干道实现城市生长点的串联以及城市"轴"的构建;在"点"—"轴"的基础上,以每个生长点为基础,进行了区域交通的建设,使得城市生长点的良性生长作用能够通过区域交通渗透到区域城市肌理之中,从而实现城市沿"点"—"轴"—"网"的有机生长。

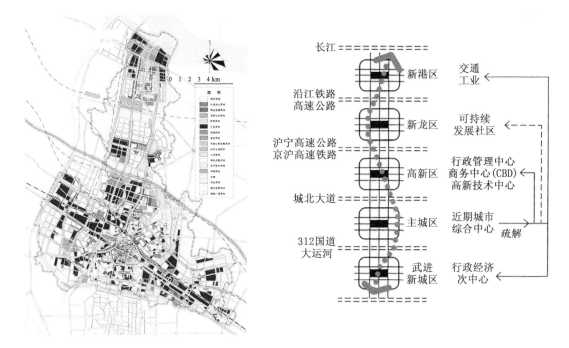

图 3-9 《常州城市总体规划(1996—2010)》土地利用规划图与城市向北生长的抽象图

3.3.3 "网"与城市生长点布点

1) 激发"网"上布点

城市生长点能力的发挥离不开城市网络,而道路网是城市网络具体化的重要形态,实现了城市要素的连通,为人类的社会、经济、文化活动提供了场所和可能,促使了城市中的产品、服务和设施以及其他社会福利能够被每一个人获得,实现了城市的通达性和平等性,为经济和社会活动的活跃创造了条件和动力。"网"的结构发展并非是一种均衡、均质的发展,城市的地形、地貌、社会、经济、文化、历史种种因素都会使其生长和交织的能力产生不均衡和方向性,产生局部变异,激发城市生长点,如莫斯科城市重要标志性建筑群规划与城市网络拓展密切相关(图 3-10)。

"网"的存在除保证城市有机生长之外,还可以局部异化形成"轴"而对城市生长点起到有机的联系,进而在城市系统网络中产生高一级的关联跨越作用,激发城市区域乃至整个系统的活力。正如齐康院士在谈到城市形态问题的时候指出,"城市形状最能动的是交通道路及基础设施,基础设施到哪里,形态便就到哪里"。城市"点"的发展与"网"密不可分,布点激发往往需要依赖城市网络的发展。

2) 支撑跨越发展布点

城市生长点跨越式发展,指新的城市生长点建设距离旧"点"一定距离,形成跨越式的空间布点。在城市发展到一定阶段,在老城区基本形成的前提下,城市的发展往往向郊区周围发展,在形成新区及卫星城的过程中可以明显观察到,城郊新区,由于新旧"点"之间的距离相对较近,"点"之间易形成填空式生长;在相对较远的卫星城,新"点"距旧"点"较远,城市以新"点"为核心,跨越式生长。如法国的巴黎,美国华盛顿,我国的北京、上海等城市均可以观

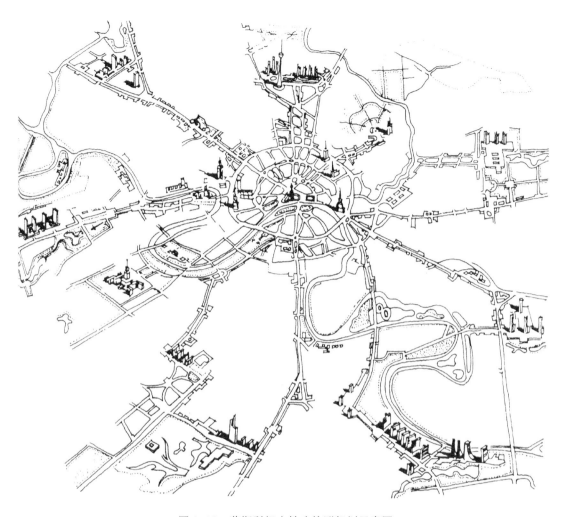

图 3-10 莫斯科标志性建筑群规划示意图

察到城市生长点的跨越式发展。在此过程中,城市网络的生长尤为重要。

　　新区或卫星城新的城市生长点的发展中,与老城区的沟通和物质能量交换至关重要,城市网络往往通过交通线的拓展建立起新旧"点"之间的纽带:结合城市生长点的跨越式发展,一般通过城市快速路建设以及城市轨道交通建设等方式,以快速交通实现城市生长点与原有城市生长点之间的跨越式有机联系,为城市的有机生长提供保证。

　　如法国的拉德芳斯副中心通过戴高乐大道与主城区环城高速相连,并有三个层级的轨道交通[地铁(Métro)、地铁快线(RER)、近郊铁路(Transilien)]在此交汇,从而建立起与其他城市重要"点"的联系。我国的北京、上海等大城市也都是在老城区的基础上向郊区发展,形成新的工业城镇或卫星城。对于老城区以及卫星城和新区的形成与兴起都起到积极作用,一方面,促进相当一部分居民从城市中心区搬到郊外,城市的框架得以拉大、城市的发展空间得到拓宽;另一方面,城市中心区的居住压力、人口压力得到缓解,而由于过境交通的分离,减少了与之相关的噪声与污染,城市中心区的生态环境得到改善。

3.4 "点"—"轴"—"网"空间形态演化机制

城市生长点的"点"—"轴"—"网"空间演化是受到城市中的"集聚机制"以及"扩散机制"的共同影响，而在此过程中，自组织与他组织作用也是共同作用于城市整体的。研究城市系统的空间形态演化，要着眼于城市系统整体，在整体系统中，局部"点"的作用不可忽视，但是最终城市的进步还是体现于城市系统整体发展。

3.4.1 城市生长点空间演化内在动力与制约机制

1）集聚与扩散

集聚效应是一种常见的经济现象，通常指产业和经济活动在空间上集中产生的经济效果以及吸引经济活动向一定地区靠近的向心力，产业与经济的集聚促进了人口的集聚，从而促进地区的各种发展，集聚效应被认为是导致城市形成和不断扩大的基本因素。扩散效应在物理学中，往往在极化效应后产生，指将人、财、物、信息等自然、社会、精神的因素在城市高度凝聚，激发出更高的能量后强烈地扩散出去，这不仅产生了能量辐射效益，同时也是空间上新一轮集聚的开始⑨。城市的发展往往是经历了"集聚—扩散—再集聚"的循环过程，集聚与扩散是一对相互对立、相互依存的作用力。城市的发展往往是在集聚与扩散的对立统一中螺旋前进，最终达到空间组织的优化。

在"点"—"轴"—"网"系统中，集聚与扩散的强弱关系往往反映在形态层面上。

（1）"集聚＞扩散"的状态：城市生长点的产生使得以"点"为中心，形成集聚效应，实现以"点"为中心的生长，这个过程中往往是集聚＞扩散。

（2）"集聚≈扩散"的状态："点"沿发展阻力最小的方向指向性生长形成"轴"，实现了"点"沿轴生长扩散，"点"—"轴"是一种集聚与扩散并存的状态，并围绕"轴"产生线性的更大范围的生长。

（3）"集聚＜扩散"的状态："网"的状态是扩散＞集聚的状态，也是一种经历了集聚与扩散的动态平衡后的相对稳定状态。

2）自组织与他组织

首先，城市生长点的"点"的产生，受到两种力的影响：内在的城市发展的动力与外在的规划管制的控制力。此外，其产生在一定程度上具有自组织和他组织的两重性：自组织性反映在其适应城市发展需求，具有一定的自发性；他组织性反映在可以通过规划管制对城市生长点布点进行人为干预，以及在城市生长点的发展过程中进行引导与控制。其次，"轴"反映了城市生长点的生长具有一定指向性的内在发展规律："点"的生长总是沿阻力最小的方向展开，当达到一定规模时形成"轴"。可见，"轴"的产生具有一定的自组织性。然而在城市生长点布点之时，"轴"往往体现出来一种强烈的控制力，常表现为城市生长点在原有"轴"的基础上做延伸布点。"网"的产生是"点""轴"的自然演化，同样，没有"网"的存在，"点""轴"将无所依存。

可见，城市生长点的"点"—"轴"—"网"的空间演化，反映了城市生长点自身内在发展的需求，具有一定的自组织性，同时，"点"—"轴"—"网"自身也对城市发展，尤其是城市生长点布点具有一定的引导与控制的作用，反映了规划管制的需求，体现了一定程度的他组织性。

3.4.2 "点"—"轴"—"网"演化与城市生长点

1)"点"—"轴"—"网"演化是城市生长点生命周期的反映

前文就"点"、"轴"、"网"的形态、特点、作用力已进行了单独论述,在"点"—"轴"—"网"之间存在的相互关联作用,是城市生长点在其自身生命周期中固有的自然演化的体现(图3-11)。

阶段一:独立的"点"具有高度的可识别性,通过控制、辐射作用与城市要素产生作用,可独立引导城市局部发展。

阶段二:"点"的相互关联形成"轴",并可形成一定的层级,进而产生一定的规模效应,对城市发展具有引导与控制作用。

阶段三:"点"的演化以"网"上平静的节点终止,城市生长点作用趋于弱化,融入城市肌理。

巴黎与北京在城市轴线拓展中,也伴随着城市生长点的自然产生、规划布点,在城市结构层面推进了城市框架拓展,并引导其周边的城市肌理的生长。随着城市的发展,一部分城市生长点得到进一步的强化,一部分城市生长点逐渐融入城市肌理,转化为城市节点(表3-5和表3-6)。

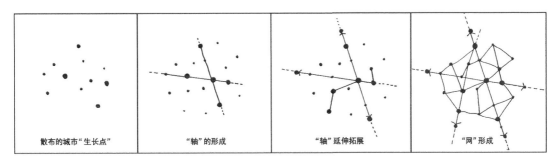

| 散布的城市"生长点" | "轴"的形成 | "轴"延伸拓展 | "网"形成 |

图 3-11 "点"—"轴"—"网"的演化

表 3-5 巴黎轴线的重要生长

时期	轴线的生长	节点、生长点
路易十四	轴线概念的形成,卢浮宫到丢勒里花园的轴线	生长点:卢浮宫、丢勒里花园
路易十五	协和广场建立,形成轴线从协和广场到圆形广场长约800 m,路福70 m的生长——香榭丽舍大街	生长点:协和广场 节点:圆形广场
1936 年	雄狮凯旋门的建成,轴线的再次延伸生长	生长点:雄狮凯旋门 节点:马约门(Porte Maillot)广场[⑪]
1980 年	拉德芳斯巨门的建成,使得城市的轴线得到再次生长	生长点:拉德芳斯巨门

表 3-6 北京轴线的重要生长

时期	轴线的生长	节点、生长点
元大都	天安门—鼓楼	以宫城为核心南北生长
明清时期	永定门←天安门—鼓楼→钟楼	以宫城为核心南北生长

时期	轴线的生长	节点、生长点
新中国成立初期至 1970 年	大红门←永定门—天安门—鼓楼—钟楼	生长点:大红门区域的改造
1980—2000 年	大红门—永定门—天安门—鼓楼—钟楼→亚运村	生长点:亚运村
2000 年至今	大红门—永定门—天安门—鼓楼—钟楼→奥体中心	生长点:奥体中心 亚运村弱化为节点

2)"点"—"轴"—"网"演化存在内在制约与促进机制

城市自然生长中存在着"点"—"轴"—"网"的空间形态演化,是一种自下而上的自然演变。在城市发展的初期,空间以集聚力量的"点"为主导,道路之间的关系呈简单的轴心联结,即"轴"的雏形。随着城市的演化,城市空间开始扩散,道路之间的联结进入到散点联结阶段,除初期的轴心联结之外,产生大量的次一级的交通线以满足城市空间的联系需求,形成城市的"网"的雏形,并随着城市进一步的发展逐渐复杂化。这个过程类似于一种"分形"式的生长,但是在此过程中,"网"的结构发展并非是一种均衡、均质的发展,城市的地形、地貌、社会、经济、文化、历史种种因素都会使其生长和交织的能力产生不均衡和方向性,产生局部变异,并通过变异进一步促进城市整体发展,达到一种内在的平衡。正如克里斯托弗·亚历山大在《城市并非树形》一书中描述的那样,这种"网"是相对于"树形"具有更加复合的功能、更具有适应力的"半网络"结构。

反过来,城市的"网"对城市的"点"的布点定位、生长以及"轴"的生长方向、生长速度、辐射力有着自上而下的制约与影响。城市各种复杂的空间、物质、文化层面的因素对城市的网络结构产生引导和制约的作用,而使得城市的网络结构存在密度和方向上的不均衡,从而对城市的"点""轴"也起到一定的引导和制约作用。

总之,"点""轴""网"三者相互作用,相互依存。"点""轴"与"网"是局部与整体的关系。微观的"点"内部也如同宏观城市呈现出开放性、非平衡性、非线性和内部涨落等耗散结构特征,使"点"之间产生一定的"势能差"以及各种"流",结合多点关联的"轴"对城市产生激发、促进的作用。在此过程中,"网"是各种连通存在的载体,是"点"与"轴"作用的整体体现。忽略了城市网络系统的城市生长点往往会丧失其连通性,失去与城市要素连通的载体,如同割裂细胞与其组织之间的联系,会导致城市生长点的"营养不良"甚至衰败死亡,导致城市生长点的定位失败。

3.4.3 "点"—"轴"—"网"演化与城市生长

城市生长点的内在性质决定了城市生长点在城市网络中具有可识别性,而城市生长点在城市中的产生、发展、衰败或再次唤醒对城市发生作用的过程,体现了一种自然辩证的进化过程,同时也表达了渐变与突变、连续与跨越、量变与质变的物质变化的规律,其最终核心还在于对系统整体的贡献。换言之,城市生长点是立足于点,根植于城市、作用于城市,其目的与贡献仍在于推动城市整体良性的发展。

1)引导城市有机生长

从宏观层面来讲,良好的"点"—"轴"—"网"生长模式是一种具有旺盛生命力的有机形式,是城市内在、有机、动态地生长在城市形态层面的体现。一方面,通过城市生长点"点"—

"轴"—"网"的研究对城市空间的良性有机发展具有积极意义;城市生长点通过"点"—"轴"—"网"的体系对城市结构进行协调与控制,为城市空间拓展提供有效引导,体现了有效利用城市空间以及合理配置城市资源的城市发展内在要求。另一方面,研究城市生长点的"点"—"轴"—"网"模式为研究城市生长点在城市中的有效布点、高效利用城市资源提供了简洁、清晰的构架,对于在城市中进行城市生长点建设、保证城市空间有机生长、保护城市生态环境有着十分重要的现实意义。

从集约化城市发展层面来讲,城市"点"—"轴"—"网"模式的发展在一定程度上体现了紧凑城市的内涵,即通过城市生长点的重点建设,充分发挥城市生长点的生长效应而产生以点带面的作用实现城市的有效、有机生长。

具体到城市建设层面,建设城市生长点,通过"点"—"轴"—"网"模式引导城市的有机生长,这种方式具有一定的弹性,是一种间隙性的建设。有别于以往城市空间蔓延式的毫无间隙的生长,可避免城市的恶性蔓延。间隙性地布置城市生长点,使城市通过"点"—"轴"—"网"模式的有机生长,在城市生长点之间形成一定的间隙,从空间布局角度来讲,这样的间隙的存在为城市的发展提供了空间。从开放性角度来讲,间隙性地设置城市生长点在"点"之间形成了良好的开放性与弹性,使得城市的发展具有应对各种外在变化的能力和弹性,为城市的有机生长提供可能,是一种具有可持续发展意义的模式。

2）着眼于系统整体的生长

从系统的自组织理论观点出发,系统内部各个元素之间的演化,由简单到复杂、由无序到有序,是一种非线性、非平衡的协同过程,是系统得以进化发展的内在动力。在城市系统中,城市生长点与城市元素间存在着矛盾的对立统一、相互竞争,最终推动城市的发展。在城市系统的发展中,如果系统中稳定协同的因素处于上风,则系统会向稳定不变的平衡状态发展;如果在系统中,竞争、异质的因素占有一席之地,则系统内部会处于不稳定的状态,会出现激烈的竞争,出现一定的"涨落",经过系统的协同、转化,稳定的因素便会占主导,从而进入新一轮的相对稳定状态,"非稳定—稳定—非稳定"的演化不断进行,有助于系统进化为相对稳定而有序的有机结构。这样的演化过程,在一定程度上反映了矛盾的否定之否定的规律,系统内部元素的竞争、协同、演化共同推动系统的发展,其最终极的目标仍是系统的整体优化。

在城市系统中,往往存在着多数量、多种类、多性质的生长点,它们是城市系统中的小型单元,其单体作用远远小于整体有机整合的作用,从辩证法的整体观点来看,系统分解后,任何独立的单体都无法与整体媲美,参与到城市整体运作中的每一个单体都对系统整体具有一定的意义。反过来,城市系统整体的功能巨大,但是在城市"生长"这个有机过程中,城市内部,尤其是生长点相互之间的微观组成结构不可替代。城市生长点在其确立、触发等过程中,需要进行辛勤的培育,某一些阶段,尤其是生长点能量尚未爆发的阶段,除了重视其定位、定性、启动机遇之外,还要有一定的眼光与远见对其进行合理的培植与保护。在强调城市系统运作的整体性的同时,不能忽略了城市生长点这些关键的单体组成,并注重整个系统的整体性和联系发展性,避免单体破坏形成蝴蝶效应使整体受到巨大影响,或是遭受严重损失。

3.5 本章小结

城市生长点以"点"的形态产生,通过城市网络与城市发生直接或间接的关联,最终融入城市肌理,形成城市生长点在空间层面的"点"—"轴"—"网"演化。这个过程具有自组织与他组织的两重性,具有竞争与协同的矛盾统一性。城市生长点在城市空间中的演化,可视为"点"及其组成要素作为城市"异质"部分通过入侵、扩张、更替变换等形式融入城市肌理的过程,在此过程中与城市组成元素之间产生互动,发生选择、激发、竞争最终达到共生、相对稳定的城市空间功能结构,体现了集聚与扩散、竞争与协同机制的共同作用,并在城市中不断反复演化,从而推动城市的空间结构演化。

首先,城市生长点以"点"的形式出现,在城市肌理中易于识别,其产生具有自发性与可干预性,是整个"点"—"轴"—"网"演化的初级阶段。由于城市的非均质性与城市肌理固有的断裂、拼贴的特点,城市生长点对城市周边产生作用,通过控制与辐射两种方式,促使城市肌理形成更有机关联,促使城市断裂带的缝合,进而对更大范围产生促进、推动作用。"点"通过功能引导、结构引导、秩序引导,对城市的生长产生影响与作用。城市生长点布点的合理性对城市的有机生长具有积极意义,可以通过基于城市既有网络系统,或是在城市网络系统的盲区进行布点两种方式实现城市生长点的布点建设。

其次,"点"相互之间发生作用而相互关联,往往会形成更大范围的影响而形成"轴",在此过程中"点"自身的独立性、个性、特征有所降低。这个阶段是整个"点"—"轴"—"网"演化的中级阶段,在"自上而下"及"自下而上"的城市中都可以观察到"轴"的生长。"轴"既是"点"生长的一种形态,又是"点"关联的一种状态,比"点"更具规模性,更具影响力,并能形成不同的系统层级,将城市生长点的作用力更为系统、广泛地传导给城市。城市生长点布点与"轴"的生长之间存在相互促进关系。

"网"是多点关联并形成更复杂系统后的形态,是城市生长点融入城市的状态"网"上的"点"对城市的作用力已变得微弱,可能转化为城市节点而终结其作为城市生长点的生命周期。对"点""轴"与"网"之间的作用与反作用研究,揭露了"流"对"网"的重要性:"网"通过"流"实现对城市生长的总体结构引导以及局部空间引导。在城市生长点的生长与城市基础设施的生长之间、城市生长点的跨越式发展与城市网络的生长之间可建立起有机互动。

最后,"点"—"轴"—"网"空间演化的不同阶段的分析研究,显示城市生长点的空间演化受集聚与扩散、自组织与他组织双重作用力的推动与制约;"点"对城市有着举足轻重的作用,应加以重视,并以系统整体的发展为终极目标有机生长。

注释

① 保罗·克莱(Paul Klee)针对节点,曾指出"空间中一个单一的点可以产生一股强烈的组织力,可从紊乱中理出秩序"。

② 在城市网络中,城市生长点的"场力"是连续的,除了物质层面的城市要素之间的内在连通性之外,形态模式、历史文脉、城市肌理、人文引导等都是基于各要素协同需求基础上的另一个层面的"场力"——笔者注。

③ 被损伤的神经纤维远端的轴突及髓鞘在12—24小时可逐渐出现解体和脂滴,此过程被称为演变反应。损伤部位的近侧断端,残留的施万细胞分裂增生,同时向远端形成细胞索。受伤的近端轴突以出芽的方式生长,直至伸入新生的施万细胞索内,在施万细胞的诱导下,轴突沿细胞索生长直至伸到原来轴突终末所在部位,新生轴突终末可分支与相应的细胞组织建立联系,从而恢复神经传导功能,此过程被称为神经再生。

④ 马塔指出,为将城市"生长轴"的优势发挥到极限,通过对城市的宽度进行控制,使城市沿道路"脊椎"可以无限延展带状生长。

⑤ 斯德哥尔摩的轴状生长得益于地铁的发展,从新建的近郊地区乘车,在 40 分钟内可达市中心。各生长

点内部采用组群布置方式,3—4 个组群为一组,形成一个地区中心,中间安排工业和行政用房,并选择一个组群中心作为地区中心,扩大服务设施,为全地区居民服务。

⑥ 法籍工程师朗方的父亲曾在法国凡尔赛宫担任过宫廷艺术师,朗方自幼受到良好的教育,长大后肄业于巴黎皇家绘画雕刻学院。1777 年朗方与其他志愿者一起来到北美,支援独立战争。1791 年年初,37 岁的朗方,得到华盛顿总统的邀请进行新首都规划,并于同年 8 月完成了最初的规划设计。

⑦ 在 19 世纪,东西向"林荫道"轴线里出现了国会博物馆、农业部的办公楼、巴尔的摩的伏吉尼亚火车站等。华盛顿居民进行了反思,"参议院公园委员会"应运而生,专门负责审议制作华盛顿今后的规划及城市发展方向。1902 年参议院公园委员会公布了两个巨大的模型和几百份详细的规划图纸,都是在尊重原有规划基础上的发展,使得朗方的思想得到了后续的传承。

⑧ 朗方希望两条林荫大道能够"提供多种多样的、令人愉快的场所与风景",而且能够"连接城市的每个部分"。在城市中心区的两条主轴线之间预留了大面积开阔的草地和水池,将城市轴线的焦点置于波托马克河边,同时,将开阔的自然景色和绿化引入城市中心。

⑨ 笔者根据资料整理。

⑩ 马约门对于小巴黎就如同城门一样的意义,是一定时期小巴黎城市范围的界限标志——笔者注。

4　城市生命周期中的城市生长点

4.1 城市发展的不同阶段

城市从萌芽、产生、发展,都具有明显的"生长"概念的体现。关于城市发展的不同阶段、城市周期,学术界存在着不同的定义与分类。本书借鉴欧美内城复兴的五个阶段的分类方式,即 19 世纪 50 年代的战后重建(Reconstruction);19 世纪 60 年代的城市振兴(Revitalization&Rehabilitation);19 世纪 70 年代的城市更新(Renewal);19 世纪 80 年代的城市再开发(Redevelopment);19 世纪 90 年代以来的城市再生(Regeneration)[①]。结合我国现阶段城市发展的特点,针对城市生命周期的不同阶段,侧重以下四个概念:城市发展、城市更新、城市改造、城市再生。

4.1.1 城市生命周期及其不同阶段

1)城市发展

发展(Development)从字面上具有扩张(Expand)的意思,生长(Grow)的含义也相对广泛,可以是事物由小到大、由简单到复杂、由低级到高级的变化;也可以表现为组织规模的扩大,以及发育、进展。发展在哲学层面具有广泛的意义,指事物由小到大、由简到繁、由低级到高级、由旧物质到新物质的运动变化过程。唯物辩证法认为,物质是运动的物质,运动是物质的根本属性,而向前的、上升的、进步的运动即是发展。其本质是新事物的产生和旧事物的灭亡,即新事物代替旧事物。

具体到城市发展(Urban Development),在物质形态层面表现为城市由小到大,有组织有规模的生长扩大;在系统组织层面表现为城市系统由简单到复杂、由低级到高级的一种生长、进化。城市发展具有广泛的意义,几乎涵盖城市生命周期的所有上升阶段,包括城市自身的更新、改造与再生,但是在本书的研究中,为了更好地对城市"生长点"的作用力进行系统研究,笔者将城市更新、改造、再生剥离出来,城市发展的概念更侧重于城市的形态生长与城市由低级到高级的变化。

2)城市更新

城市更新(Urban Renewal)起源于二战后欧美各国对不良住宅区的改造,随后扩展至对城市其他功能地区的改造,对城市中已经不适应现代化社会生活的地区做必要的、有计划的改建,着眼于城市中需要功能置换的区域。1858 年 8 月,在荷兰召开的第一次城市更新研讨会上,对城市更新做了有关的说明[②]。根据全国科学技术名词审定委员会审定公布的定义,城市更新指通过清除和改造房屋、基础设施和公共设施对衰退的邻里进行改造。

城市更新具体是通过重建或再开发(Redevelopment)、综合整治以及功能改变三种方式,对城市区域进行拆迁、改造、再建设,从而实现对功能性衰败的城市空间进行功能置换,使之重新发展和繁荣。

3)城市改造

改造的意义为改变、打造。改造有两个层面的意思:第一个层面是基于原有的事物,通过修改或变更,使之适合需要;第二个层面是从根本上的改变,通过对旧事物的根本改变,或是重新建立新事物,从而适应新的形势和需要。

城市改造(Urban Renovation)从广义上既包括从宏观层面对城市问题的解决,也包括从微观层面对城市问题的解决,通常要求采取全面、系统的措施使城市发展与经济和社会发展重新走向协调;狭义的城市改造主要是指旧城改造,在一定意义上可以称之为"城市更新",但是二者有所混合与侧重,本书中的城市改造侧重指新建筑的建设,旧建筑的修复、改造、再利用,以及更广泛意义下的邻里保护、历史性保护及改进基础设施等。

4) 城市再生

再生的概念来源于生物学。再生具有两个层面的意思:第一个层面指生物体的一部分重新生成完整机体的过程;第二个层面指生物体对失去的结构自我修复重建和替代的过程;除此之外,还有死而后生的概念。

城市再生(Urban Regeneration)与城市更新、城市改造在一定意义上存在着概念的交叉,王建国教授通过对几个概念的比对,认为城市再生是城市在适应社会经济、技术发展和历史文化延续等方面的新变化时所开展的城市改建、用地功能和资源重组及相应城市环境的整治和改造。通常,城市再生的对象主要指的是城市旧城区,调整、改善城市旧城区的功能,提升甚至再造城市历史城区的活力和环境品质是"城市再生"工作的重点③。

4.1.2　混合与侧重

1) 混合

从城市发展层面来看,城市生命周期不同阶段的划分,不能"一刀切"。由于城市发展所固有的非均衡性特点,在同一时间维度上的同一城市的不同局部,可能处于不同的生命阶段,并在城市中由城市网络相互关联,在一定程度上相互影响。而不同的生命周期阶段的城市局部,在相互作用的基础上,共同构成了城市整体。因而一座城市呈现的宏观的生命状态,事实上是由若干混合、相关、不同状态的局部构成。

2) 侧重

在本章的讨论中,针对不同生命周期阶段的特点,所体现出的城市生长点的主导作用力也是不尽相同。因此本章的研究将城市生命周期分为以下三个主要部分:

(1) 城市发展阶段

这个阶段的生长可以分为两个层面:一个层面是以城市主体部分的延伸、扩张、生长性质为主的发展,在这个阶段中,由于城市发展的非均衡性,其实也暗含了城市主体建成区内部小范围的更新、改造、再生;但是在宏观层面上仍以城市发展为主导,当城市发展到一定阶段,必然会发生"蛙跳"式的生长,体现为城市主体之外的新区、新城建设。

(2) 城市更新与城市改造阶段

这一阶段城市更新的范畴更为广泛,侧重于内城的活力,如荷兰的反城市化运动和英国的内城更新成为这一时期城市更新实践的典型,保留城市结构、更新邻里社区、改善整体居住环境、恢复城市中心活力、强调社会发展和公众参与成为当时的主要目标。根据对物质环境更替的程度可以分为:①城市改造、改建、再开发,即对现有城市构成进行有计划地剔除,以新的内容取而代之;②城市整治,即对现有的城市环境进行局部调整或是小规模的改动;③城市保护,对现有城市结构、城市格局和形式实现保留,仅对局部进行维护性替换。

(3) 城市再生阶段

由于再生的概念取义于生物学的再生概念,其中生物学的再生分为两个层面,即病理性再生与补偿性再生④。后文在城市生长点的再生能力中将对其进行详细介绍,此处不再赘述。本章城市再生的对象主要指的是城市旧城区功能的调整、改善,尤其是城市历史城区的活力和环境品质的提升。

需要指出的是,针对城市生命周期的特定阶段,学术界可能存在不同的名词概念,不同的名词释义有着相似却微妙的差异,如"城市振兴"(Urban Revitalization)、"城市再开发"(Urban Redevelopment)、"城市改造"(Urban Renovation)、"城市更新"(Urban Renewal)和"城市再生"(Urban Regeneration)几个相关而概念局部交叉,但却各有侧重。本章所讨论的"城市更新""城市再生"在西方语境下都是有关旧城复兴发展阶段的概念,但两者之间存在着微妙的关系,其中既有交叉也有不同:首先,二者都是西方内城复兴理论与实践的重要组成部分,二者有一定的前后演替关系,城市再生从字面上更强调城市更新的一个结果状态;其次,从实施方法来看,城市更新更侧重于城市内部的新旧"更替",城市再生则是强调一种"升级置换"。

4.2 城市生长点对城市的作用力

研究城市生长点演化,有必要对城市生长点的作用进行分析概括:城市生长点的生长作用力、再生作用力、跨界耦合作用力密不可分、相互联系、此起彼伏地贯穿于城市生长点生命周期的始终。

4.2.1 三种作用力

1) 生长作用力

"生长"有两个层面的意义,首先,生物体在一定的生活条件下,体积和重量逐渐增加,生长是发育的一个特征;其次,具有产生和成长、产生和增长的意义[⑤]。对于城市生长点而言,生长作用是其最明显的特征之一,城市生长点的生长作用力是其对城市最为明显的作用力,贯穿于城市生长点的生命周期始终。

城市自其产生之时,就表现出了生长的特性,具有生长的作用力,这个能力一直贯穿于城市的生命周期。生长作用是城市生长点最明显的特征之一,生长是城市生长点对城市最直接、最显著的影响力。

城市总是处在不断地发展更新过程中,存在不同程度的新旧变迁,虽然在这个过程中,自然、社会、人文等各个方面要素都起着不同的作用,但是城市生长点的生长作用却贯穿始终。城市生长点的生长作用具有一定的自发性和自组织性,同时也具有一定的可干预性;而城市生长点之间的相互作用,也是其生长作用的一种表现。在城市动态发展的背景中,城市生长点的生长作用表现为:促进城市在早期形成城市中心区,这种力一直贯穿于城市的结构生长与变化过程,伴随城市生长点的变迁。

2) 再生作用力

在生物学中,"再生"(Regeneration)是指生物体的一部分重新生成完整机体的过程,或者是生物体对失去的结构重新自我修复和替代的过程

在城市更新、再生过程中,城市生长点之于城市,正如生物体局部之于其生物体整体。参考在生物学中一般把再生分为生理再生和病理再生,笔者将城市生长点主导的城市再生也分为下列两种。

(1)强调补偿性的再生

以城市生长点为基点、"由部分成长为完整有机体"的过程,强调补偿性的再生,类似于生物学的病理性再生。在城市中,城市生长点通过其再生作用力,在城市的"病理性损伤部

位"重建城市的肌理。这个过程与受损伤程度以及城市生长点与相关城市要素、城市生长点的距离有关，如神经再生的过程，关键影响因素是受损伤自身：脑及脊髓内的神经细胞破坏后不能再生；外周神经受损时，若与其相连的神经细胞仍然存活，可完全再生；若断离两端相隔太远、两端之间有瘢痕等阻隔原因时，形成创伤性神经瘤。

城市生长点的补偿性再生能力，在城市面临城市肌理断裂、遭遇灾害之时，往往能够促进城市结构恢复、进化，从而赋予城市"再生"的契机。

（2）系统完整下的新旧交替

通过城市生长点的介入，通过引导、刺激，触发城市对"失去的结构重新自我修复和替代的过程"，强调系统整体的新旧交替，如典型的生理性再生——鸟类羽毛的脱换、红血细胞的新旧交替等。城市生长点最重要的作用就是引导、刺激以触发城市再生的过程。以细胞再生为例，细胞死亡和各种因素引起的细胞损伤，皆可刺激细胞增殖。作为再生的关键环节，细胞的增殖在很大程度上受细胞外微环境和各种化学因子的调控。过量的刺激因子或抑制因子缺乏，均可导致细胞增生和肿瘤的失控性生长。正如促进有机体的再生可以通过缩短细胞周期来促进细胞的生长，但更为重要的因素是使静止细胞重新进入细胞周期。

具体到城市生长点，这个过程表现为，城市生长点作为异质介入城市，并在一定范围内产生边缘效应，引发城市内部的"链式反映"，进而促进城市的再生。

3）跨界耦合作用力

跨界，顾名思义，是超过边界，是实现对原有边界的超越、跨越。跨界带来的最大益处则是，使得原本毫不相关的元素，实现了相互碰撞、相互竞争、相互协同、相互平衡的机会，是对原有局限要素的一种突破。耦合（Coupling），其原意是指，两个本来分开的电路之间或一个电路的两个本来相互分开的部分之间的交链，可使能量从一个电路传送到另一个电路，或由电路的一个部分传送到另一个部分。耦合的概念常用于电力学和通信科技范畴，本章借用以阐释城市生长点的超越自身的跨越功能、时间、空间的融合的能力。

城市是一个复杂的系统，其内部存在着诸多功能不同的子网络系统，其存在的形式和依托的载体千差万别。城市的运作往往是依靠这些不同的子系统的相互协同而实现。然而在城市的生长发展与更新再生过程中，一些子网络系统如同神经系统的生长一般要介入到城市特定的区域中，与该区域原有的子网络系统形成耦合以适应城市的内在需要。这时候，城市生长点往往是充当了城市新的功能子系统与原有城市系统的重要耦合点，为城市的功能加载提供载体和空间。

具体而言，城市生长点的跨界耦合能力可以具体分为跨界协同和跨界平衡。

（1）协同

所谓协同，就是指协调两个或者两个以上的不同资源或者个体，协同一致地完成某一目标的过程或能力。协同是指元素对元素的相干能力，体现为着眼于整体的协调与合作。一般来说，系统之间的不同元素通过相互间的协调、协作，形成拉动效应，总体上推动事物发展，整体加强。不同要素之间的属性相互增强，共同向积极方面发展的积极相干性被称为协同性[6]。

（2）平衡

平衡是在不同的矛盾涨落中，通过协同作用使得对立的各要素在数量或质量上相等或相抵的过程。同时，平衡也是一种相对静止的状态，是矛盾双方在力量上相抵而保持一种相对静止的状态，是着眼于系统整体稳定的一种价值目标。

（3）跨界协同、跨界平衡

跨界协同强调系统组成在要素多元与混合的基础上，不同的功能系统实现的同时间维度下的相互有效耦合、互动，最终促进系统整体的进步与发展；跨界平衡则是强调在时间维度上，不同时期的片段在一定的设计条件下实现的联系与沟通，最终形成一种平衡和谐的"有机拼贴"的状态。

4.2.2 三种作用力之于城市生命循环的意义

1）生长作用力

（1）贯穿城市生命周期始终

城市的发展总是与城市生长点密切相关，城市结构形态的生长，往往伴随着城市生长点的新旧变迁。从城市发展历史来看，无论是"自下而上"的城市还是"自上而下"的城市，在其结构形态演化的过程中，城市生长点均贯穿其中。

最为典型的代表就是，城市中心区和城市生长点区位上的重合，其中单核城市结构简单，往往是以城市重要道路交叉口形成城市中心区，或是以城市重要道路或街道为轴线，形成带状或者是块状的商业中心集聚区域。城市发展到一定阶段后，原有城市中心区随着城市的发展，其承载力达到极限，如果通过原有中心区的自我更新无法适应城市的需求，或是受城市固有条件的限制，则需要在原有中心区外另建新的城市中心区，或是分离原有城市中心区的职能，建设城市副中心。在此过程中，城市生长点伴随城市中心区的发展与变迁，对城市生长点的研究可以窥见城市的发展轨迹。

我国扬州城的发展，在明清时期，城市水道运输是城市运输的主要方式，因此，扬州城市的中心区多沿水运线路发展，表现为以重要口岸码头为中心向外辐射。当城市发展到公路、铁路运输为主要方式的时期，原有的城市生长点已经融入城市肌理之中，取而代之的是以新交通方式为依托的重要交通节点，扬州城市的中心区也随之发生转移——向城市北面转移，形成了以重要陆上交通节点为中心的新一轮的城市生长点。

（2）促进城市多中心发展与副中心的形成

从世界各大城市的发展历程来看，单中心模式容易造成城市中心职能过多，从而造成城市中心区的各种问题，如地价飞涨、交通拥堵、污染严重，等等，而建设城市副中心，使得城市空间由单中心模式向多中心模式转变。如表4-1所示，许多大型城市都经历了规划建设副中心等多核发展的过程。多核城市中心区的发展，通过分解、转移城市中心区部分功能，可以有效地缓解城市中心城区的压力，同时对促进城市的有机平衡发展起到促进的作用。

表4-1 多核城市中心区发展的三种类型

城市	主要特点	城市中心区变迁
巴黎、东京、北京、上海	特大型城市，在原有城市区域内的发展受到限制，因此在城市中新建 CBD，分离原有城市中心区的部分功能	开辟新的城市中心
罗马、佛罗伦萨、苏州	历史性城市，城市的整体保护使得旧城的发展受到限制。旧城转型以商业和旅游业为主，原有中心并非消失，与新城区的城市中心形成商业、商务双核结构	旧城外围新建中心
淄博	工矿城市形成组群式发展	形成城市组群

城市新的生长点与新的城市中心区重合,对城市有着重要的意义。宏观层面,新中心区的建立,对城市整体结构有着积极影响,使得城市完成从单中心向多中心的转化;新旧中心之间的联系,对原有中心的内部空间结构和功能组织产生一定的影响,不仅疏散原有城市中心的部分功能,改善原有城市中心的环境,而且新旧中心之间的相互作用对城市的有机生长起到良性的带动作用。在多中心发展的同时,城市中心区自身的更新和城市副中心的形成也是防止老城空心衰败的一种途径。

（3）促进新城建设

从 20 世纪 90 年代开始,伴随城市化水平的提高、城市化速度的加快,我国成为 30 年来城市化率增速最快的国家之一[⑦]。参考国外的经验,当城市化水平达到 30％以后,将进入城市化快速发展时期,而目前城市化的重要手段就是新城建设。城市发展到一定规模后,城市内部的组织结构与功能需通过复杂化与规模化来适应城市发展的需求,然而受城市承载力的制约,城市空间形成饱和会导致城市相关问题的产生,如人口密度大、交通拥挤、住房紧张、环境污染等。城市往往出现人口、产业等向外扩散的趋势,新城建设往往成为城市这一时期的发展选择。

在新城建设过程中,城市生长点起到促进与推动作用。通过城市生长点布点,对城市的集聚效应进行移植,在新的空间实现新一轮的空间集聚,并通过疏散中心城市的部分功能促进其完善发展,其引导与控制作用可以有效地防止城市摊大饼状无序发展。

2）再生作用力

（1）触发城市再生

无论是补偿性的病理性再生,还是强调系统新旧交替的生理性再生。其作用方式可以通过刺激、缩短细胞周期来促进细胞的生长,促使静止细胞重新进入细胞周期,或是加强系统循环,促进新旧的交替。

具体到城市生长点,前者强调通过城市生长点的异质的局部介入,以该点为基点对城市区域产生刺激,进而促进城市要素的活力与城市区域的再生。后者强调城市生长点与城市要素的联系作用,通过城市生长点的布点建设,借由城市网络产生流的连通,促进城市的再生。

（2）平衡城市发展与城市保护

谈到城市的更新与再生,都涉及对土地的再开发与再利用。在柯布西耶的年代,西方的现代主义城市曾经大力倡导拆除旧城重建新城,经过一系列的实践,人们也在不断对这种方式进行反思,于是出现了十次小组(Team X),旧城保护以及旧城改造得到重视,但是"这种保护到了当代亚洲快速发展的城市中,又变调成为一个个'迪斯尼'式的商业项目"[⑧],导致城市"假古董"的产生,或是老建筑成为城市的"盆景"。在中国现代城市建设中,比较常见的是城市历史和城市文脉被完全割断。在许多旧城改造的过程中,大拆大建相当普遍,改造过程完全摒弃了城市原有的文化底蕴与文化财富,改造后的城市千篇一律,城市失去其原有特色。

城市生长点的设置可以通过生长点的介入,对于老城区,尤其是城市历史敏感区,通过简单的加法与减法的处理,摒弃城市改造的大拆大建,使得在满足城市发展更新需求之外,形成拆与建之间的平衡。更是可以通过新的功能的引入或者是对城市历史遗产的再利用,促使城市走上可持续发展的道路。

（3）促进城市灾后重生

单从"再生"的字面意义理解,再生的意义在于"先死而后生"。众所周知,城市在其生命周期中难免要遭遇各种城市灾害⑨,对城市生活和社会发展造成影响,遭遇自然灾害、战争破坏后如何"城市再生",这是世界共同的课题,城市生长点在此过程中对城市的再生重建有着重要的意义。如1871年10月8日美国芝加哥发生大火,使得芝加哥的城市建设受到巨大的损害,摧毁了芝加哥城的三分之一,包括当时芝加哥市的商业中心。但是,城市灾害所带来的损害,给予了城市在重建中新生涅槃的契机,催生了芝加哥"百年不过时的蓝图"。

由于城市灾害不具备必然性与可预测性,故此在本书中不再细作讨论。

3) 跨界耦合作用力

城市是一个动态发展的过程,在城市发展过程中,往往有各种因素造成城市发展的不均衡性,使得城市的整体结构不能以一种连续性的方式生长、更新,从而使得城市形成异质"拼贴"的状态。在城市发展过程中,不同的城市肌理片段需要加以重新整合,实现共同发展,城市生长点的跨界耦合作用力便在此背景下肩负起对城市空间功能的跨界协同作用,并且在城市新旧片段之间实现时间维度的跨界平衡。

(1) 空间功能的跨界协同

城市的活力往往来源于城市与生俱来的多元性与混合性特质。城市在发展过程中,往往需不停地加载新的功能,形成新的功能网络系统。在此过程中,城市生长点担当了新功能加载的载体,或者是新功能网络与现有城市网络系统交叉的耦合节点。

城市生长点空间功能的跨界耦合,以城市生长点为基点,为城市的系统复杂化提供了载体,为城市的多元性与混合性增添新的耦合机会。城市生长点在空间功能的跨界耦合并非是简单地实现功能系统层次的添加,而是在实现耦合的基础上,对新的功能系统进行合理的协同引导,使之能够与城市区域原有功能实现有效的互动与促进,对城市的功能完善、升级做出贡献。

(2) 时间层面的跨界平衡

现代绝大多数城市都已经历了相当长时期的生长演化,经历了发展、更新、改造、衰落、再生,这个过程的兴衰交替,往往形成城市肌理的"断裂"和"拼贴"现象。如何处理城市中的新与旧,缝合城市的断裂肌理,完成城市在时间维度上的跨界平衡,是值得思考的问题。

城市生长点自身处于新旧交替的区位,或者本身就处于属于城市中"旧"的部分,往往能够肩负起时间跨界的缝合作用,促进城市新旧之平衡。使得城市的发展具有连续性和稳定性,各个时期的发展片段有机"拼贴"共同形成有机整体。

4.2.3　三种作用力的混合与主导表现

1) 混合

城市生长点具有生长作用力、再生作用力、跨界耦合作用力,这三种作用力共同构成了城市生长发展的主要动力,贯穿于城市生长点生命周期的始终。其中城市生长点的生长作用力是与生俱来的,也是城市生长点自身的主要特性之一,是三种作用力中表现最明显的一种。城市生长点的再生作用力,可以理解为是城市在新陈代谢、自我更新以及受到创伤后,其生长作用力的一种修复性表现,是其生长作用的衍生作用。而城市生长点的跨界耦合作用力也是一直伴随着城市生长点的产生、发展,直至衰亡更新;跨界耦合作用力是建立在城市生长点与城市要素之间的联系上,以及城市生长点之间相互作用力的基础上,往往还伴随在城市生长点其他作用的发挥过程中。

城市生长点的生长作用力、再生作用力、跨界耦合作用力在城市生命周期中呈现混合作用,本章将结合案例对生长作用力之于城市生长发展,再生作用力之于城市更新、城市改造、城市再生,以及城市生长点超越自身的跨界耦合能力,进行相关分析阐述。

2) 主导

城市生长点的生长作用力、再生作用力、跨界耦合作用力,虽然是密不可分、共同贯穿于城市生长点的生命始终,但是在城市生命周期的不同阶段中,三种作用力并非是同等作用,对城市生长的作用效果不尽相同。

城市生长点的生长作用力是三种作用力中表现最为突出的一种,其作用贯穿于城市的生命周期始终。但是,在城市发展的几个阶段(如城市结构的形成,城市由单中心向多中心发展,城市的新城建设)中,城市生长点的生长作用力则有最为突出的表现。

城市生长点的再生作用力在一定程度上可以认为是其生长作用力的衍生变体,但是在城市更新再生的过程中,城市生长点的再生作用力的表现突出,为城市的新陈代谢式更新以及补偿性再生都提供了充分的支持,并在城市的新与旧、拆与建之间提供平衡的契机,为城市决策者提供了新的思路。

城市生长点的跨界耦合作用力,性质有别于前两者。当城市发展到一定程度,形成复杂的系统,并在该系统内部存在着诸多功能不同的子网络系统之时,城市的运作往往是依靠这些不同的子系统的相互协同而实现,此时城市生长点的跨界耦合作用力则表现突出。在城市发展过程中,跨界耦合作用力为城市新的功能介入提供了物质载体;在城市更新再生过程中,跨界耦合作用力在不同的城市肌理区域以及不同的城市功能区域之间实现了"拼贴"缝合。

4.3 城市生长点的生长作用力

在城市的生长过程中,城市经历了从萌芽到基本的生长,形成了一定的形态:城市集中生长形成同心圆式拓展、线性拓展、星状拓展等,大中型城市发展到一定的阶段呈现城市多中心发展的状态,以及跨越式的新城建设。在城市发展过程中,城市生长点在城市建设区(主城区)、城市的副中心建设、城市的新城建设中,其生长作用都得到了不同程度的发挥,并与城市形态形成互动关系。

首先,在城市建成区中,城市生长点与城市中心区有着密切的关系,有着一定的空间重叠。如在许多中小城市中,城市生长点与城市中心区呈现空间上的统一。城市呈集中型同心圆式拓展的形态发展,城市沿主要轴线带状、星状拓展,一定程度反映了城市生长点生长作用力的作用。城市内部的新旧更替往往也与生长点的产生、衰败密切相关。

其次,城市发展到一定阶段所出现的单中心到多中心的发展现象,可以为城市生长点布点、激发提供契机,城市生长点的更替也反过来影响城市的自身发展。最后,城市的跨越式发展——新城建设中,城市生长点在新旧之间建立了互动关联的桥梁,能够影响新城发展的时序,引导新城有机生长。

4.3.1 生长点更替伴随城市发展演化

1) 城市生长点参与城市中心区形成

城市中心区(Downtown)的概念多用于北美一带,是人们日常生活中对闹市区的俗称,通常指传统的商业中心。现代的城市中心区多是指人口相对于周边集中、经济和商业相对周边发展程度高的市区地带,在功能上能为市民提供集中的公共活动,其物质存在可以是广场、街道、街区等。一个城市的中心区往往能够集中体现一座城市的特征风貌。城市中心区是城市发展到一定规模的产物,具有较强的城市活力,在空间区位上与城市生长点存在交叉与重合的特点⑩。

城市中心区的形式主要有单核心和多核心两种类型。其中我国大多数集中型的中小城市都属于单核心的结构形态,城市结构单纯地呈现出城市中心区与城市生长点在区位上重叠交叉的特点:结构简单的小型城市,多呈现以城市重要道路交叉口形成城市中心区,城市生长点与之重合,促进城市以之为中心向外生长;中小型城市也存在以城市重要道路或街道为轴线,形成商业带状或者是块状的中心集聚,与城市生长轴线重合;少数大型的城市虽然在城市结构中存在次一级别的城市中心体系,但是其主要中心的首位度很高,因而在整体结构上仍然属于单核结构,其主要中心与城市生长点区位重合。

2) 城市生长点新旧更替伴随城市的发展演化

每座城市都有自己形成、发展的漫长生命旅程,在城市的生命周期中,由于其内部发展的非均衡性,往往出现局部之间的差异,其内部也存在着涨落。在此过程中,作为城市局部的城市生长点也存在着相应的生命周期,在城市中有其自身的新旧更替现象,局部的城市生长点新旧更替也与宏观的城市发展密切相关。由于城市生长点往往参与城市中心区、重要节点的形成,并促进其与城市要素发生关联,触发城市自组织机制,因此,城市的生长发展过程总是伴随着相关生长点的新旧变迁,城市生长点的有计划布点也反之影响城市的生长发展方向与形态演化进程,这是城市局部与整体之间的互动关系。

3) 城市发展中对自然萌芽生长点的引导

(1) 对自然萌芽的引导

在城市发展中,城市中心区的形成往往伴随着城市生长点的自发产生和有策略的布点建设,并以自组织的自发萌芽为主要动力,因此需要顺应时代发展的特点,尊重城市固有特色,对城市发展的自组织力量进行合理的引导,促进城市中心区的形成。

(2) 规划布点重视城市事件契机

规划布点促进城市中心区的形成,事实上是对城市自组织机制作用的利用,对自发萌芽的城市生长点,规划布点需抓住有效时机对其进行引导与培植。

(3) 城市"点"—"轴"—"网"体系引导城市生长点发展

选择具有发展潜力的区位、合适的性质、合理的规模,促进后续城市生长点的生长与作用发挥。设计中往往通过城市节点、城市轴线、城市景观视廊等对城市生长点及城市未来发展方向进行引导。

4) 案例:南京城市形态的演变与城市生长点的变迁

南京主城区形态的演变伴随了诸多时期的生长点的产生,新的生长点的产生往往引导了一定阶段城市发展的方向。南京城市生长点变迁的过程,可以抽象为城市生长点沿秦淮河、长江以及交通干线产生与更替的过程(图4-1)。

城市自然、地理发展的非均衡性,促成了早期城市居民活动在优势区域的集聚,并形成城市生长点。六朝以前的南京城,城市区域仅仅集中在秦淮河弓形区域,并在该区域产生城市生长点的萌芽(图4-1中①的范围),产生以此区域为核心的最初的城市生长,在明朝时期基本上形成现代南京城市的内核雏形。

城市事件促成城市框架的拓展。在近现代,南京城市的演变与城市生长点的变迁如下:

1928年,为迎接孙中山灵柩而开辟的中山路,以规划轴线的手段拓展了南京城市结构,奠定了此后南京城的空间生长构架。在此阶段,下关区新修兴建的港区即下关码头[①],与南京火车站呼应,形成城市核心区外的交通枢纽性质的生长点(图4-1中②的范围),此阶段的生长点通过城市轴线——中山路与城市主城核心连通。

产业经济的转变促成了新一轮的城市生长点萌芽:经历了战争之后的南京城在20世纪50年代后形成了工业的广泛发展与扩散,形成了工业沿江集聚的现状。此阶段也是集聚与扩散并存,一方面在集聚的城市区域内部,空缺位置被填补;另一方面在这对作用力的作用下形成新城市生长点向长江沿岸集聚生长,形成了现代的工业沿江集聚的形态。此后,沿江的集聚点向外扩散的力量使得在江北大厂等区域,出现新的城市生长点(图4-1中③和④的范围)。此后城市呈多中心发展,扬子石化的建设以及禄口机场的建设,使得城市生长点产生了新的萌芽与变迁。而南京的新街口也成为华东第一商圈,在新时代的城市发展中成为重要的城市生长点,在城市中占有重要地位。

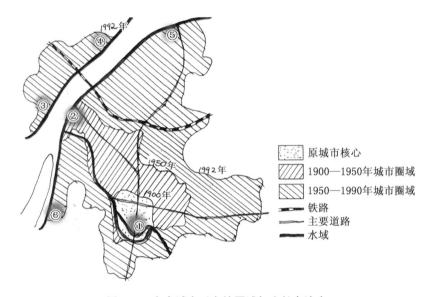

图4-1 南京城市形态的圈域与生长点演变

注:①为原始生长点;②为1930年新出现的生长点;③为1950年新出现的生长点;④为1970年新出现的生长点;⑤为1980年新出现的生长点;⑥为1992年新出现的生长点。

4.3.2 生长点促进城市副中心形成

1)单中心向多中心发展的趋势

城市如同生物有机体一样,当机体末端远离能量供应点时,它就自动分离或脱落产生新的机体,城市从单中心模式向多中心模式发展也有其自然演化的内在需求。伴随经济的发展和城市化的加速,大量的人口向城市集聚使得城市的规模急速扩展,受居民出行距离的限制和城市中心区随距离的加大而吸引力减弱的影响,城市副中心应运而生。它的出现极大地方便了周边市民的居住、生活和工作。图4-2中艾伦(P. M. Allen)的城市自组织研究,反映在自组织作用的视野中,在没有外部特定干预的情况下,城市系统内部要素相互之间的竞争与协同,使得城市的发展呈现一种由无序到有序、由低序到高序的演化过程,在这个过程中,可窥见从单中心模式到多中心模式的自然演化。

城市发展到一定阶段,城市往往呈多核结构发展,从世界各大城市的发展历程来看,单中心模式容易造成城市中心职能过多,随着城市的发展,其承载力达到极限,从而造成城市中心区的各种城市问题,如地价飞涨、交通拥堵、污染严重等。而建设城市副中心,使得城市空间由单中心模式向多中心模式转变,可以有效地缓解城市中心城区的压力,同时对促进城市的有机平衡发展有着促进的作用。比较具有代表性的国际大都市——东京、伦敦、巴黎、华盛顿、莫斯科等都通过建设城市"副中心"来解决城市发展中的诸多问题与矛盾,在原有的城市中心区外形成一个或几个城市副中心(图 4-3)。

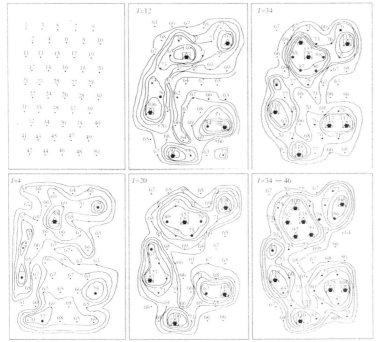

- 指城市自然产生之初的不同的功能中心,理想情况下呈均质状态
- 一种功能的中心,$T=4$,由于某种随机因素,某些点的人口增加速度较快,这些点被称为城市的萌芽
- ● 两种功能的中心,$T=12$,由于非线性相互作用,逐渐形成五个中心城市的空间结构
- 三种功能的中心,$T=20$,人口不断在上述中心集聚,点的经济功能数增加,城市蔓延
- $T=34$,空间结构基本稳定,两个中心城市出现逆城市化
- 四种功能的中心,$T=34\sim46$,"双子"城市出现,功能相近、有联系的城市形成更高级实体

图 4-2 艾伦的城市自组织研究

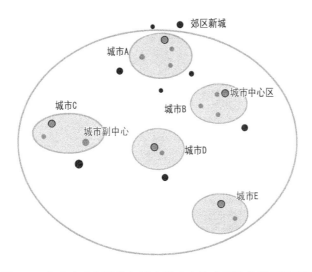

图 4-3 多中心空间结构与城市副中心的空间结构关系示意图

2）城市生长点布点促进副中心形成

由于自然条件的限制，城市中心区存在着功能、规模的承载极限，当城市发展到一定阶段，原有的中心地域结构由于固有限制，必然无法满足日益增加的城市中心用地的需求，一般有以下几种情况可考虑建立新的城市中心区：

（1）旧的城市中心区结构受到地形、环境等固有自然条件的限制，发展空间受限，可利用城市土地不多。

（2）城市原有中心区自身的更新已经不能满足城市发展的需求，需要建立新的城市中心区来适应城市的需求。

（3）城市原有中心区具有大量的历史文化遗产需要保护，城市历史保护与城市发展需求存在矛盾，如北京、西安等历史性城市。

新的城市中心区是城市新的生长点：一方面，对新的城市区域生长具有引导与控制作用，往往直接促进城市多中心生长；另一方面，新的城市生长点与原城市生长点之间的互动，往往促进城市新老片区之间的融合，对老的片区起到良性引导。

3）城市副中心建设中的布点策略

（1）区位

与城市发展中的城市生长点类似，城市副中心区的形成往往伴随着城市生长点的自发产生和有策略的布点建设。现代城市中多以规划布点为主要动力，因此除了对自发产生的生长点合理引导外，还需要选择合理的区位进行布点引导。

（2）交通与基础设施

副中心与城市中心起到互补促进的作用，两者之间的联系尤为重要，此外副中心布点的成功，也需要依赖城市网络的支持、合理有效的交通和基础设施的建设。

（3）政策

城市副中心的建设受政府干预较多，应适当处理好行政手段与经济手段之间的协同与平衡。保证城市副中心建设的一脉相承，与城市建设总体目标保持一致。

4）案例：拉德芳斯副中心建设

1965年的巴黎大区规划明确提出设立城市副中心，建设发展凡尔赛等九个副中心，其中拉德芳斯（La Défense）被公认为副中心建设的成功典范。拉德芳斯原为紧邻小巴黎的一个小村庄，位于巴黎城市主轴线戴高乐大道的最西端。1958年，为了缓解小巴黎人口、交通、环境的压力，以及满足巴黎对商务空间的需求，巴黎政府决定在拉德芳斯区规划建设现代化的城市副中心（图4-4），其简要建设历史图片如图4-5所示。政府计划用30年的时间将包括库尔布瓦（Courbevoie）、曼特哈尔（Manterra）、皮托（Puteaux）三镇建成以商务、娱乐、工作为主的巴黎副中心，面积为750 hm²[12]。在此过程中拉德芳斯的核心区［包括拉德芳斯巨门（La Grande Arche）在内的商务中心区］，在整个副中心建设中起到了重要的激发促进作用，是副中心建设的启动点，也是重要的生长点。

拉德芳斯的顺利建设与今日的繁荣，其布点选择合理的区位、采取合理的发展时序，是其成功的重要保证。而便捷的交通、完善的基础设施建设是其成功的重要条件。

（1）区位

选择合理的区位、便捷的交通，是巴黎拉德芳斯副中心得以顺利发展的首要条件。拉德芳斯紧邻小巴黎，通过戴高乐大道的延伸与巴黎传统轴线实现互动，位于巴黎传统轴线的最西端。

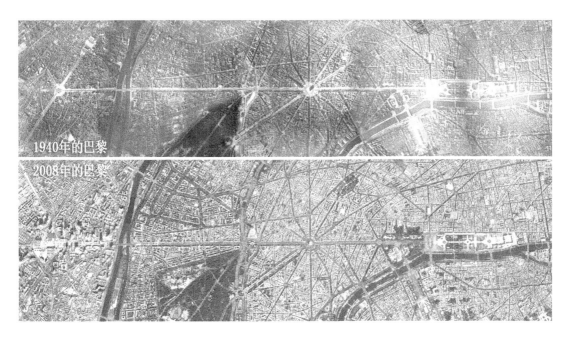

图 4-4　1940 年、2008 年的拉德芳斯航拍图

图 4-5　拉德芳斯建设过程中的历史照片

（2）交通与基础设施

地铁的建设为该区布点提供了重要支持，在 1968 年，区内建成了法国国营铁路公司（SNCF）地铁站，拉德芳斯站为地铁快线（RER）和地铁（Métro）的共同站点，乘坐 RER 从拉德芳斯到凯旋门只需 5 分钟车程，而自从 1992 年起，巴黎的两圈内地铁票可以从任意站点到达拉德芳斯。现如今，拉德芳斯已经成为巴黎的门户，区内拥有 RER—A 线、地铁 M1 线，高速公路 A14 也在此交汇，公共运输系统提供的通勤运量达到每日 25 万人次（图 4-6）。

拉德芳斯商务区内的交通在建设中彻底实行"人车分离"，整体采取平台式的处理方式，慢速交通和城市快速干道、地铁等实现有机高效的整合。如图 4-7 所示，地面 1—3 层是车行快速干道、立交桥和停车场，地面 3—5 层的平台上建有人行道，并通过设置大量清晰的道路标志对各种交通实施引导，保证了交通的通畅，同时，使得区内的步行系统总面积达 67 hm²。

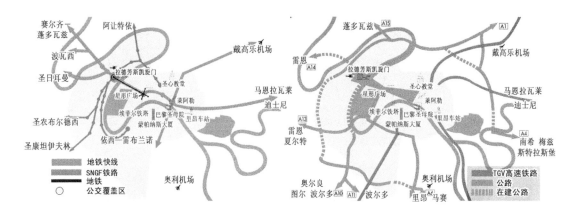

图 4-6　拉德芳斯区内交通线路

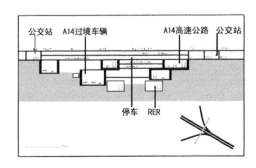
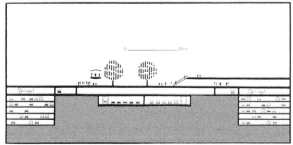

图 4-7　拉德芳斯 a 区平台剖面

（3）新旧的呼应

巴黎拉德芳斯的建设,尤其是城市生长点——包括拉德芳斯巨门在内的商务中心区的建设,一反小巴黎内保守的建筑体量⑬,其建筑设计充满了现代感,从雄狮凯旋门看拉德芳斯商务区(图 4-8),新区的城市天际线与老城区完全不同。但是在建设初期,区内新建的高层、超高层写字楼对巴黎原有柔和的天际线完全突破,导致其备受争议,但是标志性的建设(图 4-8、图 4-9),却是提升副中心城市品位的一种手段。典型的如其标志性建筑"巨门",与巴黎卢浮宫、协和广场遥遥相望,与巴黎星形广场的雄狮凯旋门形成了呼应与对景,气势磅礴。另外还有 IMAX(一种巨幕电影放映系统)剧院、会展中心(CNIT)等特色建筑。

图 4-8　从雄狮凯旋门看拉德芳斯商务区

图 4-9　拉德芳斯商务区

（4）建设时序控制

区域开发公司 EPAD(Etablissment Public d'Aménagement de la Défense)合理的开发规划则是其顺利发展的外在保证；EPAD 的存在保证了政府在区域开发规划中的主动性与主导权[⑭]，同时保证了对土地收购的顺利实现以及基础设施的建设。在具体的区域策略中，EPAD 在不同的时期，根据区域发展与不同产业、企业发展的需求制定区内的建设方案。如在拉德芳斯建设初期，是以跨国公司总部为客户群的办公楼为主，20 世纪 70 年代改为金融、商业、信息等产业的办公用建筑。EPAD 根据不同时期的社会发展，为区域的发展提供正确的政策支持，也是拉德芳斯能够健康发展的重要保证。

4.3.3　城市生长点促进新城建设

1）新城建设理念与城市生长点概念的交叉

城市的存在与发展，依赖于城市的空间与功能的完善。城市的发展不仅仅伴随着城市的形态生长，同时也伴随着城市的功能生长。然而，当城市发展到一定阶段时，城市形态与城市功能的更新与完善，会受到城市承载力的制约，城市往往需要拓展生存空间进行新城建设，以提高城市经济社会的综合承载力。

"新城"的概念最早源于二战后期英国的城市建设运动，1946—1950 年战后恢复时期建设的新城[⑮]为第一代新城。新城的建设主要考虑对原有城市的疏散[⑯]，接纳快速增长的城市人口，降低大都市的通勤压力，新城建设强调自给自足，相对独立，对区域发展考虑较少。1955—1966 年开始建设的新城为第二代新城。在第一代新城建设反思之后，第二代新城规模较大，开发密度提高，注重城市的景观环境，弱化分区和邻里概念，道路系统考虑到汽车增长的需求。第二代新城总体上开始考虑整个地区的发展，把新城作为地区发展的增长点。第三代新城在功能上进行了拓展，规模更大，功能更为完善与丰富[⑰]，摆脱了新城以单一居住功能为主的形式。20 世纪 80 年代以来，英国向第四代新城建设迈进，新城从理论到不断实践，已经发展到第五代新城。

从新城探索的历史可以看出，从第二代新城建设起，新城的建设中已经有城市生长点的概念闪现。此后，新城的启动点即城市中心与城市生长点多有重合，并体现出对城市要素的引力与辐射作用。维克托·格伦(Victor Gruen)在《城市的心脏——城市危机：诊断与治疗》(*The Heart of Our Cities—The Urban Crisis: Diagnosis and Cure*)一书中对多中心分散式的新城发展模式抽象而又具体地进行了描述。他把城市组织比喻成细胞组织或者行星系统，并对这种关系进行了抽象的简化：所有的行星都被限定在恒星巨大引力的磁场中，恒星可以被看作是城市系统中的都市核心⑱（图4-10），不同的行星在恒星引力场中形成关联、互动的关系，有如城市生长点在城市中借由城市网络的关联与互动。

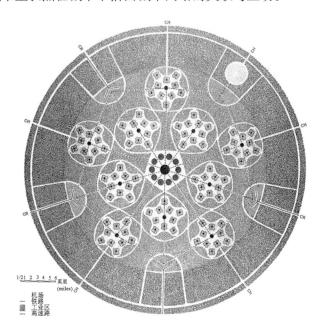

图4-10 格伦的城市系统

注：1 mile≈1 609.344 m。

2）新城建设是促进城市化和城乡一体化的重要手段

我国从20世纪90年代开始城市化水平突飞猛进，城市化速度加快，现已进入新型城镇化阶段，许多城市需进行新城建设。原城市结构、功能虽在不断进化、调整以适应时代需求，然而面对土地承载力的约束，依然难以避免城市过于饱和的相关问题，面对人口、产业等扩散的需求，而新城建设则是一种有效的措施。而实践证明，"新城建设在一定程度上适应了城市规模扩大对于城市土地空间的需求，分散了中心城市生产、生活的部分功能，缓解了随城市不断扩张而越发严重的居住、交通和环境问题，是防止大城市摊大饼状无序发展的重要措施和引导城市形成虚实相当的有机集中空间的有效途径，并因此成为国内外不少大城市发展过程中缓解中心城市压力的首要选择"。

在我国，新城建设也是城乡一体化的重要枢纽：一方面，实现了为发展中的中心城市提供跨越式发展空间，通过新城的建设，对中心城市的部分职能进行疏散，缓解中心城市的压力，同时以自身为中心产生新的集聚，为城市向更高层次的发展提供了可能；另一方面，也为中心城市周边中小城镇、乡镇的整合提供架构平台，由于新城较中心城市具有更充裕的发展空间，因此具有一定的后发优势，对周边大多数农村转移人口在地租、生活成本上更具优势，对带动新一轮的城乡发展具有推动意义。

3）案例：法国马恩拉瓦莱新城建设

法国在二战以后，尤其是战后20年，巴黎的人口急剧增长，城市周边的过剩人口也不断涌入巴黎,使得巴黎城市的政治、经济地位得到加强,城市化水平快速提高,巴黎出现了城市蔓延[13],造成了城市边缘的混乱状态。戴高乐总统任命杨·科勒为大巴黎的总体规划(PA-DOG)进行编制,在1960年的PADOG文件中提出巴黎"中心地区人口过于稠密,离城市边缘地区太远,需要建立新的中心地区"。1965年的巴黎大区规划为巴黎新城建设奠定了基础,明确提出在巴黎以外设新城以平衡城市布局,疏散过多聚集的人口。规划设计了8座新城,沿塞纳河两岸展开,最后建成5座新城。到目前为止,较为完善的新城主要为艾弗里(Evry)新城、马恩拉瓦莱(Marne la Vallée)新城、圣康坦伊夫林(Saint-Quentin-en-Yvelines)新城和赛尔齐—蓬多瓦兹(Cergy-Pontoise)新城(图4-11)。其中,马恩拉瓦莱新城是巴黎地区5座新城之中公认发展最快且最成功的一座,巴黎的新城建设对巴黎这座历史性城市起到了保护的作用,同时新城建设并未使得老城的活力下降,新旧城之间保持了良性的互动和紧密的联系,其经验值得学习。

(1)新旧联系

巴黎新城在区位选择上比较靠近巴黎,平均距离大致在30 km,在交通方面,尤其是快速交通一般以地铁快线(RER)站点为中心,实现新城与巴黎之间便捷的交通联系,从根本上保证了新城生长点与城市老旧生长点之间的联系。

巴黎的新城建设选取了已经半城市化的区域,通过城市生长点布点,建成城市中心区,进而依靠城市中心区的辐射作用,将半城市化土地上的住宅、工业、文化休闲等区域有机地联系起来。

(2)新城建设生长点的发展时序

马恩拉瓦莱新城[14]发展展示了轨道交通对土地发展的促进作用,城市建设发展沿轨道交通延伸,新城由靠近老城老旧生长点自西向东逐渐向外围发展(图4-12),呈现由靠近巴黎向巴黎大区外围生长的时序。

以RER—A线为优先发展轴,在新城最西端建设新城生长点,通过其辐射作用由西向东推动城市发展,形成城市优先发展轴线;并且在这个轴线上,对建设用地有所侧重,形成若干相对独立的城市组团,即新一轮的城市生长点,各个城市生长点之间通过城市优先发展轴上的建设用地被分解成若干相对独立的城市组团;组团间通过RER—A线进行联系,对整

图4-11 小巴黎和艾弗里新城、马恩拉瓦莱新城、圣康坦伊夫林新城和赛尔齐—蓬多瓦兹新城

注:中心深色为小巴黎范围,即巴黎市域;黑色点状部分为巴黎近郊中心区;浅色部分为巴黎大区的四座功能较为完善的新城。

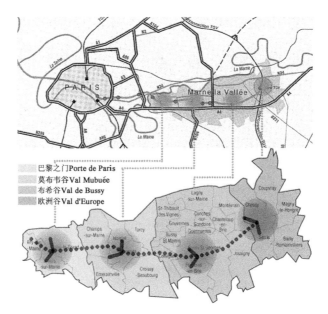

图 4-12　马恩拉瓦莱新城由西向东的发展时序

个 77 省形成"点"—"轴"—"网"的带动作用。

（3）国家干预协调与引导

新城建设往往较其他城市建设项目更易受到国家干预的影响，而法国的新城建设在初期具有非常明确的国家干预特征。每座新城的建设均设立区域公共建设整治委员会（Etabissment Public et Aménagement de la Region，简称 EPA），这是一个具有管理和协调能力的机构，负责土地的征收，对城市发展进行调研与合理的预测，从而进行规划选择。同时，负责协调政府与当地居民的关系，使得新城的建设具有一定的社会参与性；在新城建设后期其参与性更加突出，逐渐转变为新城的智囊团和居民的代表机构，为新城的政府决策提供建议，并参与未来的一些决策。这对新城的发展起到监督协调的作用，对建设中出现的问题能够及时做出反应，引导建设良性的发展。

4.4　城市生长点的再生作用力

生物学的"再生"（Regeneration），是一部分的生物体重新生成完整机体的过程，或者是生物体对失去的结构重新进行自我修复和替代的过程。一般在生物界，尤其是植物和低等动物界有明显的表现，如生物体的整体或器官因创伤而发生部分丢失，在剩余部分的基础上又生长出与丢失部分在形态和功能上相同的结构④。低等动物中的蚯蚓和水螅可以在被截断的身体上重新生长成为独立完整的个体就是再生的典型案例，而日常所见的伤口愈合，断肢的再植重生也是典型的再生实例。讨论城市的再生，其前提是"城市有生"，城市再生的是基于城市生命周期，基于城市自身整体衰败或是局部病坏进行讨论的。

4.4.1　城市生长点与城市更新

1）城市更新中的城市遗产

由于在新城镇化进程中的城市建设多在城市建成区进行，往往涉及如何对待城市建成区的建筑、街区等要素。一部分历史建筑、城市街区,随着城市的发展、城市生活方式的改进以及人口的流动等变化,其原有功能和空间形态已经不能够适应当代城市生活的需要,但是,它们是城市发展轨迹的记录载体,具有不可替代的历史、文化和社会价值,是城市的历史遗产。城市遗产^②的原有功能性质以及空间形态与现有的城市发展需求之间出现矛盾,但是这种矛盾的化解并非是被动地相互适应,而是需要通过功能的更替、结构形态的优化,在城市遗产自身特征保留的情况下,对其进行改造,使之能够重新在城市中发挥作用、体现价值:①纪念价值,城市遗产是城市历史信息的真实反映,是城市历史记忆的载体;②地域价值,城市遗产能够体现城市的个性与特征,反映城市及地区的自然、人文特点。

2) 城市历史遗产转变为城市生长点

城市遗产可以通过城市子系统的调整,转变为城市生长点。城市遗产作为城市的局部,处于城市系统的子系统中,并随着城市系统自身不断的演化与发展,系统的整体必然会促使城市遗产与其他城市子系统的叠合交叉。建筑功能的置换、规模的改变、新型交通方式的引入、建筑形态的更新,都将对城市遗产自身产生影响,并最终反过来作用于城市整体系统,形成连锁效应。城市更新应对此加以利用,促使城市遗产再次在城市中发挥活力,成为新一轮城市更新中的城市生长点。

3) 城市生长点温和促进城市更新

(1) 避免了城市大规模的"手术式"调整,对城市有机体的环境伤害降低到最小,通过对建筑使用性质、空间形态及周边环境的调整与整治,激发城市相关元素关联性的变化,通常这种调整式的手法较原大拆大建的城市更新行为更具有优势。

(2) 以肌理梳理的方式,引入新型交通,与城市新增基础设施网络有机关联,不仅能增进生长点与城市其他要素的互动,还能通过设计的"加法"与"减法"的处理,最真实地保留城市遗产,避免城市"假古董"的出现。

(3) 城市遗产自身就是传统城市活力的代表,通过功能的置换、规模体量的调整,其城市遗产的固有活力得到激发,往往能够使之成为新一轮的城市生长点,与周边产生良性互动。

4) 案例:上海"新天地"

上海"新天地"改造以上海近代石库门建筑旧区为基础,对原有高密度的传统居住建筑区进行梳理,保留其具有时代地域特色的中西合璧建筑群体,改变其原有居住功能,赋予其商业、餐饮、文化娱乐功能(图4-13)。

其中在北部地块通过少量"减法"而保留了最具传统特色的里弄肌理,南部地段除了做"减法"之外,还结合了新建的商业、休闲、服务、娱乐设施进行功能的整合。通过有计划地拆除和建设,形成了贯通南北地块的线性室外空间。依托地处黄陂南路交通便利的区位优势,将城市人流引入街区,并通过两侧的里弄结构将人流导向内部步行街,形成良好的交通可达性,为"新天地"成为上海新一轮发展的城市生长点提供了契机。

4.4.2　城市生长点与城市改造

1) 城市生长点布点与工业废弃地

城市改造往往比城市更新的力度更大,在新城镇建设进程中,城市工业废弃地的改造占据了相当大的比例。随着社会的发展和后工业时代的到来,世界城市的经济结构都相继发生了巨大的变化。以传统制造业为主的工业由发达国家向发展中国家转移,由发达地区向

One Xintiandi
新天地壹号

一幢历经沧桑的上海20世纪20年代的"弄堂公馆"式建筑。新天地开发之初，本着"整旧如旧"的原则进行修复，恢复了其往日的光辉，成为整个新天地广场中保留最完整的一幢建筑

One Xintiandi is a restored mansion typical of the wealthier alley homes in Shanghai during the 1920s. Recently restored to its past glory, this building retains more of its original structure than any other building in Xintiandi

The Site of the First National Congress of CPC
中共"一大"会址

中国共产党第一次全国代表大会会址，是中国共产党的诞生地。纪念馆内设有陈列室，展示重要文献资料。作为具有历史意义的革命旧址，被命名为全国重点文物保护单位及全国爱国主义教育示范基地

The birthplace of the Chinese Communist Party, this historic cultural site is now a museum filled with original relics and memorabilia documenting the eqrly history of the Party. Among the displays is a reconstruction of the actual meeting room, complete with life-like wax figures of the first Party founders

Open House- Shikumen Wulixiang
石库门屋里厢

由一幢石库门老房子保留、改造而成。按照上海20世纪20年代里弄单元的一户住户为模式，以六口之家的虚拟故事，展示上海独特的石库门建筑文化，重现当年上海人的生活空间和生活方式，让你身临其境地体会上海弄堂情结

Open House-Shikumen Wulixiang is an authentic recreation of a Shikumen family, In addition to showing how a typical family lived in Shanghai in the 1920s, it also illustrates the concepts of the Xintiandi project and its renovation and development process. Open House offers us a chance to cherish the memories of old Shanghai

世博期间，建议提前预约
Please make reservation in advance during Expo period
服务热线 Hotline:(86 21)3307 0337
邮箱地址 Email:openhouse@shuion.com.cn

88 Xintiandi
88新天地酒店式服务公寓

位于上海新天地南端，闹中取静，为住客提供"个性化服务"的精品酒店式服务公寓。其设计和布局延续了新天地中西合璧、新旧融合的理念和特色。"88新天地"酒店式服务公寓曾获得"中国最佳精品酒店"等多项国际奖项

88 Xintiandi, sat on the South Block of Shanghai Xintiandi, is to provide personalized services' boutique hotel-style serviced apartments. It carries on the East-meets-West, yesterday-meets-tomorrow style and concept. 88 Xintiandi was awarede 'Chian's Leading Boutique Hotel and many other international awards

服务热线 Hotline:(86 21)5383 8833
邮箱地址 Email:inquiry@88xintiandi.com
网址Website: www.88xintiandi.com

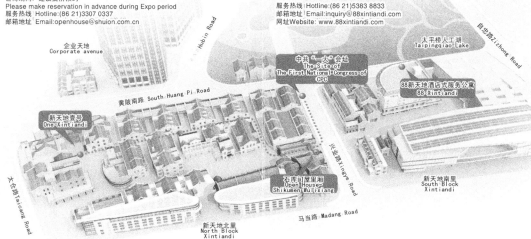

图 4-13 改造后的上海"新天地"

欠发达地区迁移，导致在城市中出现大量的工业废弃地，带来一系列的环境和社会问题。但是，工业废弃地为城市生长点的建设提供了难得的条件——良好的区位、相当的规模、良好的土地准备优势，为城市生长点的建设在区位、建设规模以及建设难度上提供了保证。

（1）良好的区位

衰败工业区的工业废弃地，往往源于工业时代，而后随着城市的发展，在现代城市肌理中完全被城市包围，特别是工业化比较早的城市，工业废弃地往往在城市范围内占据良好的区位。

（2）相当的规模

早期的城市建设往往密度较低，使得城市中的工业废弃地往往具有一定的规模。

（3）良好的土地准备优势

在多数的案例中，城市中大规模的工业废弃地的地权往往归国家或者地方政府所有，在进行城市改造的过程中，土地准备较其他地权的土地更具优势。

2）非完全废旧立新的城市生长点的置入

（1）老工业区的改造，其策略并非完全地废旧立新，更重要的是旧物的再利用、老城市

生长点的再激发。

在此过程中通过对原有工业遗留建筑、场地、设施的功能置换,从生态层面对区域生态进行改善,从文化层面呼应老工业区的历史,同时将老的工业遗留通过艺术的转换、重置、再现,使之成为人们文化娱乐的园地。这个过程一方面实现了遭受工业污染的城市区域的生态恢复,形成大地景观艺术;另一方面使得土地得以再利用,防止未开发的土地开发。未被利用的废弃土地得以保留,通过大自然的力量带动区域的生态恢复。

理性地对待工业遗留建筑,对仍在寿命期内的现有建筑物进行维护、改善及再利用。在这个过程中,新旧建筑都以保护生态环境为基础,以可持续发展为目标。重视建筑设计,一般以物质存在的建筑作为区域的核心乃至整个工业区的城市生长点,因而建筑设计是环境、社会和经济再生战略的重要元素,也是老工业区衰败后再生的重要一环。

(2)通过上述的各种物质层面的改造,通过城市生长点在功能上的异质介入,引导工业区的生产结构向有利于环保生产方式的方向转变,从而实现区域的循环经济和可持续发展。

首先,实现产业结构多元化,无论从大型企业和中小企业的规模来看,还是从工业和服务业的范围来看,都显示出了多元化趋势;其次,实现从封闭式纵向合作模式向更加开放的横向合作模式转变;最后,引发各种创新活动,如新建研发机构或是创立新技术领域(如生物技术、环境技术)。区域内的多元化基础设施,包括教育、研究机构以及融资服务机构等,由于其多元性与开放性,除了惠及该区域以外,有利于实现不同部门、行业的相关合作,进而辐射推动周边区域的城市发展、更新。

3)案例:生态景观性质的城市生长点

生态景观的思想为城市工业废弃地的改造提供了新思路,往往通过公共开放空间模式进行城市生长点布点,形成对区域的改造。与一般的城市旧建设区的改造不同,此类改造不仅需要对旧建设系统进行改造利用,更重要的是需要将大部分原有人工建设系统恢复成自然系统,完成从灰质空间向绿色空间的转变,一般区域内部建筑物占地比例较少。

将工业废弃地改造为园林景观,比较早的实例有1863年建成的巴黎比特·绍蒙(Buttes Chaumont)公园,它是在一座废弃的石灰石采石场和垃圾填埋场(图4-14)的基础上改造而成的风景式园林(图4-15、图4-16),现在成为巴黎19区的一个重要的休闲绿地,也是该区重要的城市生长点(图4-17)。这个公园的建成以小见大地反映了世界范围内的工业衰退,以及环境意识的觉醒,可持续发展理念深入人心。

德国格尔森基尔欣北星公园(Nordstern Park, Gelsenkirchen)占地面积为160 hm²,公园的设计保留了工业时代的厂区结构,建筑主要集中在北部入口的假日广场附近,包括一个火车博物馆,公园的其他区域只保留了一小部分的工厂建筑构架,建筑所占比例很小(图4-18)。设计对废弃的工业景观的改造(图4-19),实现了对原矿场的重新利用,建造公园及居住区,将豪斯特和黑斯勒两个区联系起来的目的,使得该地区重新焕发活力。

4)案例:工业景观性质的城市生长点

在工业废弃地中,往往会有很多工业遗迹的保留,这些工业遗迹是场地辉煌的工业历史的物质载体,也是工业废弃地中文脉延续的载体。在由工业废弃地改造改建的景观、公园等方案中,工业遗迹往往最能够触动人心,最具有视觉冲击力。而经过设计师的处理与变化,这些工业遗留往往能够实现设施的再利用,成为公园中充满活力的地方。许多设计将原有的工厂和设备进行了一定的保留,通过功能的置换再利用,同时对其他的工业遗留做"加法"或"减法",使之成为能够呼应场地历史而又充满活力的工业景观,甚至成为城市生长点的标志。

图 4-14　1863 年前占据此区域的建筑

图 4-15　1867 年的比特·绍蒙公园

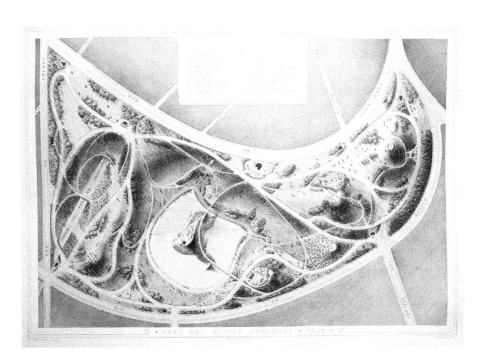

图 4-16　1867 年比特·绍蒙公园方案图纸

图 4-17　在比特·绍蒙公园山顶遥望圣心教堂

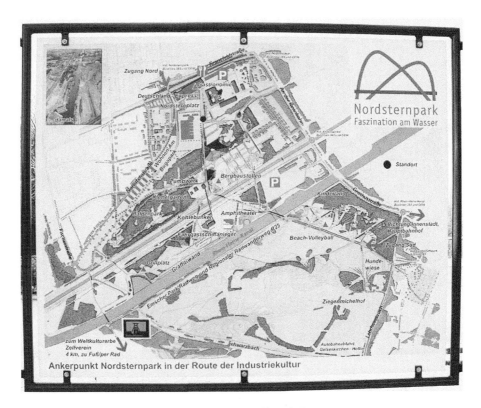

图 4-18　北星公园的图底关系

图 4-19　北星公园内的工业遗留改造

比较典型的是杜伊斯堡北部风景园（Duisburg Nord Landscape Park），公园面积为230 hm²（图4-20），公园位于杜伊斯堡市北部，原址是曾经具有百年历史的蒂森（A. G. Tyssen）钢铁厂，是工业时代的城市生长点。1989年政府决定将工厂改造为公园，其改造规划设计尽可能地保留了工厂中的构筑物，利用生态的手段处理破碎的地段，使之成为埃姆舍公园的重要组成部分，在新时期再次焕发活力。

设计师彼得·拉兹（Peter Latz）保留了原钢铁厂中的炼钢炉、鼓风炉和混凝土构筑物供游客攀爬，甚至可供登山俱乐部会员攀爬训练，旧铁轨的路基被保留改造为大地艺术品（图4-21）；原有植被均被保留并任其自由生长，使公园变成一个植物园。原有废弃材料得到了循环利用，红砖磨碎后用作红色混凝土的部分原料，厂区内堆积的焦炭、矿渣可成为一些植物生长的介质或地面层材料，遗留的大型铁板成为广场铺装的材料。另外，收集雨水利用工厂原有的冷却槽、净化池和水渠，将雨水净化后注入埃姆舍河，从而避免了雨水将原工厂的污染物带入河中，使埃姆舍河在几年时间内由污水河变为净水河。拉兹最大限度地保留了工厂元素，利用原有的"废料"塑造公园的景观，设计将生态和艺术结合起来，带来颇具震撼力的景观效果，使其成为影响广泛的著名作品。

美国西雅图煤气厂公园（Gas Work Park）位于西雅图市联合湖的北岸，其前身是华盛顿天然气公司旗下的一家煤气厂（1906—1956年），公园面积大约为8 hm²，与市中心隔岸相望（图4-22）。公园的改造对原有的工业遗留采取了尊重的态度，通过利用有选择的"减法"剔除部分工业遗留后，剩下的工业遗留被作为雕塑和遗迹进行保留。东部一些机器被刷上了

图4-20 杜伊斯堡北部风景园的图底分析

红、黄、蓝、紫等鲜艳的颜色,有的被笼罩在简单的坡顶之下,成为游戏室内的器械。工业设施和厂房被改造成为餐饮、休息、儿童游戏等公园设施。原有工业时代的城市生长点通过工业景观的再利用,在新的时代继续焕发活力(图4-23至图4-25)。

图4-21 杜伊斯堡北部风景园内的工业遗留改造

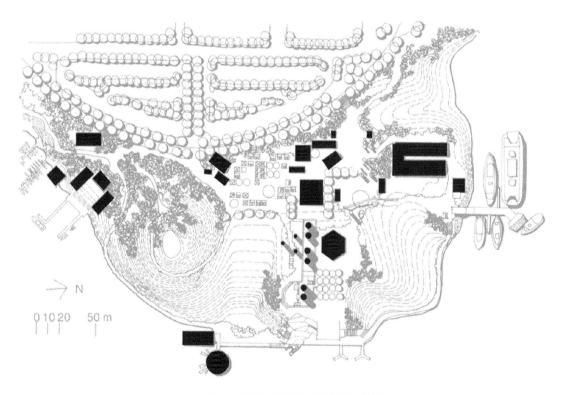

图4-22 西雅图煤气厂公园的图底分析

图 4-23　1966 年的西雅图煤气厂

图 4-24　2011 年的西雅图煤气厂公园

图 4-25　煤气厂公园内的工业遗留

4.4.3 城市生长点引发的再生

1）城市再生背景

由于工业的衰退造成的城市衰退势不可挡，西方发达国家在二战后都开始了城市改造和更新实践，尤其是在一些较早开始工业化的城市。城市更新、改造的最终目的就是实现城市的再生，因此许多城市都从社会、经济、环境等多方面制定综合的改造规划和发展策略，也积累了不少经验，如英国城市再生实践由早期只重视城市的物质环境改造，到后来转变为经济、社会和环境的共同发展。在此过程中，文化受到越来越多的重视，涌现很多著名的博物馆、美术馆的改建、扩建，成功案例如卢浮宫扩建、巴黎蓬皮杜艺术中心改造、大英博物馆扩建等，都是除满足场馆自身内在需求之外，还希望通过文化为城市带来更强的凝聚力，以及更有机的城市产业和经济活力。

2）城市再生中对布点的要求

城市再生关注的不仅是城市整体和区域层次上的改造、更新；同时也特别注重把城市生态建设与可持续发展作为城市再生的基本任务，重视城市历史遗迹的保护和利用。单纯的城市局部改造是无法扭转一座城市的衰败局面的，但是却可以成为整个城市更新的触媒和触发点——这正是城市生长点之于城市再生的一个重要的意义。因此城市再生的规模、力度，对城市生长点布点存在诸多要求。

（1）城市生长点的区位、规模、尺度、培植

城市再生的规模、力度，对城市生长点布点也提出了要求，首先需选择一个能够进行城市后续更新再生的区位；其次需要足够的规模建设，城市生长点的规模和尺度能够达到一定的门槛，才能引发区域乃至城市的再生；再次，城市生长点布点需要大量相关基础设施更新、建设的支持；最后，以点带面的再生过程更需要足够时间的培植。

（2）城市生长点促进同业结盟、异业互补

城市的再生，不仅仅是城市建筑、城市基础设施的更新与再生，更是城市产业经济调整的契机，城市生长点的异质介入和基础设施的更新，为城市的产业转型与再生提供了契机。城市生长点通过城市网络与城市要素关联，同业结盟、异业互补，形成规模效应，才能从根本上激发城市的再生进程。

（3）外在保证与事件契机

大规模的城市区域再生，往往需要政策的扶持，需要一定的事件契机。此外，对城市复兴再生的进程，也需要一定的周密计划，往往以城市事件作为触发点。

3）案例：毕尔巴鄂古根海姆博物馆引发区域再生

毕尔巴鄂（Bilbao）位于西班牙北部，城市历史始于 1300 年，曾以铁矿、海港、造船业闻名，工业危机后受到重大冲击，从图 4-26 所示毕尔巴鄂的城市发展规模与人口变化可以看到，21 世纪的毕尔巴鄂城市衰败严重[②]。毕尔巴鄂城市的再生过程，以古根海姆博物馆文化建筑的引入作为城市生长点，辅以大型项目（机场、港口改扩建等）的实施，对原来的老工业区——阿班多尔巴拉（Abandoibarra）地区进行重点建设，最终整体促进城市的再生。古根海姆博物馆城市生长点的介入，促成了一座经历了工业危机的城市转型成为以文化为主体的新兴旅游城市，这被称为"毕尔巴鄂效应"（Bilbao Effect），古根海姆博物馆被誉为"一座博物馆改变一座城"[③]。图 4-27 显示了 1991—2009 年，古根海姆博物馆建设带来的变化与改观。

14世纪	15—18世纪	19世纪	20世纪	21世纪
人口:1 000—6 000人	人口:10 000—30 000人	人口:80 000人	人口:430 000人	人口:350 000人

图4-26 毕尔巴鄂的城市发展与人口变化

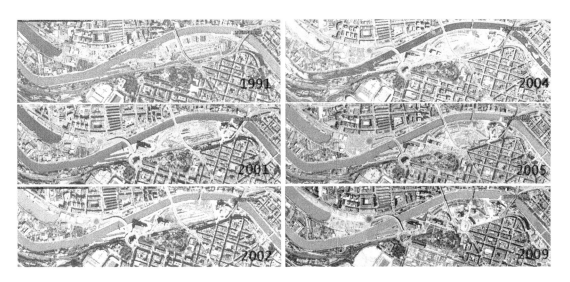

图4-27 等比例下的古根海姆博物馆所在的阿班多尔巴拉地区航拍图

注:左为1991年、2001年、2002年;右为2004年、2005年、2009年

(1) 准备:资金与事件契机

区域再生与城市振兴需要大量的资金支持,以及城市事件的刺激。1988年,纽约古根海姆基金会,在继威尼斯与柏林的古根海姆博物馆(美术馆)之后欲建立大型的欧洲分馆,许多城市如意大利的威尼斯、奥地利的萨尔斯堡,以及西班牙的毕尔巴鄂等欧洲城市都参与竞争。1991年巴斯克当局与毕尔巴鄂市政府主动邀请古根海姆基金会总监汤玛斯·克伦士(Thomas Krens)拜访毕尔巴鄂,并为基金会的要求做了种种准备。

毕尔巴鄂在城市转型过程中,于1992年11月邀集西班牙中央政府房屋部、毕尔巴鄂港务局、铁路公司合资的公司成立了"毕尔巴鄂河2000"(Bilbao Ria 2000)。毕尔巴鄂河2000的任务是接收倒闭企业租用的公有土地,经各种评估规划后,出售给私人开发商以获取利润,再循环投入用于持续开发毕尔巴鄂市其他荒废的工业用地。

(2) 区位选择与土地准备

毕尔巴鄂的启动,是从超级港口(Superport)扩建和毕尔巴鄂机场扩建开始的(图4-28、图4-29)。以古根海姆博物馆为原点的阿班多尔巴拉地区进行了一系列的改造,阿班多尔巴拉地区,位于城市的中心地带,总面积为348 500 m²,此区域的改造开始于1988年,在毕尔巴鄂古根海姆博物馆建馆之前,该地区是一片造船厂、集装箱收发区和化工高炉区集中的工业区域,该地区工业衰败后所释放的土地为毕尔巴鄂新一轮的城市建设提供了契机。我

图 4-28 超级港口扩建计划释放的阿班多尔巴拉区域土地

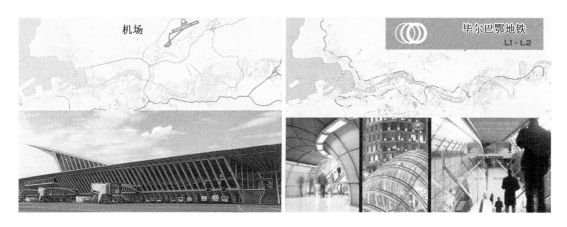

图 4-29 毕尔巴鄂的新机场及地铁 L1-L2

们可以看到阿班多尔巴拉地区,无论从天然地理优势还是从城市建设而言,都有望成为毕尔巴鄂新的中心。

土地的释放是通过超级港口扩建计划实现的,超级港口扩建计划使得港口货运的重点从毕尔巴鄂的河流转向了海港,并通过海港的扩建为巨型邮轮提供了方便(现在它已经可以接纳前来参观古根海姆美术馆的巨型游轮);最重要的一点,它使得原来的港口地区,即阿班多尔巴拉地区的空间——348 500 m² 范围的土地得到解放,为城市生长点布点提供了土地空间。

(3)基础设施支持

古根海姆博物馆(美术馆)设计的同时,政府主导了"毕尔巴鄂都市振兴战略计划",计划包括:对人力资源的再投资,建立更多的教育和培训机构;发展混合型经济,培植多样化的市场,创造更多的就业机会;提高城市的可达性和通勤能力,改善交通系统,包括兴建一个新国际机场;整治环境,改善空气和水的质量,帮助企业发展"环境友好型"的技术;改善城市基础设施,修复旧城,促进其再生;增设文化设施;发展公私合作;提高社会管理水平;等等。在这个大的战略框架下,区域重要的大型项目,如音乐厅、酒店和办公室全部邀请世界知名建筑师设计[22]。

巴斯克政府为基础设施的配套提供了保证,并在毕尔巴鄂古根海姆博物馆正式运营前两年(1995年)就已完成。其后,詹姆斯·斯特林(James Stirling)与迈克尔·威尔福德(Michael Wilford)的大众运输系统规划、西班牙建筑师圣地亚哥·卡拉特拉瓦(Santiago Calatrava)设计的机场航站扩建计划(见图4-29),以及一系列的城市大型公共建筑的建设,都为城市的新生做好了准备,否则单凭一个古根海姆博物馆是无法改变整个毕尔巴鄂的。相关城市基础设施建设得到重视,增加地铁线路并邀请诺曼·福斯特(Norman Foster)进行设计,耗资2 000万欧元使得有轨电车再次回到城市中,起到连接新旧城区的重要作用。

(4) 城市生长点异质介入

毕尔巴鄂古根海姆博物馆邀请知名建筑设计师盖瑞(Frank O. Gary)设计,建筑面积为2.4万 m²,内部采用3 m的钢结构网架,外表有0.38 mm的钛金属板覆盖(其中钛金属板总面积达到了2.787万 m²)。其金属雕塑般的外形,在建成之初与周边城市肌理形成强烈的对比与反差,具有强烈的视觉冲击力,更是在材质上与衰败的老工业区形成了呼应与反差(图4-30)。博物馆一经建成开馆(1997年10月19日)立刻受到国际媒体的高度关注。

图4-30　毕尔巴鄂古根海姆博物馆实景

值得一提的是,古根海姆博物馆非线性的外形以及现代的材料在与这个工业城市原有肌理形成对比的同时,并未割裂其城市历史文脉。博物馆流动的造型呼应了毕尔巴鄂的自然山川与河流,而金属材料的应用,则呼应了毕尔巴鄂作为金属矿产中心以及造船工业城市的历史文脉。

(5) 城市生长点带动城市再生

城市再生准备阶段的一系列城市更新,重建了城市的通勤系统,为城市的产业转型与再生提供了契机。以古根海姆博物馆为核心的文化圈作为城市生长点,为城市带来了新的产业形态——文化产业,文化产业带动商业,商业的发展反过来促进城市经济的复兴,如此循环,使得城市再生过程中的产业再生得到实现。

异质的文化建筑(古根海姆博物馆)介入老的工业区,促进了新的办公场所、公共开放空间以及城市绿地的形成。在此过程中,对工业的反思,使得城市建设注重城市公共开放空间的建设,反映了可持续发展的思想。公共文化建筑以古根海姆博物馆为圆心,不断增殖,在城市中整体形成一系列的文化圈层,使得城市精神文化层面得以提升。图4-31 中的黑色部分为毕尔巴鄂古根海姆博物馆,灰色部分为毕尔巴鄂的核心文化圈,形成一定的规模效应而使得城市精神文化层面得以提升,促进了区域文化观光的发展(图4-32),进而促进区域的再生。

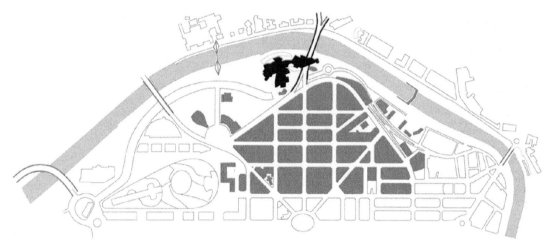

图 4-31　以古根海姆博物馆为核心的文化圈

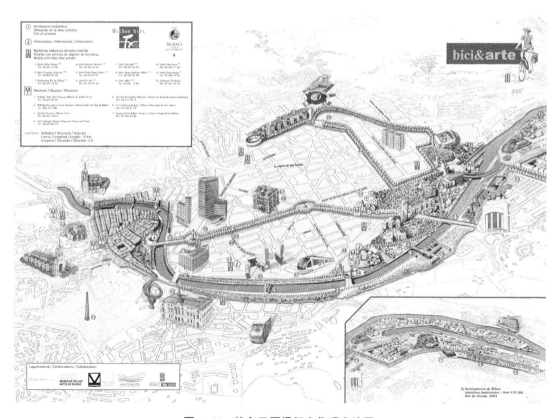

图 4-32　毕尔巴鄂慢行文化观光地图

1990年开始投入使用的尤斯卡尔杜那会议中心及音乐厅（Euskalduna Conference Centre and Concert Hall），是在使用了近一个世纪的老造船厂的原址上建造的；2010年德乌斯托图书馆（Deusto Library）、巴斯克公共大学报告厅（Basque Public University Auditorium）相继建成；2001年运营的毕尔巴鄂航海博物馆（Bilbao Maritime Museum）更是由该区域工业时代遗存改造而成，在其室内设计也是隐喻了工业时代的航海业。

文化带动商业，文化建筑的介入和增殖，带动了商业建筑的发展（图4-33），继古根海姆博物馆之后，2004年开始运营的祖比尔哈特购物中心（Zubiarte Shopping Centre）为阿班多尔巴拉区域引入了商业。计划2011完工的伊维尔德罗拉大厦及其裙房（Iberdrola Tower and Adjacent Housing），其中主楼总面积达到500 000 m²，高度为165 m，伊维尔德罗拉计划将其总部之一迁移至此，这对毕尔巴鄂本地的经济发展无疑是一个大的促进。博物馆兼具了以观众为导向的文化机构的功能，满足消费者休闲、娱乐、沟通、学习、互动体验、信息等新

尤斯卡尔杜那会议中心及音乐厅
是在老造船厂（Astilleros Euskalduna）原址建造的。
设计师：费德里科·索里亚诺（Federico Soriano）、多罗莱斯·巴拉希奥斯（Dolores Palacios）

巴斯克公共大学报告厅
设计师：阿尔瓦罗·西扎（Alvaro Siza）

德乌斯托图书馆
2010年完工
设计师：拉菲尔·莫内欧（Rafael Moneo）

祖比尔哈特 购物中心
2004年营业

毕尔巴鄂航海博物馆
2001年开馆

伊维尔德罗拉大厦及其裙房
设计师：西萨·佩里（Cesar Pelli）、卡洛斯·法雷塔（Carlos Ferratier）

皇室公园

图4-33 阿班多尔巴拉地区的城市改造工程

需求。博物馆自身运营采取积极的市场导向的营运策略,积极采用企业化组织架构争取社会资源[②],除了自身的经济效益之外,博物馆的同业结盟、异业互补也为博物馆自身争取到了更多资源,为城市其他产业带来人流和商业契机。

此外,在城市环境方面,政府耗资清理了纳尔温河(包括河岸的整治),并且修建了新的桥梁,拓宽河畔人行道并增设绿地和公园。公共空间得到重视,相继建设了巴斯克广场(Plaza Euskadi)、紧邻古根海姆的皇室公园(La Campa de los Ingleses)以及城市无处不在的公共艺术和雕塑,形成了对毕尔巴鄂作为工业城市的历史的一种呼应。

4.5　城市生长点的跨界耦合作用力

城市生长点的跨界耦合作用,反映了在城市的生长发展与更新再生过程中,城市在空间层面对新的功能系统的需求,以及时间层面对断裂片段整合协同的需求。该作用表现为空间功能的跨界协同,以及时间的跨界平衡。

4.5.1　城市生长点之空间功能跨界协同

众所周知,在城市的生长发展中,城市的活力往往来源于城市与生俱来的多元性与混合性特质。城市在发展过程中,往往在不停地为自身加载新的功能,形成新的功能网络系统。在此过程中,城市生长点担当了新功能加载的载体,或者是新功能网络与现有城市网络系统实现交叉的耦合节点。

1) 城市生长点实现城市不同功能子系统的耦合

当城市发展到一定阶段,必然会在城市局部产生分异,形成混合,尤其是在新城镇化阶段,当城市化发展到一定程度,城市建设多在建成区进行。城市的功能混合、耦合交叉加强,表现为不同的功能在一定空间范围内的聚集,不同功能之间存在着直接或间接的内在联系,从而在功能构成上呈现出相互关联性和复杂有序性。功能的混合促进了空间的混合,进而使得该空间区域形成混合使用。而城市中心区作为城市生长点将不同的功能空间混合并置,产生叠加效应,吸引足够的人群,使得在一定的空间范围内形成混合使用,从而形成了该城市空间的时间性和空间层次性、集聚性和流动性、兼容性和关联性。

如巴黎莱阿勒区(Les Halles)地处巴黎的中心,最初自发形成的城市生长点,经历了功能的增加、混合,经历了不同时期的演变、衰败、改造,其城市生长点的地位从未被磨灭。随着时代的发展、城市功能的加载,莱阿勒区一直担当了城市不同功能子系统的耦合节点。12世纪腓力二世将其扩建为"巴黎中央市场",第二帝国时代作为著名的"市场堡垒"未能建成即遭拆毁,到后来的"钢铁雨篷"(图 4-34、图 4-35),莱阿勒区作为巴黎的中心一直具有较强的活力,是巴黎城市中充满活力的城市生长点 ,并作为其城市生长点实现了城市不同功能子系统的耦合。20 世纪 70 年代的改造更是结合了轨道交通的建设(图 4-36),地铁快线(RER)轴线交叉形成重要的交通枢纽——在莱阿勒区形成夏洛特(Châtelet-Les Halles)中心站,确认了莱阿勒区成为巴黎交通系统的中心。到 21 世纪的再次改造(图 4-37),通过地下空间改造实现区域整合,梳理升级了地面的城市开放空间,重整了城市功能系统逻辑,改善了区域环境,激发了其城市生长点的活力。

2) 城市生长点为城市生产业转型和循环经济提供契机

城市的衰败与城市的区域产业和经济的衰败是密切相关的,著名的英国经济学家克鲁格曼(Krugman)1993年以英格兰的老工业区为例,认为老工业区单一产业结构下的专业化是老工业区经济衰退的原因之一。图特希尔(Toothill)1961年认为,老工业区的经济衰退是由其"不合理"的产业结构所造成的。1966年,汤普森在《经济地理》杂志中发表的《对制造业地理的几点理论思考》一文中提出了"区域生命周期理论",他认为,一旦一个工业区建立,它就像一个生命有机体一样遵循一定规则的变化次序而发展,从年轻到成熟再到老年阶

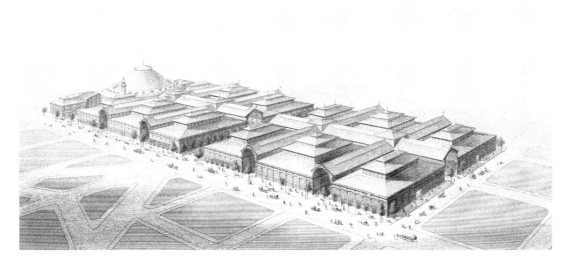

图4-34　1863年的莱阿勒方案

图4-35　20世纪70年代改造前的莱阿勒

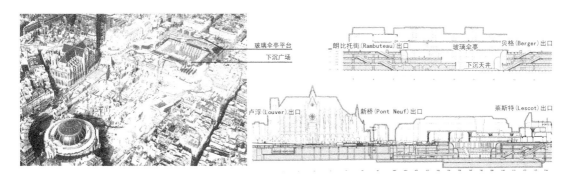

图4-36　20世纪70年代莱阿勒改造——与轨道交通驳接

段,不同阶段的区域面临一系列不同的问题,处于不同的竞争地位[26]。老年期已经出现衰败的老工业区有两个发展方向:一是陷入衰败,走向膨胀或萧条;另外可以通过产业创新和产业挖潜,步入新一轮生命周期[27]。城市生长点的跨界耦合能力正是为城市生产业转型和循环经济提供契机。

城市或是城市区域的更新与再生与该区域的产业有着密切关系,城市的再生总是伴随着产业的再生与区域经济的再生。如表4-2所示,部分老旧城市衰败区的建筑改造,通过引入开放空间的公园、博物馆、会展、商业、酒吧、游戏场所等,替换原有的工业时期功能,赋予了区域在城市中新的功能意义。具体到产业和经济层面,异质的城市生长点的置入,带动了建筑空间、公共环境的升级,推动了区域的产业升级或带来新型经济模式,一定程度上具有推动区域经济发展的作用。

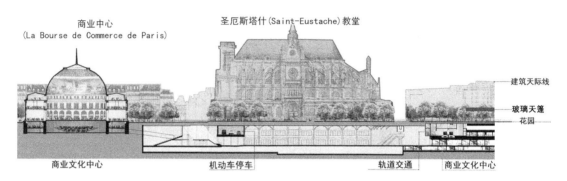

图 4-37 21 世纪初建筑改造后的剖面

表 4-2 部分老旧城市衰败区建筑改造前后的功能对比

名称	地点	原功能	改造后功能
法国巴黎 24.7 hm²	比特·绍蒙公园(Parc de Buttes Chaumont)	采石场、垃圾填埋场	生态公园、人工湖、儿童游乐场
法国巴黎 45 hm²	雪铁龙公园(Parc Andre Citroen)	厂房	公园、广场,两座大型温室、七座小温室
德国杜伊斯堡 230 hm²	杜伊斯堡北部风景园(Duisburg Nord Landscaep Park)	钢铁厂房	公园、展室、游乐场、攀登墙、蓄水池等;商业、旅馆、电影剧场
法国巴黎	贝尔西公园(Parc de Bercy)	码头、烈性酒仓库	公园、轮滑场、苗圃
法国巴黎	贝尔西城(Bercy village)	烈性酒仓库	商业、餐饮、电影院
中国南京	南京 1865 创意产业园	厂房	商业、餐饮、工作室

4.5.2 城市生长点之时间跨界平衡作用

城市生长点自身处于新旧交替的区位,或者本身就处于属于城市中"旧"的部分所在地。肩负时间跨界的缝合作用,关系城市新旧之平衡。

1) 城市的"拼贴现象"与现代城市中的新与旧

柯林·罗(Colin Rowe)在《拼贴城市》(*Collage City*)一书中,提出了"拼贴"的概念,认为城市是复杂与多元的,城市建设应该建立在对城市肌理尊重的基础上,设计应该是建立在与周围环境协调的基础之上。柯林·罗认为,"拼贴城市"是一种城市设计的方法与技巧,其切入点是现代城市与传统城市的巨大差异,即城市新与旧的差异。

在现代城市中,"拼贴"也是现代城市的一大特征。众所周知,现有的城市多是历史叠加的产物,经由不同的历史时期生长而成。因为城市发展的不均衡性,必然在城市中会出现空间、时间、功能的断裂,呈现不同结构特色、不同时期、不同功能的城市断片的"拼贴"。它们体现了城市在各个阶段的状态,是城市一定时期的历史见证。城市生长点的跨界耦合能力在时间维度上,具有跨界平衡城市新与旧的作用,为现代城市的发展与更新,实现城市新与旧的对话与平衡,重新演绎城市的空间、时间秩序提供了新思路。

2) 案例:波茨坦广场重建中新与旧的平衡

1989年柏林墙的倒塌标志了分割状态的结束,然而城市恢复面临的难题则是如何使得分裂的城市结构得到有效的恢复。图4-38显示出不同的城市肌理反映了不同的意识形态,东西柏林由于意识形态的差异而呈现明显不同的城市肌理。

著名的城市"拼贴"案例如波茨坦广场的重建:分割状态结束后的柏林②城市肌理呈破碎状态,其"批判性重建"体现了城市建筑在城市建成区整合破碎城市片段的作用(图4-38)。城市肌理层面,从城市文脉出发恢复了早先该地区具有代表性的莱比锡广场的八角形状,通过对原有城市轴网的保留,呼应了该区域1940年前的空间构成;城市建筑层面,尊重城市文脉赋予的基本原型,具体体现在建筑高度的控制以及基本的街道围合形态上,反映了传统城市街区的形态特征。

具体到不同的建筑设计中,建筑师希尔默和萨特勒(Hilmer&Sattler)针对建筑的不同使用功能突出其自身特色,但是整体上通过高度的控制,实现城市街道界面的围合,使得整体上实现了对城市传统街区的呼应。具体到细节的处理和材质的运用,采用了材料的新与旧的有机结合,使其具有相对完整的形式特征。

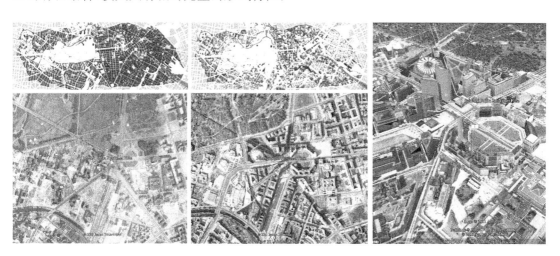

图4-38 波茨坦广场重建与城市肌理

4.6　本章小结

本章结合案例,以时间层面城市生长点的演化为主线,以城市生长点的作用力特点为副线,进行分析阐述。结合城市的生命周期,对城市生长点的作用进行分析概括,城市生长点具备生长作用力、再生作用力、跨界耦合作用力,并且这三种作用力是密不可分、相互联系、共同作用于城市生长点生命周期的始终。

首先,在城市发展阶段中,城市生长点的生长作用力表现最为突出。

城市生长点与城市中心区的形成、城市生长点新旧更替与城市发展演化存在着密切的互动关系;在城市发展呈单点模式向多点模式演化过程中,其布点建设对城市的副中心建设有着重要的意义,城市生长点的布点一般成为城市副中心的标志性建筑,对城市副中心的交通等基础设施建设有着重要意义;针对城市的跨越式发展——新城建设,不同城市生长点的布点结合一定的发展时序,相互促进,从而使得城市生长点在新城建设中发挥其生长作用,推动新城建设。

其次,在城市更新、城市改造、城市再生中,城市生长点的再生作用力得到极大的体现。

在城市更新中,通过城市生长点的布点,实现对建筑使用性质、空间形态及周边环境的调整与整治,从而引起城市相关元素关联性的变化,这种手段较城市大规模的外科手术式调整,对城市有机体的环境伤害降低到最小;并能够最真实地保留城市遗产,避免城市"假古董"的出现,促使城市遗产活力的焕发,使之与周边产生良性互动。在城市改造中,尤其是城市改造中较为普遍存在的工业废弃地,可以通过生态景观以及工业景观的城市生长点的布点,实现其生态回归,为城市的改造,尤其是工业区的改造提供新思路。在城市再生过程中,通过城市生长点的布点建设,实现以点带面的城市物质空间的再生,并通过非物质层面的同业结盟、异业互补带动城市区域的整体再生。

最后,结合实例从空间与时间层面对城市生长点的跨界耦合作用力进行分析阐述。

城市的生长发展中,往往需不断加载新的功能系统,并与城市网络能产生有效关联互动,城市生长点此时往往充当了不同系统之间的耦合节点,对系统的完整性、混合性、复杂性具有重要意义。此外,城市系统自身的非平衡性导致的城市局部的新旧脱节现象,也可通过置入城市生长点作为耦合点改善,实现时间层面的关联互动。城市生长点的跨界耦合作用,促进了复杂、有机的城市系统的子系统和自身局部片断之间的良性互动,是城市活力的保障。

注释

① Peter R, Hugh S. Urban Regeneration:A Handbook[M]. London:SAGE Publications, 2000:9-34.

② 生活在城市中的人,对于自己所居住的建筑物、周围的环境或出行、购物、娱乐及其他生活活动有各种不同的期望和不满;对于自己所居住的房屋的修理改造,对于街道、公园、绿地和不良住宅区等环境的改善要求及早施行,对形成舒适的生活环境和美丽的市容抱有很大的希望。

③ 王建国."城市再生"与城市设计[J].城市建筑,2009(2):3.

④ 一般把再生分为生理性再生和病理性再生。如鸟类羽毛的脱换、红血细胞的新旧交替等为生理性再生;病理性再生是因损伤而引起的再生,如上述伤口愈合或骨折后重新接合的再生,或名补偿再生。

⑤《现代汉语词典》,商务印书馆。

⑥ 1971年德国科学家哈肯提出了统一的系统协同学思想,认为自然界和人类社会的各种事物普遍存在有序、

无序的现象,在一定的条件下,有序和无序之间会相互转化,无序就是混沌,有序就是协同,这是一个普遍规律。协同现象在宇宙间一切领域中都普遍存在。在一个系统内,若各种子系统(要素)都不能很好地协同,甚至互相拆台,这样的系统必然呈现无序状态,发挥不了整体性功能而终至瓦解。相反,若系统中各子系统(要素)能很好地配合、协同,多种力量就能集聚成一个总力量,形成大大超越原各自功能总和的新功能。

⑦ 1949 年中国的城市化率为 10.6%,到 2008 年,已上升到 45.68%,全国城镇人口达到 6.066 亿人,全国已建成较发达的城市体系。目前,特大城市占城市总数的 8.85%,大城市占 12.52%,中等城市和小城市分别占 35.42%和 43.21%。人口 100 万及以上的城市 58 座,占城市总数 8.85%,人口 50 万—100 万的城市 82 座,比重为 32%,小城镇人口为 8 581 万人,比重为 31.85%。据专家预测,到 2020 年,中国将有 50%的人口居住在城市,2050 年则有 75%的人口居住在城市,即城市化率达到 50%及以上。

⑧ 刘宇扬."城市再生"的意义、方式与能量来源[J].住区(城市再生专辑特别策划),2008(1):8-14.

⑨ 城市灾害指由自然、人为因素或两者共同引发,对城市居民生活或城市社会发展造成暂时或长期不良影响的灾害。

⑩ 城市中心区的内涵更为广泛,首先,城市中心区是城市发展到一定规模的产物;其次,城市中心区不仅具备城市生长点的特征,同时体现着一个城市的特征与风貌,较城市生长点具有更强烈的城市缩影——笔者注。

⑪ 为保障孙中山先生奉安大典的顺利进行,南京当局决定在下关江边建设码头以迎接先生灵柩。新码头于 1928 年 8 月 8 日竣工,并被定名为津浦铁路首都码头。

⑫ 经过近半个世纪的建设,拉德芳斯区现已成为欧洲最具影响力的商务中心,被誉为"巴黎的曼哈顿"。全区规划用地 750 hm²,先期开发 250 hm²,其中商务区 160 hm²,公园区(以住宅区为主)90 hm²。到 2001 年,全区已建成商务与办公楼面积近 250 万 m²,容纳公司 1 600 多家,其中包括法国最大的 5 家银行和 17 家企业,170 家外国金融机构,还有 190 多家世界著名跨国公司的总部和区域总部,区内工作人员超过 15 万人。

⑬ 由于区位位于小巴黎之外,不受小巴黎关于天际线的严格限制,其定位为全新的商务副中心,故采用现代主义的手法进行建设,与小巴黎的城市意象形成强烈对比——笔者注。

⑭ EPAD 成立于 1958 年 9 月,是一个带有较强政府色彩的具有综合性职能的开发公司,机构中的 18 名委员分别来自中央与地方。在这种开发机制下,EPAD 与中央政府保持着密切联系,严格执行政府对本地区的发展规划,并对开发者在区内的建设进行有效控制,保证了政府在区域规划中的主导权。

⑮ 深受田园城市思想的影响,代表新城为伦敦附近的哈罗新城。

⑯ 由于其主要背景为战后英国住房紧张的问题,所以建设规模较小,密度较低,住宅多以邻里的概念进行建设,工业区与住宅区分区明显,道路结构多为环路与放射道路的组合。

⑰ 第一代新城的人口规模为 3 万—6 万,第二代新城人口规模为 8 万—10 万,而第三代新城的人口规模基本上达到 15 万—20 万人。

⑱ 他以一个 330 万人的都市区为例。这个明日的大都市类似于一个行星系统,在核心城市(人口为 50 万)的周围有 10 座城市(每座城市人口有 28 万),类似于太阳周围的行星;每个行星城市又是一个系统,每个系统中的 10 座卫星城(每座城市有 2.5 万人)围绕着中心城市(3 万人口),如同行星周围的卫星;再细分下去,每座卫星城又有自己的系统,中心镇周围有若干社区包围。每个层次的组织都是由类似细胞或行星的结构构成,每个组织周围都有宽敞连续的绿化带分隔。

⑲ 在巴黎城市的周边,展开了一系列的建设行为,但是这些建设行为多为自发展开,并没有城市规划的指导,使得巴黎的城市扩展显得杂乱无章且盲目。

⑳ 塞纳马恩省(Seine et Marne)是巴黎大区(Ile-de-France Region)的 77 省,塞纳马恩省总面积为 5 915 km²,约占巴黎大区总面积的 50%,人口约为 120 万。该省的交通网络便利发达,公路交通中有超过 5 000 km 的省级公路和 4 条高速公路,高速铁路贯通全省,同时拥有欧洲第三大空港戴高乐和奥利 2 座国际机场。马恩拉瓦莱新城(马恩河谷新区)是法国 77 省塞纳马恩省的市级区——笔者注。

㉑ 早在 19 世纪后期,牛津大学艺术学教授拉斯金(John Ruskin)就提出了城市遗产的概念。城市遗产是指城市中建成的历史文化遗产,即能够体现一座城市的历史、科学、艺术价值,以及其所具有传统和地方特色的历史街区、历史环境和历史建筑物,等等。

㉒ 毕尔巴鄂位于西班牙北部,城市历史始于 1300 年。由于其周边的铁矿资源,加上靠近优良海港和城市河运的优势,毕尔巴鄂在 19 世纪初成为西班牙第一座开始工业化的城市,在工业时代,钢铁和造船业发达,人口迅速集聚,城市以港口为城市生长点沿着纳尔温(Nervion)河两岸生长扩张,形成该地区的基本格局。毕尔巴鄂是巴斯克(Basque)自治区的经济中心,在 20 世纪走在工业化的前端,然而到了 20 世纪80 年代末,伴随亚洲地区廉价劳动力的兴起与欧洲的工业危机,毕尔巴鄂的大型造船厂受到严重的冲击,逐渐没落,而工业时代对环境的污染所造成的城市环境恶化、工业崩溃后的大量失业现象,以及意识层面上巴斯克地区的分离意识,使得城市问题复杂、城市矛盾尖锐、城市衰败严重。1983 年的洪水使得整个旧城区受到严重的损坏。

㉓ 朱永安. 一个馆可以改变一座城. 中国文化报,2010-08-03(10)。

㉔ 五位普利策建筑奖获奖建筑师为毕尔包提供建筑设计或总体规划,他们包括拉菲尔·莫内欧(Rafael Moneo)(设计德乌斯托大学图书馆)、扎哈·哈迪德(Zaha Hadid)[为(Zorrotzaurre)半岛提供总体规划]、诺曼·福斯特(Norman Foster)、弗兰克·盖瑞(Frank Gehry)和阿尔瓦罗·西扎(Alvaro Siza)(设计巴斯克大学报告厅)——笔者注。

㉕ 除了国家补助或慈善捐款,当今西方的博物馆馆长最重要的工作即是为该博物馆募款(Fund Raising),很多博物馆开始采取市场导向的营运策略,积极运用企业化组织架构及营运模式争取社会资源。

㉖ 汤普森将区域的经济发展划分为:年轻时期,在区域工业年轻期,市场急剧扩张,区位优势凸现,投资资本涌入,新技术支持区域增长,生产成本低,具有明显的竞争优势。成熟期,在该时期内,工业区相对其他区域具有一定的主导地位,但是区域竞争逐渐剧烈,成熟的工业区在此时期内依然可以保持其区域的成本优势。老年期,原有的区域成本优势丧失,市场重心发生明显转移。

㉗ 我国的区域经济学家也对区域生命周期进行了相关的研究,并提出了自己的观点,如我国区域经济学家陈栋生等提出区域经济分为待开发、成长、成熟、衰退四个阶段。我国经济学家也普遍认同城市区域生命周期的存在,并且认为可以通过及时有效的政策,以及经济多元化和产业结构调整,防止出现进一步的衰退,甚至有可能促进其进入新的生命周期。

㉘ 1989 年柏林墙的倒塌标志了分割状态的结束,波茨坦广场在二战期间被彻底摧毁成为废墟,随后在冷战时期,柏林墙在其原址上分为两半。

5　城市生长点的开发机制与模式

5.1 城市生长点的开发机制与模式

5.1.1 城市生长点的开发目标

1) 中国城市发展"四个透支"与"三个失衡"的现状

中国科学院院士、中国工程院院士周干峙在西安举行的"2005 中国城市规划年会"上指出,当前我国城市化发展存在"四个透支",即土地资源透支、环境资源透支、能源资源透支、水资源透支;以及"三个失衡",即城市内贫富差距扩大、城乡经济差距扩大、沿海和内陆差距扩大。这样的现状与我国城市发展的规模大、速度快、多以粗放式模式进行等有着密切的关系。

我国城市发展的最主要矛盾是,巨大的城市空间增长需求与有限的土地资源之间的矛盾。我国虽然地大物博,但是人口众多,而我国城市发展的先天自然环境存在着不足,如65%的国土面积是山地或丘陵,33%的国土面积是干旱地区或荒漠地区等。我国近现代城市的迅速发展,使得从自然环境到社会文化都付出了相当大的代价。具体来讲,我国近现代的城市发展使得城市规模迅速扩大,但是也在一定程度上造成了土地的浪费与生态环境承载力的下降。另外,随着城市的发展,城市内部空间结构在调整与升级的过程中,不可避免地形成了城市功能结构的失衡与社会分异等一系列问题。

2) 城市生长点开发之终极目标:以人为本的城市合理、有机生长

早期的城市发展造成的自然环境、人文社会问题,以及我国"人多地少"的城市发展制约,要求我们国家在城市发展的过程中,不能进行盲目的粗放型扩张,而需要理性、有机的生长。笔者希望通过城市生长点的研究,能够以人为本,通过城市生长点点状的布点,为城市建成区创造活力,为衰败的城市区域带来新生,为新建的城市区域带来合理增长的触发点,避免城市无序蔓延,减缓城市的衰败。

城市的空间生长是我国城市发展的必然趋势,面对城市发展已经出现的问题,盲目地控制城市的拓展是不可取的。虽然我国的城市空间面临许多问题和矛盾,但是另一方面,科学技术的进步、相关的理论与研究的发展,为在城市中创造合理、有机生长的空间发展创造了机会。城市生长点的研究则是希望通过疏导的方式,为城市的合理、有机增长提供有效的途径。笔者认为,在此过程中,其基本触发点与终极目标为"以人为本"。

3) 开发机制与模式梳理的主要依据

城市发展的根本目的,是为其居民提供一个满足其各种需求的活动空间和环境。而城市空间则是所有一切的载体,是一个复杂有序的系统。贯彻城市生长点布点开发能够实现以人为本的城市合理、有机生长,可以通过城市生长点相关城市空间的塑造,以及为城市居民的需求提供物质环境支持、顺应城市发展需求等方面来实现。而落实到实处,最终判断一个城市生长点的开发是否成功,则需要通过城市居民的生活使用情况来验证。此外,由于城市生长点具有多样性与复杂性、城市生长点的开发模式同样具有多样、复杂的特点。在本章中,笔者对城市生长点开发模式概括的主要逻辑依据为以下几点:

(1) 以城市生长点的性质为研究基础,根据前文对城市生长点的城市性研究,在城市生长点开发模式的概括分类中重视其城市性。

(2) 根据城市生长点的主要功能构成、用地性质——参考《城市用地分类与规划建设用

地标准》(GBJ 50137—2011)(很多现行规划在规划时仍以 GBJ 137—90 为标准,故旧的标准也作为参考依据)。对土地的用地分类(中类),梳理整合出行政办公用地类、公共开放空间用地类(包括公共服务空间与绿地,详见具体模式阐述)、交通用地类、商业用地类、公共设施用地类①,而工业用地以及居住用地由于其内容的均质性与空间形态呈面状展开,故不在本次的讨论范围之内。

本章结合城市生长点的布点建设、作用触发等契机,将外在的行政因素、环境因素、城市流通集聚因素、大型投资因素、重大城市事件因素等外在契机与特点与上述土地利用整合分类进行再次的整合,得出以下具有代表性的城市生长点开发模式:公共开放空间模式、交通枢纽模式、CBD/Sub-CBD 模式、城市事件启动的公共建筑模式。

5.1.2 城市生长点开发机制的总体原则

城市生长点的开发布点,需要合理的定性定位、适当的建设强度之外,还需要适当的经济投入、一定时间的培植,在进行城市生长点布点时,需要总体协调以保证城市生长点能够顺利地布点建设、有足够的经济和时间的培植,最终产生生长点效应(表 5-1)。

表 5-1　城市生长点开发机制的总体原则

开发总体原则	合理性的定性定位	定性	定位
	适当的建设强度	城市生长点建设需一定规模,防止过弱无法形成规模效应	城市生长点建设需防止建设过强,导致生长点无序生长
	一定的投入与时间培植	经济投入	时间培植
	建设设计的总体协调		

1) 合理性的定性定位

(1) 定性

首先,城市生长点建设需要考虑城市发展内在需求。

城市生长点的产生有两种作用力:一种"自然力",是城市发展的自然作用下,由城市的生长、发展、更新、改造、再生等各种内在需求,在适合的区域自然萌芽产生城市生长点,这种生长点,具有一定的自发性;另一种是"人工力",现代城市建设中,从规划层面自上而下对城市的功能结构以及形态发展等方面进行人工干预的结果,反映的是人类对城市发展的主观能动性,这类城市生长点往往在城市建设中,是实现城市发展由点及面的重要推动力。

其次,具体到城市生长点布点建设中,城市生长点多是在自发萌芽与城市规划干预两种作用之下的产物。由于城市生长点具有一定的自发性与自组织性,适应城市发展内在需求的合理规划干预对城市生长点作用的发挥起到举足轻重的作用,使得城市生长点能够通过城市网络将其作用辐射到更大区域,促进其良性作用得以最大限度地发挥。如果这种干预作用并未建立在城市的发展需求之上,相关城市要素则会相应地对城市生长点起到制约与限制的作用,甚至造成城市生长点的布点失败。

在现代城市的新城建设中,城市决策者们往往希望通过大型的项目建设产生辐射效应,形成带动新城发展的重要推动力,其中以为大型体育赛事而建的大型场馆、展览馆等最具有代表性。在此过程中,应避免由于对预期使用群体的定位、规模的判断失误,造成城市生长点的布点失败。如为了举办一次比赛而投巨资修建的高标准高规格的体育场馆,以期通过举办高规格赛事提升城市形象,推动城市发展,如果在决策过程中对预期使用情况调研不足,加之城市间相互攀比等心理,造成体育赛事过后场馆闲置,甚至是维护举步维艰,与其投资规模、建设标准、先进设施等形成鲜明反差。

(2) 定位

城市生长点布点宜与原有城市老旧生长点保持合理的距离。

正如城市生长过程中集聚作用和扩散作用并存一样,城市生长点的异质相吸和同质排斥也是一对相互作用、相互依存、相互协调的作用力与反作用力。

城市生长点一如生物界的生长点,在一定程度上具有排他性。当一个新的生长点确立产生后,立刻对周围地区产生影响:一方面可以通过其"虹吸作用"为区域带来物质、经济、文化、人力等资源的集聚。另一方面由于竞争作用和和阿利氏效应,对与生长点自身空间类型同质的空间产生排斥,使得与生长点同质的城市要素相对于生长点扩散,或是滞留原地与生长点产生空间竞争;只有少量产生同质相吸的作用,引导新的同质生长点的产生,并与之产生联系,进而形成规模效应。

以新城建设的城市生长点为例,世界各地不同时期的新城建设的背景、主要理念和出发点都不尽相同,然而无论是城市内部(Intraurban)的多中心模式[②],像莫斯科、伦敦和巴黎等城市的副中心,还是城市之间(Inter-Urban)的多中心模式新城[③],像荷兰的兰斯塔德(Randstad)、意大利的帕多瓦—特雷维索—威尼斯(Padua-Treviso-Venice)地区等,其共同特点都是需要与城市老旧生长点保持合理的距离。

此外,在以人为本的层面以及城市通勤(即城市人流流通)的需求上,城市的发展,除了受到人口、环境等因素制约,最重要的一点,还要满足城市中各种"流"的流通的需求。从行为心理学方面来看,大部分的人不愿意在工作或购物的交通上花费45分钟以上的时间——这被称为"45分钟定律"[④]。1819年,伦敦大约有80万人口,在市民以步行为主的时代,伦敦城从市中心到城市边缘都不超过3英里,步行大约为45分钟。如今伦敦每一个方向都有30—40英里长,但是人们的通勤方式也相应发生了变化,主要依赖于轨道交通,人们通过地铁去往各个地方平均所花时间也不超过45分钟。

反之,如果新的城市生长点距老旧城市生长点较远,新旧点之间无法形成有效的关联,城市生长点之间原有的连通性被削弱、割断,城市的各种"流"无法合理流通,则城市生长点将因距离而被孤立。特别是在新城中,由于"人流"缺失,伴随的是其他各种流的衰败、缺失,引发连锁的负面反应,这种负面反馈不断升级、螺旋上升,更是使得新城市生长点逐渐丧失生长作用。

以我国鄂尔多斯康巴什的新区建设为例,由于新区城市生长点距离老城(旧点)距离太远(25 km),居民太少,无力支撑餐饮等服务业的发展,反过来更加剧了人们搬迁的顾虑。由于入住人口稀少,商业衰败,虽然鄂尔多斯当地政府对康巴什地区不断推广,城市政府也通过搬迁的行政措施试图促进其活力,但是新城与旧城之间25 km的距离似乎不可逾越,城市生长点布点失败,新城活力丧失。

2) 适当建设强度

(1) 城市生长点建设需一定规模,防止过弱无法形成规模效应

一般来讲,城市生长点在城市中具有异质的特性,具有生长作用力、再生作用力以及跨界耦合的作用力。城市生长点对城市的发展具有引导与控制两个层面的作用。这些特性都决定了城市生长点需具备一定的规模,以能够在城市肌理中形成明显的"点"。而城市生长

点内在的生长、再生、跨界耦合的作用力更是需要一定的规模效应,从而在城市中以城市生长点为中心,形成一定的"场"效应。

如在巴黎这样的历史性城市中,法国国家图书馆项目的建设选择了四个塔式建筑,以彰显其纪念性意义。设计师佩罗对其体量和造型进行设计的时候,不仅考虑的是巴黎13区的地景线,同时也考虑这样一座重要的建筑对于巴黎整座城市的意义,他说:"我想要的是真正拔地而起的建筑,它们只有在被其他建筑环抱时才能完善。当这个图书馆真正编入都市组织中时,当它四周跳动着城市生活的脉搏时,我的意向才得到更佳的理解。"

又如拉德芳斯区作为巴黎著名的城市副中心,其最具标志性的建筑"巨门"(Le Grand Arc)建于1989年,气势磅礴,与巴黎市区著名的卢浮宫、协和广场、香榭丽舍大街、凯旋门等建筑物处于一条轴线上,有效地将巴黎原有的城市轴线进行了延伸。它集办公、展览、观光、餐饮等多种功能于一身,不仅是拉德芳斯区的标志,更是巴黎现代都市文明的象征。

(2)城市生长点建设需防止建设过强,导致生长点无序生长

城市的生长点依靠城市网络产生的"虹吸效应"具有两面性,人口资源、生产建设资源、信息资源可以通过"虹吸效应"带来,当然也可以被吸走。从城市发展历史来看,历史上大城市的发展,是以牺牲小城市为代价。新的城市生长点的"集聚"力量过强,会导致旧城区的衰败,西方社会的大城市普遍经历过旧城的衰败。所以,城市生长点建设需防止建设过强。

首先,新的城市生长点集聚力量过强,导致老旧城市生长点即老城人口流失。人口与产业向新的城市生长点疏散,是建立在城市基础设施建设之上的,新的城市生长点需要进行大量的基础设施建设,而老的城市生长点的基础设施闲置、得不到充分利用,造成一定资源的浪费,增加了城市基础设施的成本。其次,新的城市生长点,尤其是新城区建设以及郊区化,对城市交通造成一定压力。特别是大型、特大型城市,郊区化使得以私家车为基础的通勤交通成为生活中必不可少的一部分,居民交通成本增加,对城市公共交通也产生一定压力。再次,老旧城市生长点即旧城中心区的人口流失往往伴随着旧城区的经济衰败与税收流失,从而进一步影响到相关的公共服务以及基础设施建设,从而使得旧城财产价值下降。由于人口向新的城市生长点流动,旧城的人口结构也发生变化,形成以贫民和少数精英阶层为主留在旧城中心区的现象,传统的社区结构受到冲击,导致城市旧城中心区的社会极化。在西方多种族聚居混合的城市,旧城基础设施的衰败,往往会导致不同种族的居民为了争夺有限的社会资源,社会隔阂与种族冲突等社会矛盾频发。最后,城市老旧生长点特别是老城中心区的衰败,具有一定的传染性,根据西方老城衰败的经验,如果城市老城中心区的衰败得不到扭转,会逐渐波及近郊、远郊,直至城市边缘,为了逃避城市衰败的影响,城市会如"摊大饼"式向外蔓延,往往会导致城市周边空间和农田遭到吞噬。

3)一定的投入与培植

(1)经济投入

任何一项城市建设,都需要一定的经济投入,经济投入是城市生长点的营养源泉。在毕尔巴鄂古根海姆博物馆城市生长点建设时,该分馆的启动建设资金全部来自于毕尔巴鄂巴克斯政府。其中包括支付给古根海姆2 000万美元的加盟费、1亿美元的博物馆兴建费用、2 000万美元的周边区域整治费、5 000万美元的藏品购置费(自1994年起分4年购藏)、700万美元(另一说为700万—1400万美元)的年度营运补助费⑤。而古根海姆博物馆的建成给予了毕尔巴鄂一个城市复兴的机遇。

发达国家为老工业区的改造再生投入了大量的资金,政府的投入是这些城市生长点的

营养源泉,在鲁尔区改造过程中,在 1966—1976 年的 10 年中,政府先后拨款 150 亿马克资金用于帮助鲁尔区的煤矿改造。1972—1978 年,政府为老工业区提供了 23 亿马克的优惠低息贷款⑥。1996—1998 年,联邦政府给予主营煤炭业的鲁尔集团的补贴分别为 104 亿、97 亿和 85 亿马克。此后,随着区域政策的改变,政府的区域政策与经济投入有所调整。

此外社会融资根据不同国情以及城市的具体条件,都可以成为城市生长点的营养源泉中的成分。

(2) 时间培植

任何一个事物的成长都需要一定的时间,城市生长点也是一样。宏观层面,城市生长点从策划定位到具体的布点实施,以及布点后的相关城市建设、运作,是一个长期的复杂系统工程,需要足够的时间进行培植,才能保证城市生长点与城市规划建设价值取向保持一致。微观层面,城市生长点在其特定阶段,尤其是布点初期和城市要素的互动尚未达到一定的程度,往往会面临一系列内在、外在问题,此时除了资金投入与外在协调之外,还需要给予其一定的时间进行培植。

城市生长点的建设,尤其是大型城市生长点,由于其规模较大、资金需求较大、布点建设周期较长等客观原因,在城市社会、经济、整治等外在因素影响下,难免会出现一定的生长缓慢,甚至是停滞的阶段,而此时的城市生长点正处于建设萌芽阶段,其自身对外界变化的应对能力较弱,需要一定的保护与支持,更需要耐心的培植。

拉德芳斯在其建成初期,经历了 1974—1977 年的危机期,直到 1978—1982 年才开始慢慢展示出城市生长点的优势。由于 1973 年全球石油危机、经济萧条,失业率骤增,社会对高楼办公室的需求大幅下降,此时正值该区许多大楼建成待租的时期,导致 1973 年整个大巴黎地区有超过 200 万 m^2 的办公楼空置,在拉德芳斯区内的办公大楼闲置面积高达 60 万 m^2;而且这期间正在洽谈的许多兴建方案均告失败,1975—1977 年开发商纷纷撤资,EPAD 未能出售任何一件建筑权。于是 1974—1978 年拉德芳斯地区面临空前的危机,当时政府不得不进行干预。

1978 年 10 月 16 日,总理雷蒙·巴尔(Raymond Barre)同意提出若干措施以拯救 EPAD 的未来,在建设方面批准 EPAD 兴建 35 万 m^2 的办公楼、继续兴建 A14 号公路,经济方面同意通过贷款改善环境,更是将环境部迁到拉德芳斯区办公,以支持拉德芳斯的建设。于是拉德芳斯开始恢复,1978 年,开发商克里斯蒂安·佩勒林(Christian Pellerin)结合萨里(Seeri)利用签订开发权转移的方式在商务办公区兴建炭化和石油活性炭公司(CECA)大楼,成为自 1973 年危机起 4 年多来第一个建筑方案。此后的 1981 年,拉德芳斯区域内有 4 个购物中心开张,使拉德芳斯的商业面积比过去增加一倍,在拉德芳斯的工作人数从 1975 年约 3 万人增加到 1978 年的 38 000 多人,拉德芳斯城市生长点的活力开始显现。

此后,拉德芳斯在 1993—1997 年又遭遇了第二次危机,自 1992 年,EPAD 没有出售任何建筑权,面临房地产危机。但是这次危机并未对拉德芳斯的发展造成巨大损害,反而是在各种调整中,EPAD 通过各方面的努力使得在此次危机后,使用者对此商务区的意象仍不断提升。

而如今的拉德芳斯不仅是巴黎的副中心,更成为欧洲最具影响力的商务中心,区内商务办公楼面积达到 250 万 m^2,工作人数达到 15 万,拥有 1 600 家以上的公司。其中,法国最主要的 20 家公司中有 14 家的总部都在此设立,50 家最主要的跨国公司中有 15 家在此区内。

4）建设设计的总体协调

一般来说,城市生长点可能是一个区域性质项目中的一部分,或者城市生长点是区域项目的相关项目,这样就有了城市区域项目和城市生长点项目之间的分项目与总体项目的关系。这就需要在建设设计层面充分考虑区域的整体协同性。商定发展区 Z. A. C(Zone d'Aménagement Concerté)模式和 MA‑BA 模式[⑦]是值得借鉴的。

这个协调环节的存在,给予了城市项目设计成果有效实施的保证,是设计中整体与局部的有效协调。这期间,由于协调环节所处的承上启下的作用,其公平性值得重视。为了保证公平,法国政府对协调建筑师也做了相应的限制,如国家建筑师一旦介入项目的运作就不能再承担这一项目中的建筑设计工作。另外,这样一个环节对建筑师也提出了很多要求,如城市设计的能力、综合协调控制能力、沟通组织能力等,以及通过法律途径对协调建筑师进行监管。在 MA‑BA 模式中,总建筑师与地块建筑师之间是以一种契约的方式确认建筑师的权利。

在我国,虽然没有协调建筑师制度,但是也在实际的操作中有类似的实践。如苏州市请齐康教授为苏州市干将路区域进行重要建筑形态的审核,并做出修改意见,对干将路相关区域项目进行总体控制,如今经过约 20 年的城市发展,期间经历了许多城市建设项目建设,干将路沿线依然保持着自己的特色。另如南京市在中华路沿线的城市建筑方案审定过程中,先后聘请东南大学钟训正教授和齐康教授为该地区的主要评审负责人,对所有的报建方案进行建筑形态的审核,并提出修改意见。这样的举措有助于改变城市重点地段建设项目中的城市设计与建筑设计相互脱节的问题,具有一定的进步性。

5.2　公共开放空间模式

5.2.1　背景及范围

1）背景

公共开放空间(Open Space)早在 1877 年英国伦敦制定的《大都市开放空间法》(*Metropolitan Open Space Act*)[⑧]中就得以明确提出,并对以后的城市规划、城市建设起到一定的指导作用。对城市开放空间的研究以及定义,不同学者有着不同的理解,一般来说,城市公共开放空间根据其物质组成要素可以分为城市道路系统、城市广场、城市绿地系统。公共开放空间与城市生长点自古以来就存在重合与交叉,由于道路系统的线性特殊性,本模式研究对象多以城市广场与城市绿地为主。

"广场"的概念源于古希腊,该时期的城市多以棋盘式道路网为骨架＋两条垂直大街,形成中心大街,构成城市的主体。中心大街的一侧布置中心广场,城市公共开放空间构成该时期的城市生长点;广场最初用于议政和市场(Forum),直到古罗马时期,其功能扩展到宗教、礼仪、纪念等范围,位置也逐渐固定与某些建筑共同出现,作为建筑的附属外部场地(Plaza),其概念与地位得到提升。在中世纪,城市广场在功能与形态方面都得到了扩展,形成了与城市整体互相依存的城市公共中心广场(Square)的雏形。城市广场的范畴与意义在现代城市中得到了再次的扩展,表现为其功能、位置的多样化与混合化,但是开放性、可参与性仍是其重要的性质之一。城市广场作为城市生长点比较有代表性的案例为意大利威尼斯的圣马可广场——被称为欧洲的客厅。威尼斯圣马可广场上多样丰富的公共活动,赋予了古老的广场内在的活力(图 5-1)。

　　城市绿地系统在西方的发展,源于欧洲人在城市中引入城市公园和林荫道用于点缀城市。随着社会与城市的发展,现代城市绿地的内涵、规模变得丰富。在城市生长点布点建设中,通过城市绿地系统的建设进行布点在西方城市中屡见不鲜,特别是在现代城市中,随着社会的进步与发展,城市生长具有复杂化、系统化的趋势,城市规模与城市密度都得到不断的提升,城市公共开放空间是城市更新、改造、再生中常见的城市生长点的开发模式。

　　2) 针对范围

　　公共开放空间的城市生长点布点开发的研究过程中,以城市广场、绿地为主要内容,城市道路系统由于多以线性状态出现,故不在本次讨论范围之内。

　　此外,由于城市广场多与周边建筑形成密切的关系,相关研究多将城市广场和与之密切相关的建筑实体作为一个整体考虑,如上文已经分析的行政中心模式往往以行政办公建筑＋市民广场为一个城市生长点整体,故在此模式阐述中主要参考美国《房屋法》对城市开放空间的定义,以城市公共绿地、广场为主体强调其公共性与可参与性。

　　公共开放空间,作为城市中对城市空间的有机生长及区域整合具有至关重要作用的"负形",在城市空间的使用层面,相对于城市建筑,城市开放空间提供的是城市生活的"外向"的空间,是城市建筑"内向"空间的重要补充,是将城市生活从建筑实体向城市空间释放与引导的重要空间。就城市空间逻辑而言,充斥"正形"碎片的城市空间整合,"负形"也可以在一定条件下起到主导作用。通过"负形"的置入整合城市,与"正形"的城市建筑整合城市的方法、思维方式有众多不同之处。

图 5-1　意大利威尼斯圣马可广场上的公共活动

5.2.2 开发机制与作用特点

城市公共开放空间具有开放性与可参与性,赋予了该空间内在的活力,产生对人流的吸引与凝聚,但是此模式的城市生长点的效益具有社会效益重于经济效益的特点。

1) 回报周期长

城市生长点的效益往往通过提高城市区域环境层次,从而带动区域周边的发展,以周边的土地开发实现经济回报,经济回报呈隐性,且回报周期往往比较漫长。

2) 社会效益优于经济效益

城市生长点的设置更侧重于社会效益,社会效益大于其经济效益。城市公共开放空间通过为城市居民提供理想的室外场地,如城市广场、城市绿地公园往往是人们进行社会交往、文化活动的主要场所,关系到城市精神文化层面的建设。景观层面更是其他的城市要素无法取代的,北京的天安门广场、威尼斯的圣马可广场等都已经成为城市形象的重要缩影。苏州金鸡湖及其周围的公共开放空间,形成了苏州工业园区重要的景观意象,是苏州工业园区发展的核心(图 5-2)。此外,城市公共开放空间在城市中还具有一定的保护、控制功能,为城市避险提供场所,同时控制城市的蔓延。

3) 城市整合作用

(1) 空间使用层面

城市建成区开放空间的置入,往往是通过旧建筑的改造实现,或者在密集的城市中以加强、扩大的方式在原有"负形"区域植入更大的"负形",对于现代城市结构具有一种温和的调整作用,如巴黎贝尔西(Bercy)公园的改造,通过重整原有肌理,塑造城市"负形"开放空间,通过开放空间之间的联系与延伸,进而整合城市功能、空间(图 5-3)。

空间使用上,往往从旧建筑特点出发,充分挖掘区域空间潜力,进而置入合适的新功能与之匹配。对比改造前后,相同的建筑空间承担的城市功能往往截然不同,颠覆性的功能变化往往让使用者形成反差巨大的心理感受,形成改造前后的时间、空间层面的强烈对比与微妙联系,这正是城市开放空间中的保留建筑独具一格的魅力。

(2) 城市空间结构层面

正如城市景观学家哈尔普因(L. Halprin)所言,城市的整体意象主要来源于城市的公共开放空间[⑨]。重要的城市开放空间往往具有自下而上反作用于城市整体的作用;一些重要的城市开放空间,可以相互之间产生关联,以点及面地影响城市发展。欧洲一些重要的广场往往成为城市形象的缩影,对城市空间发展起到重要的影响与控制作用;此外,一些功能性强的用地,其高度功能化往往导致城市生活的封闭与缺失,"负形"的置入改变了原有封闭隔绝

图 5-2 苏州金鸡湖及其周边公共开放空间

的状况,很多城市规划中利用各类绿地公园衔接起周边的商场、学校、居住区、轨道站,对城市结构的整合具有重要意义。如波尔多城市改造所建设的镜面广场成了居民重要的公共活动场所(图5-4)。

4)城市更新中的可持续发展引导

城市更新中,存在大量的旧建筑"正形"改造成为城市开放空间"负形"的契机,这些契机往往为城市产业转型和循环经济提供可能。如表5-2所示,伴随着区域的整合梳理,形成以公共开放空间为主的功能,通过空间功能的整合,提升区域的环境质量,推动区域的产业

图5-3　巴黎贝尔西公园鸟瞰

图5-4　法国波尔多镜面广场上的公共活动

升级,为区域的循环经济发展提供契机。城市工业衰败区不乏改造为公共空间,而促进城市区域可持续发展的案例。如巴黎雪铁龙公园对原有工业建筑场地进行改造,建成温室、公园,成为市民重要的公共活动的场地(图5-5)。

表5-2 部分老旧城市衰败区建筑改造前后功能对比

名称	地点	原功能	改造后的建筑功能
毕尔巴鄂阿班多尔巴拉区改造	西班牙毕尔巴鄂	船厂、码头	博物馆、会展中心、公园
巴黎贝尔西公园	法国巴黎	酒厂、码头	公园、商业、酒吧
巴黎雪铁龙公园	法国巴黎	厂房	温室、公园
杜伊斯堡北部风景园	德国杜伊斯堡	钢铁厂	展室、商业、旅馆、电影剧场、游乐场、攀登墙、蓄水池等
鲁尔区	德国鲁尔	厂房	公园、博物馆、展览馆
西雅图市煤气厂公园	美国西雅图市	煤气厂	公园、游戏室、餐饮

图5-5 巴黎雪铁龙公园

5.2.3 公共开放空间模式布点要点

1) 正确看待公共开放空间模式的投资回报

前文已经述及,在公共开放空间模式下,城市生长点布点的投资回报具有隐性特点,往往通过提高城市区域环境层次,从而带动区域周边发展,通过周边的土地开发实现经济投资回报;此外,在整体效益上,其社会效益往往大于其经济效益。所以,在进行城市公共开放空间模式的城市生长点布点建设时要放眼于长远,避免因追求短期效益造成的公共开放空间与周边土地开发矛盾的加剧,从而导致其周边无序、混乱的城市生长蔓延;避免城市公共开放空间受到侵蚀与压迫,尤其要避免对公共开放资源的侵占与掠夺,最终使得城市公共开放空间能够服务于广泛的城市居民。

2) 开放性与联系性

宏观决策层面,开放性与联系性要求城市不同部门的共同协作。由于城市公共开放空间,尤其是城市绿地、水系等的管理涉及许多相关部门,如园林、航运等,这些部门分别侧重于不同专业领域的管理,往往在一定程度上造成方案在不同领域的封闭性,而使得在相关布点建设之时会造成一定的脱节。而成功的公共开放空间的布点建设则需要进行多方面的沟通,以保证布点建设的合理性。

具体开发建设层面,由于城市公共开放空间在城市图底关系中多属于"底"的角色,而城市公共开放空间自身的开放性与联系性会使得该点与城市周边建筑产生一定的联系,尤其是城市广场多与周边建筑形成密切关系,布点建设时多将城市广场和与之密切相关的建筑实体作为一个整体考虑。而大多数城市公共开放空间则是通过与周边其他城市要素的相关作用,来实现其城市生长点的作用。因此,在公共开放空间模式下的城市生长点布点以及相关建设需要考虑其开放性与联系性,并加以合理利用。

3) 相关建设与跨界耦合作用

在我国的许多城市中,土地资源已十分紧张,城市开放空间模式的布点建设选址在城市建成区内的时候,其跨界耦合作用得到巨大发挥,其设置往往跨越用地属性的边界,使得公共开放空间成为城市不同功能设施之间的融合剂,使城市各种要素有机结合形成整体。在新区进行布点建设时,其相关建设的混合性与有机性也是城市得以有机生长的保证。总之,城市的历史文化保护、道路交通、水利设施、商业居住设施等,应该与城市公共开放空间有机结合,共同成为城市可持续发展中的一部分。

5.3 交通枢纽模式

5.3.1 背景及范围

1) 背景

"枢纽"本意为事物间相关联系的环节,在城市中一般多与城市结构、城市交通密切相关。虽然我国对交通枢纽尚未形成统一的分级标准,但对多种交通体系之间换乘的场站给予了相当的重视。研究认为交通枢纽往往与城市更新、城市结构拓展密切相关,在一定外力、内力作用下可激发成为城市生长点。

从城市产生之时,城市系统的运作便和各种流息息相关,其中,交通的发展与城市的空间发展是相互影响、相互促进的。从历史的发展中可以观察到,每一次交通的变革、交通方式的进步,都会对城市的运作产生影响,对城市的空间布局、规模、结构产生重大影响与推动。在此过程中,交通枢纽更是在城市生长发展中起到生长点的作用。不同的交通方式,其相应的城市生长点也具有不同特点,如表5-3所示。

表 5-3　不同交通枢纽模式的城市生长点特点

交通方式	城市生长点特点		城市大概半径
步行交通	同心圆式		4 km
轨道交通	沿轨道线路串珠状		>25 km
汽车交通	环路交叉点	 (A)小汽车初兴起　　(B)高速公路出现　　(C)外环路与郊区中心出现	>50 km

交通站点一般可以分为一般站、重点站、枢纽站、交通综合体(表5-4),其运力、通过性、凝聚性是由弱增强的。枢纽站由于其具有较一般站与重点站更大规模的人流量,往往配置相关的交通换乘系统以实现交通零换乘的目标,这个特性使得枢纽站对城市的引力相当于两个或两个以上的重点站的叠加影响,适合作为城市生长点开发。交通综合体较枢纽站有更强的整合性,其中整合有交通、商业、办公等相关的服务功能,一般在城市中的分布数量较枢纽站小,但是其对城市的生长发展具有更强的推动力,往往成为重要的城市生长点。笔者在本节阐述中统一称之为交通枢纽模式。

表 5-4　不同级别站点的相关比较

运力、通过性	一般站<重点站<枢纽站<交通综合体
规模	一般站<重点站<枢纽站<交通综合体
影响力	一般站<重点站<枢纽站<交通综合体
城市中的数量	一般站>重点站>枢纽站>交通综合体

2) 针对范围

综合考虑交通站点在城市中的分布、运力、通过性以及规模与影响力,本书以枢纽站及交通综合体结合其相关城市空间为主要研究对象。考虑到交通模式的多样性,需要指出的是,在现代社会中,高速铁路、轨道交通等快速交通由于其交通效率高、影响作用大、作用范围广,往往在其交通枢纽处形成城市生长点,而基于这样的交通枢纽的建设进行城市生长点布点也是促进现代城市有机发展的重要手段。在本节中,以具有时代特色的高速铁路和轨道交通枢纽的城市生长点布点为核心内容。

5.3.2　开发机制与作用特点

1) 交通枢纽天然具有城市生长点的潜质

自古以来,不同的交通模式对城市产生不同的影响,是由于不同种类的交通方式对人们日常出行的移动范围、速度、可达性有不同的影响，从而在交通枢纽处产生不同的流的集聚，而空间可达性的不同，会联动影响到土地价格的高低与使用方式，从而造成以城市交通枢纽为核心的影响辐射区，对其区域空间结构、用地性质等产生影响。而这个过程具有一定的可逆性，城市空间形态的变化反过来会影响交通模式的强弱，使得城市交通枢纽与城市区域之间形成一定的复杂而又紧密的相互关系。如巴黎莱阿勒地区作为城市中心曾一度衰败，随着交通技术的发展，以轨道交通建设为契机进行重建，在新时代继续发挥其城市中心的作用（图5-6）。

2）交通与城市空间互动

交通枢纽模式的城市生长点的布点建设是通过对交通与城市空间之间的互动关系加以利用，顺应其内在相关促进的规律，在以交通枢纽为核心的区域产生辐射与影响，促进城市的有机生长发展。从城市的生长发展轨迹可以明显观察到城市沿主要交通线生长的轨迹，并在重要交通节点呈现繁荣的现象。

3）分类

原点的改扩建：此类站点往往拥有良好的区位，但随着城市的发展其功能、规模等已不能适应现代城市的需求，需进行改建扩建。此类站点的改建扩建往往能促进区域的更新、改造，如东京的涩谷以交通综合体的建设布点带动涩谷站周边的城市再开发。

规划新布点：这种站点是随着城市交通的建设与发展，需根据城市发展需求布设新的站点，此类站点布设往往直接影响到城市结构的拓展与城市发展的方向，如我国现在结合高铁站点建设的高铁新城。

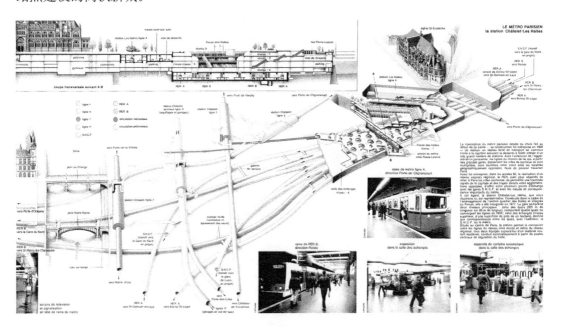

图5-6　巴黎莱阿勒区的交通枢纽

5.3.3　交通枢纽模式布点要点

1）布点选择体现时代性

交通枢纽型的城市生长点布点具有一定的时代性。

不同时代、不同地域的城市主导交通模式也不尽相同,一般来说,现代城市交通系统可以分为两大类:以汽车交通主导的单一型交通体系、以轨道交通为主导的复合型交通体系。其中前者多见于城市化较早的美国大都市,后者多见于亚洲城市,如日本的东京、新加坡以及中国部分大城市。从城市的发展观察,美国以汽车主导的交通发展在近代形成了一系列的问题,如造成城市土地利用分散、交通拥堵、城市效率低下等,而在以汽车为主导的交通模式下,仅仅通过道路管制、道路建设、增加交叉口等汽车友好的方案对城市进行优化,难以解决城市的交通矛盾;而轨道交通体系为城市的空间生长发展提供了新思路,提倡以轨道交通为主导的复合型交通作为城市交通系统优化的一种重要模式。实践表明,以轨道交通枢纽模式进行城市生长点布点,具有一定的时代性。

2) 可持续性生长引导

随着社会的进步与可持续发展的深入研究,西方学者在 20 世纪 90 年代提出了 TOD⑩和 TND⑪ 等基于土地利用与城市交通整合互动的实践模型,鼓励城市发展的紧凑性(Compact)、适宜步行(Pedestrain-Friendly)、功能混合(Mixed-Use/Dendity)、环境友好(Environment Caring)。通过轨道交通枢纽模式进行城市生长点布点,形成以该点为核心的一定区域的紧凑型用地布局,并随着轨道交通的延伸与扩展,形成串珠状有机生长的土地空间发展,进而引导城市紧凑发展,促进城市土地的集约化利用,比较典型的如丹麦哥本哈根市以轨道交通引导城市外围区域有机生长,使城市呈手指状的紧凑有机生长。

在我国,上海轨道交通自 1995 年 1 号线建成通车到 2010 年 4 月 20 日,其轨道交通线网已开通运营 11 条线、266 座车站,运营里程达 410 km(不含磁浮示范线)。截至 2011 年 6 月 30 日,上海轨道交通线网已开通运营 11 条线、275 座车站,运营里程达 420 km(不含磁浮示范线)。根据上海市轨道交通网络规划方案,至 2020 年,上海轨道交通网络将共由 22 条线路、524 座车站组成,轨道线网总长度约为 970 km。其中 3 线换乘站 16 座,2 线换乘站 95 座。这对上海未来城市空间发展的趋向,以及城市生长点的产生乃至城市副中心的形成都有着重要的意义。

3) 城市生长点布点选址

交通枢纽模式的城市生长点的布点选址基本上有两种方式:一种是在原有交通站点上的改建扩建,这种站点一般在城市中已经具有一定的生长点潜力,多处于城市的重要区位,与城市的发展紧密相连;另一种是随着城市交通的建设与发展,结合城市的生长发展进行布点,这样的站点与城市规划、城市发展策略等有着密切关系。

4) 相关建设支持

为了促使交通枢纽模式的城市生长点能更好地建立与城市的联系与过渡,交通站点周边的立体公共空间也应受到重视,其建设也是城市生长点布点的一个重要部分。在交通枢纽模式的城市生长点布点建设中,应当遵循以下原则:

(1)重视功能复合的相关建设,如与交通站点相关的停车服务、商业服务等。

(2)重视空间立体复合的相关建设,可以结合优化区域的各级交通等,提高土地的利用效率,缓解与周边交通的矛盾。

(3)应配合站点周边土地的更新、改造,为城市已建设区域注入新的活力,在新建站点要结合城市规划和城市发展策略,充分利用交通站点与相关立体化公共空间的特性与优势,建设以交通站点为城市生长点核心的整体综合系统。

(4)在现代城市建设中,提倡结合轨道交通建设的城市生长点布点建设。

5.4 CBD/Sub-CBD模式

5.4.1 背景及范围

1) 背景

结合商业、商务开发进行的城市生长点布点一般可以分为三类：① 以传统 CBD 的衍生拓展产生，如在我国上海静安区以及南京西路商务区，其发展是基于传统 CBD 的延伸与生长，多处于城市建成区的重要区位；② 城市中心区的自我更新造成的城市中心区迁移；③ 副中心规划演化型，通过规划新建 Sub-CBD，实现新的城市生长点布点，如日本东京的几个副中心、中国上海的徐家汇副中心等。

CBD(Central Business District)的概念最早是由美国社会学者伯吉斯在"城市同心圆结构模式"中提出的。伯吉斯界定的 CBD 是指城市中心零售区，在功能上以零售业和生活服务业为主，包括百货店、时装店、俱乐部、银行、旅馆、博物馆、剧院等业态。相对于 CBD 而言，Sub-CBD 是 CBD 的疏散或是互补的存在，是城市空间结构分散化过程中 CBD 的外延部分，多为城市中心区以外的经济、商务高效集聚区域，多发展为城市的副中心。

对于 CBD/Sub-CBD 的范畴，学术界并无统一定论，但是都有以下共识：空间层面上，认为 CBD/Sub-CBD 是位于城市相对中心位置的特定区域；功能层面上，认为 CBD/Sub-CBD 是商务与商业功能相对集聚的专门化区域。一般来说，一个高级别的 CBD 往往与数量不等的 Sub-CBD 共同组成城市的不同级别中心区，在城市演化过程中，CBD 与 Sub-CBD 之间互补共存、相互影响，Sub-CBD 可以演化为 CBD，而 CBD 也可以逐步疏散分解为 CBD ＋Sub-CBD。

2) 针对范围

无论是 CBD 还是 Sub-CBD，其自身的集聚作用强大，在城市的中心、副中心中都起到城市生长点的作用，在城市生长点布点建设时具有一定的代表性。然而在我国的城市 CBD/Sub-CBD 的建设中，多数尚未达 CBD/Sub-CBD 的标准，以更次一级的商业、商务混合开发为主。在本书的研究中，不再对此进行相关限定，将其统称为商业、商务开发的 CBD/Sub-CBD 模式，认为处于城市相对重要位置，商务、商业功能高度集聚的区域，以这样的中心区建设进行城市生长点布点的模式，称之为 CBD/Sub-CBD 模式。

CBD/Sub-CBD 模式的城市生长点主要是指城市中心、副中心和新城的中心与副中心的主要建筑群及相关的城市空间构成；其规划建设对城市的中心、副中心的形成以及生长有着结构意义；其自身是城市中心区的主要建筑及空间构成，处于城市相对重要的位置，功能构成具有商务、商业以及城市公共服务等功能复合集聚的特征，典型的如巴黎拉德芳斯新区Sub-CBD(图 5-7)。该模式的城市生长点布点建设对于新城建设以及城市的多中心建设具有重要意义。

5.4.2 开发机制与作用特点

1) 新旧点关联促进

CBD/Sub-CBD 模式反映了城市发展到一定程度后的扩散—再集聚的内在需求。随着社会的发展、城市的演化、城市产业空间的复杂化与系统化，大中型城市单中心发展不能支

图 5-7　巴黎拉德芳斯新区 Sub‐CBD

撑城市的正常发展,而现代交通技术、通讯技术的进步促进了城市的郊区化,也促进了大城市的空间结构分化。在城市发展进程中,疏散的需求逐步超越集聚的需求,必然会产生扩散与再集聚,这在大型、中型城市中尤其明显。而此模式的布点正是对原有城市中心区 CBD/Sub‐CBD 的集聚力的移植,同时与原有生长点之间建立起互补促进的关系,共同促进城市的健康有机生长,促进城市的多中心化。

2) 功能错位互补

新建 CBD/Sub‐CBD(新城市生长点)在其建设定位上,往往分担原有 CBD(旧城市生长点)的部分功能,并形成自身的优势,使得对原有 CBD 疏散之余,以自身为中心形成新一轮的集聚。此过程中新旧城市生长点的有机联系尤为重要,避免同性相斥、恶性竞争,功能上实现错位竞争与互补。

3) 布点建设针对性强

该模式具有一定的针对性,城市建设进行 CBD/Sub‐CBD 模式生长点的布点,是建立在城市规模扩展的基础上,需要适应城市内在发展需求,才能够以新布点为中心形成再集聚,从而使得布点建设成功。一般来说,中小型城市、衰败期的大都市都比较难以通过简单地进行 CBD/Sub‐CBD 模式的城市生长点布点来促进多中心的形成[②]。该模式布点对大型城市的副中心建设,如上海陆家嘴(图 5-8、图 5-9),以及针对卧城的活力激活具有较强的针对性。

5.4.3　CBD/Sub‐CBD 模式布点要点

1) 布点建设需要一定的城市发展水平与经济规模的支持

CBD/Sub‐CBD 模式的城市生长点的布点建设,应当与城市发展相适应。城市的 CBD/Sub‐CBD 建设与发展需要城市发展水平与城市经济达到一定的层次,才能够支撑 CBD/Sub‐CBD 布点之后的健康生长。而我国,仅在经济规模层面上符合条件的城市寥寥可数,多数仍然是更次一级的商业、商务混合开发,故在 CBD/Sub‐CBD 布点建设中,需审慎地对待其开发规模与投入。第 6 章案例中的郑东新区的 CBD/Sub‐CBD 布点建设人气低落,与城市发展水平与经济规模的支持过弱有着直接关系。

图 5-8　上海陆家嘴全景图

图 5-9　上海陆家嘴鸟瞰

以商业、商务开发为主要目的的 CBD/Sub-CBD 模式的城市生长点布点建设,无论是在我国还是在亚洲的大多数城市,都意味着巨大的经济投资,需要政府的大力推动与银行贷款的大量参与。不顾城市自身发展条件,"大跃进式"地进行城市 CBD/Sub-CBD 模式布点建设具有相当的风险。

2) 避免 CBD/Sub-CBD 模式布点建设中的建设超过发展

城市商业、商务开发的 CBD/Sub-CBD 模式布点建设,实质上是对城市原有生长点生长能力的移植与再培育,从而对原城市中心区进行疏散,并在新布点区域形成再集聚的过程。

然而在具体的建设布点过程中,建设超过发展的现象屡见不鲜。许多城市的 CBD/Sub-CBD 模式布点建设都不同程度地经历了"白天人气旺盛,夜晚空城"的现象,如巴黎的拉德芳斯与上海的浦东陆家嘴在建设初期都出现过此现象,而郑东新区的 CBD/Sub-CBD 更是被誉为"鬼城",究其原因,有内在与外在两方面。

一方面,当今社会中城市新 CBD/Sub-CBD 与新城区的建设速度是相当快的,然而一个新城区的城市生活与城市文化的形成,却需要更漫长的时间。在亚洲许多城市的新城建设中,都普遍存在这种现象。另一方面,亚洲许多城市 CBD/Sub-CBD 布点建设的硬件过硬、软件过软是新城区建设的一个普遍现象。其 CBD/Sub-CBD 布点规模超过城市内在需求是其中一个重要原因:城市原有疏散的产业无法支撑 CBD/Sub-CBD 布点规模,而对外引力的发挥则需要一定的时间。这就需要在规划布点时,除了需要对建设层面进行统一协调,还应该在其功能拓展上进行一定的引导,尤其是相关基础设施的配套服务,通过提供良好的公共服务以及产业引导促进区内的综合发展,而不是仅仅关注于商业办公楼的开发与招商引资。否则 CBD/Sub-

CBD布点难以克服中心城核心区的巨大吸引力而停滞甚至衰退。

3）选址定位与交通建设

合理的定位与交通建设使得商业、商务开发的CBD/Sub‐CBD能够在一定程度上离心发展，又能与城市原有生长点保持较为密切的联系。在现代城市的发展中，交通特别是快速轨道交通对其布点成功及生长点作用的发挥有着重要意义。

一般来说，在多种交通方式交汇处，同时拥有一定规模可建设用地的空间，比较适宜城市生长点布点，尤其是对交通有较大需求的商业、商务开发的CBD/Sub‐CBD模式。在亚洲以及世界上多数大都市CBD/Sub‐CBD模式布点建设具有一定的政府主导性质，而政府往往选择在中心城区边缘地带进行布点，一方面利用其低价的优势，另外一方面有利于与原有城市中心、城市生长点保持一定的联系。这种选择导向更是对区位交通提出了一定的要求，混乱的交通组织则会直接降低新建城市生长点的可达性。另外CBD/Sub‐CBD模式布点必然会形成一定的产业与人口的集中，交通建设的欠缺势必会导致拥堵、环境恶化，从而导致布点失败。

4）功能混合与新旧点之间的关系

功能的混合是其活力所在，需重视城市CBD/Sub‐CBD布点建设的功能多样性与混合性，具体来讲有两个方面：一是其产业构成的混合性与多样化，强调商业、商务的混合发展，实现产业的互补，包括与原有城市CBD的产业互补，也包括CBD/Sub‐CBD内的产业间互补与功能混合；另外则是重视城市生活的功能混合性与多样性，结合城市基础设施建设与公共空间的塑造，促进新布城市生长点的生活、文化圈层的形成，进而促进城市生长点的健康有机生长。

在此过程中，还应协调好与原有城市CBD、Sub‐CBD、城市生长点之间的关系，避免新布点引力过强导致的原有CBD、Sub‐CBD、城市生长点的衰败，协调新旧之间的功能互补，实现共同促进。

5.5 城市事件启动的公共建筑模式

5.5.1 背景及范围

1）背景

公共建筑的范围广阔，其定义包含办公建筑（包括写字楼、政府部门办公室等），商业建筑（如商场、金融建筑等），旅游建筑（如酒店、娱乐场所等），科教文卫建筑（包括文化、教育、科研、医疗、卫生、体育建筑等），通信建筑（如邮电、通讯、广播用房）以及交通运输类建筑（如机场、高速公路、铁路、桥梁等）。而根据城市生长点的性质需求，则需要其具备异质可识别性、开放性、不平衡性，能够以其为中心形成一定的空间效应。而由于与此相关的公共建筑的功能广泛，笔者引入城市"触媒"的概念，结合非物质层面的动力，将城市公共建筑与事件契机联系起来，共同构成城市事件启动的公共建筑模式的城市生长点主体。

城市中无时无刻不发生着各种事件，其中有的城市事件（City Event）对城市的发展与更新起到推动和促进的作用。早在20世纪60年代，城市事件已经引起了西方学术界的重视，并且在2000年之后更是达到了一轮研究的高峰。城市事件已经成为城市规划的一个有效辅助工具，一方面给予城市调整其空间结构的机遇；另外一方面也是提升城市活力、形象与品牌的有效手段。众所周知的 2008 年北京奥运会,以及 2010 年上海世博会的举办,都体现了城市事件,尤其是重大城市事件成为优化城市空间结构、提升城市整体形象、带动城市新区建设、促进城市欠发达地区发展的重要机遇。而借助城市事件进行"事件营销"也悄然成为城市的重要营销策略之一,这不仅为城市带来了广泛的关注,更是为城市塑造其整体形象和品牌提供了内在支持。城市生长点的产生与启动,往往也与城市事件存在着密切的关系。

相关研究将城市事件定义为,因其规模和重要性而产生大规模的旅游、高强度的媒体关注以及对举办地城市具有强烈经济或形象影响的活动或事件,包括重大政治经济活动、体育赛事、节庆会展等[13]。但是并非所有的城市事件都能够激发或启动城市生长点的生长能力。相比较而言,重大城市事件对城市生长点的激发和启动作用远远高于普通城市事件,所以本书的研究基本锁定城市重大事件。

城市事件启动的公共建筑布点建设,是城市生长点布点建设的一种典型模式。

2) 针对范围

基于城市事件启动的公共建筑模式的城市生长点,其内容主体包括两方面:城市公共建筑及其相关城市空间和重大城市事件。物质主体为公共建筑及其相关城市空间,由于其性质多样、范围广阔、功能广泛,不宜从功能角度进行模式提炼;非物质主体被称为城市"触媒"的重大城市事件。物质主体与非物质主体结合,将城市公共建筑及其相关城市空间与事件契机联系起来,形成基于城市事件启动的公共建筑模式的城市生长点。如法国国家图书馆(图 5-10)是密特朗时代的十大总统工程之一,其规划建设规模和资金投入都是法国重要的城市事件,并成为后续巴黎左岸项目的重要引擎与触发点。

图 5-10　法国国家图书馆

5.5.2　开发机制与作用特点

1) 公共建筑＋触媒

城市事件启动的公共建筑模式布点建设,除了公共建筑及其相关城市空间的物质构成之外,还有关键的重大城市事件作为触媒,二者缺一不可。前者是城市生长点的物质、空间、功能构成,后者是引导城市生长点生长的契机与触媒⑩,城市事件可以促进和引导城市后续规划和发展,通过局部地段功能的改造或增加,进而激活周边地块的价值提升,从而引发区域的良性增长与循环,这一过程具有自组织性,并且如链式反应一般为周边区域带来大量的新机遇,最终促进城市的发展与地区的繁荣,引导城市建设进入良性的发展。

2)重大城市事件

城市事件模式的构成特点决定了重大城市事件在该模式中的重要性,本章城市事件启动的城市生长点模式将侧重重大事件,其建设具有以下特点:

(1)重大城市事件的举办与发生一般是伴随着大型的场馆建设,这就需要由此触发的城市生长点必须具备一定的规模。能以此城市生长点为中心,对外带动区域的活力提升。

(2)重大城市事件的发生和举办除了需要相关场地之外,对城市基础设施,如城市道路系统、城市旅游文化系统、城市绿地景观系统都有一定的要求,与重大城市事件相关的城市生长点的生长,必然伴随着相关的城市道路、城市基础设施、城市绿地景观等系统的生长。这个特征是相当重要的,不仅仅是基础设施的物质提升,更是对区域整体形象的提升,对城市更新产生广泛而深远的影响。

(3)城市生长点能够长久地保持其生长活力,其自身需要符合城市整体空间发展和优化的需求;其功能能够带动区域的功能塑造与区域形象的塑造;其自身对周边能够产生长期而持续的影响,并非是伴随城市事件"昙花一现",而是具有一定的自组织性,对周边能够产生类似链式反应的良性刺激。

5.5.3 城市事件启动的公共建筑模式布点要点

1)布点建设符合城市发展需求

城市自身生长要符合其自身规律与生命周期的特点,城市事件对城市的发展起到触媒推动的作用,在一定程度上促进城市区域实现较短时间内的飞跃,但是要防止城市建设大跃进。以南京河西新城(图5-11)的建设为例,城市发展以奥体中心(图5-12)建设为契机进行拓展,但是新城区的发展并不均衡,新城区的功能塑造也存在缺陷,造成新城区的居住增长快于就业,未能实现河西新城的综合性定位目标以及作为主城副中心的职能。

2)关注城市事件过后的城市生长点发展

随着全球化和城市的快速发展,城市事件已经成为塑造空间的重要手段,对城市生长点的激发与启动有着至关重要的作用。在此过程中,有成也有败,其中典型的如雅典奥运会场馆,在经历了雅典奥运会之后,曾经的体育圣殿陷入荒废、杂草丛生的境地,令人惋惜。由于城市生长点在新城建设中的布点与启动对区域建设会产生触发作用,往往为许多城市提升城市形象和竞争力提供了良好的契机,在我国新城镇化阶段尤其如此。在此过程中,为了能发挥城市事件的触媒作用,对城市事件相关城市生长点的规模和区位进行合理选择,更应重视对相关城市"生长点"区域功能的培育和强化,充分考虑城市"新点"与"旧点"(老城区)之间的互动关联,以及注重大事件后续发展策略的制定和引导,才能使得城市生长点基于城市事件为城市提供新的生长契机。南京奥体中心(图5-11)借八运会为契机建设,带动了南京河西的发展,并在2014年青奥会中再次发挥作用,便是充分利用了相关城市事件。

图 5-11　南京河西发展航拍图

图 5-12　南京奥体中心

5.6　行政中心模式

5.6.1　背景及范围

1）背景

行政办公建筑是一类自古存在，并且延续至今的特殊建筑，可以认为，在城市漫长的历史发展过程中，行政办公建筑与城市、国家是在同步发展的。它与国家的政治体制、社会经济等要素息息相关，其建筑形态也受到时间、空间、经济、政治等因素的影响。在西方城市中，行政办公建筑通常包括市政厅和议会等；在我国，行政办公建筑一般指各级领导核心机构的工作场所。其概念范畴包括地方政府以及地方政府的诸多职能部门和直属机构，它们都共同肩负着城市管理与发展的职责。

具体到城市生长点建设层面，任何一个城市生长点的布点建设，其布点建设实现的标志都是对人流的吸引，即城市生长点的集聚力的发生。在我国，尤其是在新城建设中，行政中心模式的"市政建筑＋市民广场"可以实现最短时间内的城市聚集力的移植，是我国新区城市生长点布点最常用的模式之一。

2）针对范围

行政中心模式的生长点，一般位于在城市范围内，行政机关相对集中的地方。根据我国现有国情，将以行政办公建筑与市民广场为主体的相关公共开放空间的复合体作为研究对象整体考虑[15]，这一公共开放空间被称为行政中心，作为城市生长点具有两个层面的意义。

（1）市政建筑的建设为市政工作提供了场地，而市政工作的搬迁是对城市原有集聚力的一种直接移植，使其在新区中形成新的人流集聚。通过初期的集聚带动以及与之相关的各种物质、能量、信息"流"的发展，此后经过一定时期的培植，形成一定的规模效应，进而以其自身为中心直接形成对人流的吸引与集聚。

（2）以市民广场为主体的相关公共开放空间，在早期是新区城市环境的重要组成部分，是城市环境层次的反映，有助于在早期对城市人口的吸引；当城市生长点成长到一定阶段之时，能够为新集聚的人口提供较好的公共基础设施、良好的自然环境，为城市生长点生长作用力的持久发挥提供环境支持。

5.6.2　开发机制与作用特点

1）行政色彩

行政中心模式的城市生长点布点建设具有一定的行政色彩，其最显著的特色在于，通过行政中心的迁移实现迅速的城市生长点布点。具体来讲，行政中心迁移的预期效果如下：

（1）盘活闲置土地，尤其是新区建设中的行政中心布点，可以在短时间内促进土地价值的提升，筹集城建资金。

（2）拓展城市空间，聚集激活人气，从而产生规模效应，促进城市发展。

（3）通过行政中心的布点建设，带动基础设施的建设，从而带动城市的相关发展，增加就业机会，促进城市经济增长。

（4）新的行政中心建设，往往适应新时期城市的功能需求，混合一体化的集中办公促进了城市事物的高效进展，有助于城市系统运行的效率提升。

2）多应用于新区建设

这种通过行政手段进行城市生长点布点的方式,体现了政府主导的行政色彩,需持一定的批判态度。但是这种模式一定时期在我国新区建设中比较普遍(图5-13),具有其存在的基础,从其作用发挥角度来看,也有其一定的合理性。

（1）行政办公建筑,尤其是高级别的行政办公建筑,具有一定的集中性特征。这类建筑经常集中出现于城市主要干道上,如北京的国家级行政办公建筑多集中于长安街周边,既满足其功能对交通的需求,同时也在一定程度上显示了其在城市中的地位。

（2）行政办公建筑往往形成一定的组团,以北京为例,国家发改委、国家财政部、国家统计局等综合经济部门,多集中于三里河地区。这样从内部功能上形成了密切的组织联系,对外可以产生一定的规模效应。

图5-13 洛阳市政府

5.6.3 行政中心模式布点要点

1）布点建设呼应地方文脉,体现城市精神

城市的行政中心自古以来都在城市中占据重要地位,从建筑层面来看,大多数具有城市标志的功能属性,是一座城市的重要节点和城市形象的缩影。在布点建设过程中,不能将其混同于一般性质的办公建筑,需要考虑其内涵。在一定程度上能够体现城市精神,反映城市特色,使之能够与城市的文化底蕴、城市形象保持一致,这是中外行政办公建筑创作都需要考虑与重视的问题。

在我国,提到行政中心,往往都是"中轴对称、择中而立",导致众多行政中心具有很大的相似性,千城一面。行政中心的布点建设应适应现代城市政治意识形态的发展,关注市民社会意识的觉醒,以宜人、亲民的姿态取代古代权利象征式的空间美学,同时应当适当地体现城市精神,传承城市文脉。

2) 开放性与功能混合

首先,本章讨论的行政中心,是行政办公建筑与市民广场的合称,这样的组合模式在一定程度上是城市行政办公建筑在新时代的开放性的反映。随着社会的进步、城市的发展、市民意识的觉醒,行政办公建筑往往具有一定的开放性,被赋予了许多人性化的功能和需求。如表5-5所示,我国近期新城行政中心布点建设过程中,除办公之外,还具有一定的教育、文化、休闲、参观等功能,这些功能不仅满足了城市居民的不同需求,也从公共参与度的提高上直接促进了行政中心模式的城市生长点对城市人口的吸引力,给予了行政中心新的内在的活力。在建设布点的过程中,行政中心要考虑为不同的人群进行不同的服务,提高公众参与性,从而促进其作为城市生长点的开放性、功能混合的公共精神。

表5-5　我国近期新城行政中心布点

新区名称	松江区松江新城	贵阳市金阳新区	洛阳市洛南新区	淮南市南山新区
启动时间	2000 年	2000 年	2001 年	2005 年
规划设计单位	英国城市设计公司	中国城市规划设计研究院、贵阳市城市规划设计研究院	中国城市规划设计研究院、河南省城市规划设计研究院	中国城市规划设计研究院、北京清华城市规划设计研究院
启动面积(km²)	22.4	17.0	11.2	10.0
规划面积(km²)	40.0	106.0	71.3	60.0
级别	区级行政中心	市级行政中心	市级行政中心	市级行政中心
相关功能项目	轻轨车站、大学城、医院、酒店	中央商务区、会展、医院、学校	体育、医院、展览、文化中心	文教、体育、交通物流中心

其次,由于行政办公系统具有一定的集聚性,容易就功能的互补形成一定的组团,在实际的建设布点过程中,要考虑相关功能建筑的相互协同性,使得布点成功之后能够产生带动作用,进而形成规模效应,使得城市生长点的作用得以充分发挥。

3) 正确对待行政手段的局限性

行政中心模式,是通过行政手段来实现短时间内城市生长点布点的一种模式,具有相当的局限性。

城市生长点的合理布点乃至其作用的发挥,需要外力进行建设培植、政策保证,但是同时也需要城市生长点自身"内力"的推动。这就要求,城市生长点的布点要具有合理的定性定位,能够反映城市发展的内在需求。否则,无论怎样的行政手段的扶持,或者大手笔的经济投入,其布点都难以实现,甚至对社会资源造成很大的浪费。如鄂尔多斯的康巴什新城的建设,其经济投入巨大,新城建设完善,政府于2006年7月31日正式迁至新区,但是由于其定性定位的失误,"在新城区的街道上,15分钟过去,不见一个行人,驶过的汽车不到10辆"[16],形成空城的尴尬。政府的搬迁使得康巴什新区的主要人口构成以公务员为主。虽然政府部门职员需要在新城上班,但是其家人随之搬迁的理由并不充分,所以很多公务员的住房还在据此区半小时车程的东胜区,每天上班两头跑,这种由于没有充分适应其城市发展的内在需求导致新区空城的尴尬,是值得思考的。

5.7 开发机制与模式的混合

5.7.1 混合

1) 混合的意义

混合作为一种状态,是城市的本性所致,也是城市的活力所在。而混合则是存在于城市生长点的功能构成、空间结构、使用人群,以及城市生长点的布点开发之中的。

混合有多种层面,功能混合表现为不同的功能在一定空间范围内的聚集,不同功能之间存在着直接或间接的内在联系,从而在功能构成上呈现出相互关联性和复杂有序性。功能的混合促进了空间的混合,进而使得该空间区域形成混合使用。城市生长点正是承载这种混合要素的主要空间,并以混合特性带来的活力为动力,促进自身的空间层次形成。

混合状态也带来了改造契机,不同功能空间混合并置,产生叠加效应,吸引足够的人群,在一定的空间范围内形成混合使用,从而形成了在时间和空间层面的集聚性、流动性、兼容性、关联性。如复杂的混合状态赋予了莱阿勒区对巴黎的独特意义,形成了"公共开放空间""商业中心""交通枢纽"等功能内容之间的混合与碰撞(图 5-14 至图 5-16)。

2) 开发模式混合

具体到城市生长点的开发模式层面,混合的开发模式除了赋予城市生长点在功能构成、空间结构、使用人群等方面的混合之外,还使得城市生长点的布点建设在规划设计、资金投入、建设建造等方面更具灵活性。

本章前文所进行的分类,是对城市生长点布点建设中表现最为突出的方面进行提炼、概括,提出了城市生长点在城市中布点建设的典型模式。在实际的城市生长点布点建设过程中,多数城市生长点是属于混合性质的模式。如城市生长点对城市交通网络都存在一定的依赖,使得其多在城市重要交通节点产生,布点需结合城市交通建设,因而多具有混合交通枢纽模式布点建设的现象;而交通枢纽模式的城市生长点布点往往也具有公共开放空间模式或商业、商务开发的 CBD/Sub－CBD 模式的特点。本书第 6 章案例中的涩谷同时具有交通枢纽模式的特点和商业、商务开发的 CBD/Sub－CBD 模式的特点,而南京河西奥体中心布点更是与南京河西 CBD 布点密不可分,笔者在分类中根据其特点及其与城市发展要素的关联性进行了相关侧重的阐述,但在实际的城市发展过程中,需根据实际情况进行针对性地分析和整体的综合考虑。

5.7.2 案例:巴黎莱阿勒

就布点建设模式而言,首先,巴黎莱阿勒是一个重要的交通枢纽式的城市生长点,在巴黎的城市发展过程中,其作为城市生长点的地位一直没有下降,并随着城市的发展进行逐步的更新,作为城市重要复合型交通枢纽的地位也随着城市的发展、交通方式的进步而不断得到加强;其次,巴黎莱阿勒处于巴黎的核心地位,历史上就是巴黎重要的城市商业活动中心之一;再次,在巴黎这座文化气息浓厚的城市中,巴黎莱阿勒具有重要的历史文化意义,其改

图 5-14　莱阿勒的公共开放空间

图 5-15　莱阿勒的地下商业空间

造、重建均为重要的城市事件。所以作为巴黎的城市生长点,巴黎莱阿勒的布点再建设具有多种模式混合的特色。

相对于城市新建项目,莱阿勒的建设背景比较复杂琐碎,设计师在面对复杂琐碎的背景之时,如何通过设计对区域琐碎的功能、空间进行整合,并通过城市生长点布点的建设使得整个区域在交通、环境、公共设施等方面都得到改进与提升,对于城市的更新与再生有着重要的意义。

1) 莱阿勒的历次改造特点

自从 12 世纪莱阿勒初具雏形以来,经历了四次较大的改造,从无空间边界的经济贸易

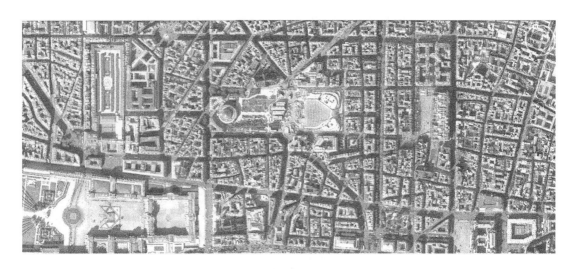

图 5-16　巴黎莱阿勒及周边现状

中心,被建设成为有形的城市中央菜场,并通过加建的方式向外生长,形成了著名的"巴黎的肚子"。随着城市的发展,作为城市中心区的莱阿勒在 20 世纪 70 年代的改造中实现了向地下发展,21 世纪初更是以改造的方式,整合地上、地下空间,疏理区域与城市关系。

　　几次较大规模的改造如表 5-6 所示,12 世纪国王腓力二世(Philippe Ⅱ Auguste)的建设为传统村落的贸易中心提供了场所,但是没有具体明确空间边界,是以贸易市场形式存在的城市中心。1854 年建筑师维克多·巴尔塔德(Victor Baltard)设计若干平面为方形的钢结构农贸市场,中央菜场(Forum des Halles)形象得以明确,在此过程中,随着功能的需要以加建的方式在城市中生长,从早期为 8 座方形钢构的农贸市场,生长为 12 座农贸市场,被誉为"巴黎的肚子"。此后该区域经历了发展、衰败,到 20 世纪 70 年代改造时,贸易市场已经搬迁,钢构的农贸市场已坍塌拆毁,结合巴黎轨道交通的建设,莱阿勒的改造实现了城市中心区向地下发展,将城市宝贵的用地以公园的形式归还于城市。然而在这个过程中,城市地下空间、城市公园、城市建成区之间的联系与呼应差强人意,21 世纪初的改造正是针对于此,重塑莱阿勒区域的多重城市要素的秩序与逻辑,建立公共友好的开放空间过渡,使地下空间能够与城市建成区形成良好的互动。

　　2) 重视交通枢纽意义的生长点激发——20 世纪 70 年代改造

　　莱阿勒在 20 世纪 70 年代进行了一次规模较大的更新改造,通过这次更新改造,莱阿勒作为巴黎的中心,开始了向地下发展的新阶段,在新时期延续其作为巴黎的中心,乃至法国的中心的功能。

　　(1) 内在发展要求

　　首先,随着城市的发展,莱阿勒地区长期作为城市中心,其弊端也逐渐显现。当城市发展到了一定阶段,尤其是战后私有车辆的急剧增加,密集的城市中心区没有可用场地为新增的交通提供载体,其直接结果是,巴黎在一定时期,中心区大部分林荫大道成为城市快车道的重要组成部分,随之而来的则是沿这些林荫大道集中的交通严重干扰了原有居民的生活。此外,不同性质、不同目的的交通活动之间亦形成相互干扰。

　　其次,在城市更新过程中,城市中心区原有建筑的改造、拆除等工程活动,使得城市原有肌理断裂、破碎,继而使得城市中心区在一定时期、一定区域呈现混乱衰败的危机。原有的

表 5-6 莱阿勒历史上经历的四次较大改造

时间	事件	功能内容	形态特点
1183 年	国王腓力二世扩建巴黎市场,为来自全国各地出售商品的商人建立一个遮蔽之处	出售全国各地的商品	传统村落的经济贸易中心; 没有确切的面积; 没有广场,混杂的贸易中心
1854 年	建筑师巴尔塔德设计铁皮屋顶的中央菜场——当时欧洲独一无二的大型城市中央菜场	菜场经营蔬果副食; 法国文学家艾米尔·左拉称之为"巴黎的肚子"	面积:40 000 m²; 铁皮屋顶的中央菜场,早期为 8 座平面为方形的钢结构农贸市场,1936 年增加到 12 座,分成两组相互连通
20 世纪 70 年代	1969 年蓬皮杜拆除中央菜场,向地下重建莱阿勒,城市中心区向地下发展⑰	交通、商业、文娱、体育等;周边建设住宅、旅馆、商店、会堂	面积:8.5 万 m²; 玻璃雨棚＋莱阿勒公园＋交通枢纽 广场西侧,建设 3 000 m²、深 13.5 m 的下沉广场,建设玻璃围廊,联系地下商业区和地面空间
21 世纪初	莱阿勒扩建,地下空间整合城市	交通、商业、文娱、体育等,商场上建玻璃天篷,统一区域内各种琐碎的城市要素	占地 4.3 万 m²; "比一座街心花园大,比一座公园小"的城市中的林中空地; 建立公共友好的开放空间过渡,使地下空间能够与城市建成区形成良好的互动

中央菜场倒塌损毁,1971 年已被拆除,菜场搬迁至南郊的翰吉斯(Rungis),给予了莱阿勒回归重要公共开放空间性质的可能,可以与西部的卢浮宫(丢勒里花园)、南部的西岱(Cité)岛(巴黎圣母院)、东部的蓬皮杜艺术中心形成更加密切的关系。

(2)城市功能的置换

莱阿勒原有中央市场的迁移,使得城市中心区形成一块具有足够面积,又可以露天开挖施工的可用地,这在当时的巴黎是难能可贵的。因此,地铁快线(RER)车站建造在开挖空间的露天部位,同时把开挖空间向外扩展,以得到一块面积很大且能够高密度修建的地块。于是,莱阿勒区域将地面部分归还于城市,使得大量的人流交通、轨道交通、公共汽车、出租汽车等交通方式形成更有序的立体组织,同时使得各种交通流与停车场、换乘场地、商业服务用地之间形成立体有趣的联系。

(3)交通枢纽意义

法国主要轨道交通在 19 世纪缘起巴黎,呈放射型设置,并按照地理位置由不同的公司经营。在地铁快线(RER)建设之前,小巴黎轨道交通以地铁(Métro)为主⑱,郊区设近郊铁路,铁路向外连通,由铁路公司运营⑲。由于铁路公司修建的线路与市中心均保持一定距离,使得铁路交通未能直接横穿巴黎,郊区和郊区之间的联系更是不便,需要在城市边缘至少换乘两次才能到达目的地。为了"保护旧城区,发展卫星城",实现小巴黎与郊区之间的快速交通,并且能够充分利用既有近郊铁路与城市中心轨道交通区连接起来,实现卫星城—中心城—卫星城的直通服务,巴黎政府决定修建地铁快线⑳,利用地铁与近郊铁路。在中心城区(即小巴黎),地铁快线车站的平均站间距为 2.9 km,平均旅行速度为 50 km/h;在郊区的运营中,地铁快线在同一条线路上采用跨站运营和站站停靠运营相结合的方式,既缩短了长距离出行乘客的出行时间,也满足了近郊乘客的出行要求。

如图 5-17 所示,地铁快线网络沿重要的城市轴线铺设:由万森纳(Vincennes)城堡、卢浮宫以及圣日耳曼为重要节点构成了东西轴线;而南北轴线横穿塞纳河并贯穿西岱岛和夏特雷城堡(châtelet)。这两条轴线在莱阿勒区相交,使得莱阿勒区域自然成为两条地铁快线之间最为重要的枢纽节点。巴黎中心的夏特雷—莱阿勒(Châtelet-Les Halles)中心站的投入使用标志着地铁线开始正式运营,也赋予了莱阿勒区域重要的交通枢纽意义。

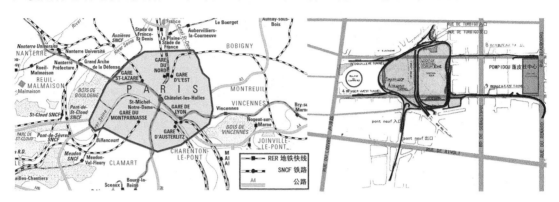

图 5-17　20 世纪 70 年代改造后的莱阿勒地区交通组织

(4) 改造的特色与遗憾

20 世纪 70 年代的莱阿勒改造布点,强调其交通枢纽的意义,虽然设计之初认为地下空间必须与地上空间联系,将地下部分与地上部分看作一个整体,提出"三度的空间组织"贯穿于形体与功能部分,但是这个思想并未被真正贯彻。项目内部的功能分区并不局限于水平分层,实现了以交通联系部分形成的立体网络联系各个功能分区。改造后的莱阿勒实现了使地下多功能中心成为巴黎城市网络的组成部分,有效参与各种城市运作,特别是交通系统的运作,但是并没有真正实现莱阿勒地下内部和地面公园与周边地面、地下环境的关系互动。

20 世纪 70 年代的布点改造侧重于交通枢纽的功能实现,重视地下空间的开发,在一定程度上忽视了区域地面的部分工程,区域内下沉式天井区域、交通换乘区域、室内中央商场区域、地面公园区域等各个区域之间关系离散(图 5-18)。莱阿勒成为一个巨型的地下建筑(是指地下部分),但是其内部的五层功能却各不相同,购物中心、电影院、温室、图书馆、公共服务的办公室、地下道等各成一体,相互关联性不强。此外,公园由于缺乏与其他功能区域和城市周边的联系与互动,使得该地段缺乏安全感,并没有成为巴黎真正意义上的主要公共空间。

3) 重视公共开发空间与城市中心区整合的改造建设——21 世纪初改造

进入 21 世纪,莱阿勒区域再次进入新一轮的改造建设中。此次改造对 20 世纪 70 年代的改造进行了反思,重视城市建成区的复杂要素,旨在完成巴黎中心区的升级,将其建设成为巴黎大区(Ile-de-France Region)的中心,并通过区域改造以地下空间为切入点,将该区域变成一个极度融合的多用途城市中心,形成通往巴黎心脏的桥梁。

方案采取了竞赛的方式,参赛方案对莱阿勒的中心地位给予了重视,并试图以交通空间重塑莱阿勒区域的多重城市要素的秩序与逻辑;更是希望能够通过对莱阿勒这样一个巴黎

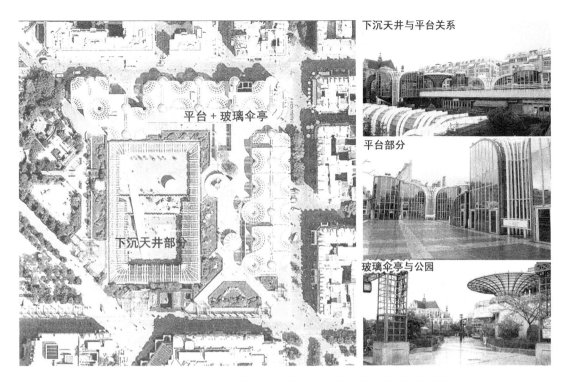

下沉天井与平台关系

平台＋玻璃伞亭

平台部分

下沉天井部分

玻璃伞亭与公园

图 5-18　20 世纪 70 年代改造后的莱阿勒地区现状(下沉式天井)

传统生长点的再利用,实现城市局部自下而上对城市整体的整合。最后四个方案入围(图 5-19),分别由 AJN 建筑设计事务所/让·努维尔(AJN/Jean Nouvel)、MVRDV 建筑设计事务所[①]/韦尼·马斯(MVRDV/Winy Maas)、大都会建筑设计事物所/雷姆·库存哈斯(OMA/Rem Koolhaas)、瑟拉设计组合/大卫·芒赞(Seura/David Mangin)设计,最终实施的方案是瑟拉/大卫·芒赞的方案。入围方案针对改造提出了各自的理念,重视梳理交通与重整公共空间:AJN 提出建设几个层次的花园,与整个城市结构呼应,形成花园、市场、服务设施、公共空间的有机混合;MVRDV 以"玫瑰窗"的理念整合区域复杂的要素,将其统一为整体;OMA 提出通过不同功能、不同标高的平面在垂直面延续,生成"塔";Seura /David Mangin 提出在巴黎城中建设一个"比一座街心花园大,比一座公园小"的城市中的林中空地。

(1)方案目标:莱阿勒——市内的林中空地

建筑师芒赞解释其建筑设计构想:"这将是巴黎市内的一大片林中空地";"比一座街心花园大,比一座公园小"。从区域西部的商品交易所(Bourse du Commerce)到方案的"林梢"透明屋顶脚下,占地 4.3 hm²。通过在莱阿勒商场上端林梢的高度建设一块巨大的透明玻璃天篷,来统一区域内各种琐碎的城市要素。

(2)交通组织整合公共空间

方案构建了三个层次的尺度——都市层面(L'Echelle Métropolitane/ Metropolitan Scale)、地区层面(L'Echelle Urbane/ Urban Scale)、城市街区层面(L'Echelle des Quartier/ Neighborhood Scale),利用不同层次尺度的城市要素对城市进行整合(图 5-20)。

宏观层次是基于巴黎城市的都市层次的尺度,主要考虑交通服务系统,除满足功能要求

图5-19 入围方案特点比对

外,还有必要为交通换乘提供有效舒适的空间。此外,由于莱阿勒作为巴黎的城中腹地,设计者希望能够使之成为巴黎绿地的中心,为交通活动提供良好的缓冲环境。

中观层次是以莱阿勒为中心的城市区域的尺度,重点考虑对城市结构起着控制作用的城市要素,其中包括基地西侧的卢浮宫区域、东侧的巴士底区域、北侧的塞纳河、南侧的林荫大道,旨在改变莱阿勒与蓬皮杜艺术中心、卢浮宫等相互离散的状态,创造内在的呼应关系(在20世纪70年代的设计中,虽然在设计之初提出了莱阿勒对城市区域层面的三维呼应,但是最终的结果差强人意)。

微观层次包括了莱阿勒地区以及以莱阿勒为中心的街道、城市广场、绿地公园等可供居民和游客休息、交流、活动的区域。这些区域要素与原有城市之间的关系最为密切,但是在

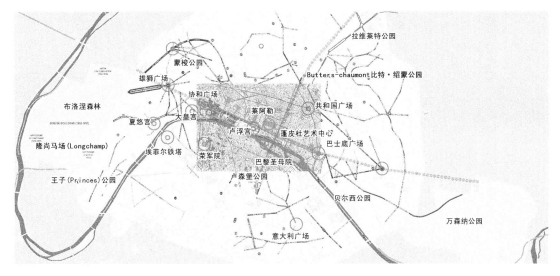

图 5-20　莱阿勒考虑的不同层次的城市要素

20世纪70年代的设计中并不成功,所以在这次的设计中,期望能借助这个层面的活力来推动莱阿勒向上与巴黎城市的整合。此外,设计者认为街区层面的经济活动,除了能够赋予公园活力外,还可以创造和地下层面的购物中心几乎相当的财富。

　　首先,方案的核心在于通过统一的大屋顶——玻璃天篷,对区域众多琐碎的城市要素进行整合。如图5-21所示,方案针对莱阿勒区域复杂琐碎的要素采取了控制整合的方针,通过一个22 m宽的商业中心,一个穿越整个基地的玻璃天篷(Ramblas),将分散的多元素(如商业中心与城市、花园、新建市场)之间有机地联系整合。通过理性的计算,对原有交通出入口进行了增加与删减,并结合城市机动车系统、自行车系统、人行系统对交通系统进行管制与整合。新建一系列不同层面的新通道,与现有莱斯柯(Lescot)地下通道形成对比,给旅游者以及此区域的交通使用者都提供更清晰的通道。

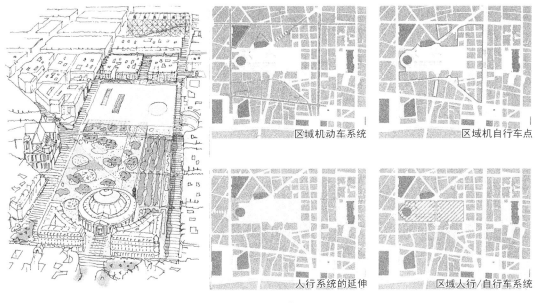

图 5-21　莱阿勒方案

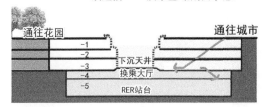

改造前——换乘区域剖面示意

通往花园

-1
-2
-3　下沉天井
-4　换乘大厅
-5　RER站台

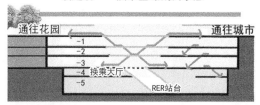

改造后——换乘区域剖面示意

通往花园　　　　　　　　　通往城市

-1
-2
-3
-4　换乘大厅
-5　RER站台

图 5-22　改造前后的换乘区剖面

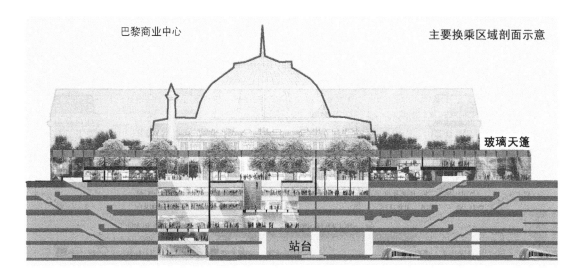

图 5-23　莱阿勒大屋顶下的换乘与商业

其次,莱阿勒将主要功能置于地下,解放了城市宝贵的地面空间。地面的玻璃天篷有效地实现了对城市复杂要素的统一,界定出了一定的区域,将商业中心和地铁转换站的入口进行了有效整合。如图 5-22、图 5-23 所示,玻璃天篷如同一个第五立面,对于室内的市场及换乘区域、商业中心、波布(Beaubourg)大街、周边高层建筑,都有着不同的意义;对于室内的市场及换乘区域,玻璃天篷提供更舒适的室内空间,就从内向外的视觉感受而言,它将是一个新的玻璃大厅;对于莱阿勒区域内部,这个玻璃天篷是一个低矮亲切的遮蔽天篷,而相对道路层却是一个可见而不突兀的新层面,使得莱阿勒区域与周边"隔而不断",形成一个充满活力的场所。

项目采取温和友好的尺度,期望更好地与巴黎的主要景点相互融合共生,区域内部的通道、长廊、花园、屋顶花园和丢勒里花园(Tuileries)、卢浮宫花园、大皇宫(Palais Royal)、波布(Beaubourg)大街、孚日广场(Place des Vosges)等之间,能够形成呼应和对话,不同目的的使用者在此都能找到属于自己的空间。此次莱阿勒的改造为巴黎的中心带来空间上的改变,同时又延续了传统的文脉,促使其成为城市中一处重要的公共空间。

5.7.3　莱阿勒改造对我国城市再开发的启示

城市地下空间发展的历史表明,地下空间发展往往是城市地面空间的补充,具有滞后性,地下空间开发往往在已有地面建设的现状下进行,在城市中心区尤为如此。这就要求,地下空间开发需与地面城市建设相结合,重视其要素间的互补、互动关系,否则地下空间的优势不能被发挥,城市建设将受到影响,形成地下空间资源的浪费。从简单的"地下空间利用"到"地下空间整合城市"需要重视以下几点:

(1)就城市空间构建的层面而言,城市形态具有历史性,设计师应重视城市建筑与城市要素的形态关联,在传承文脉的基础上与时俱进。

在城市连续生长的过程中,城市建筑从物质、空间的层面记载着历史,以自己独特的方式展示着人类发展的轨迹,它是历史记忆的"载体"。巴黎莱阿勒是自古以来自发形成的城市中心,是巴黎历史记忆的重要载体,在历次的改建中,城市建筑与城市物质、非物质环境进行不断地调整与适配,最终形成了现有的连续、有序的特征。

(2)就城市空间评价层面而言,设计师应重视物质空间与社会空间之间的跨界耦合,重视城市物质空间与社会生活互动作用下城市空间的社会效能,即城市空间的"生活效能"(表5-7)。

表 5-7　"生活效能层"的评价框架

生活效能层= f2(空间形态层,空间—生活规律)		"空间—生活规律"		
		空间—基本生活	空间—社会交往	空间—发展成长
空间形态	宏观形态	基本生活效能	社会交往效能	发展成长效能
	中观形态			
	微观形态			

一方面,城市空间与社会生活的耦合联系,依附于城市物质空间形态,即城市中"实体"的城市建筑与"虚体"的城市空间,这些城市要素除了提供城市生活的物质载体之外,对人们的生活模式有潜移默化的影响,进而定义了城市区域的空间秩序特征,并能够以多种形式反馈到城市物质层面,如20世纪70年代和21世纪初,莱阿勒区域改造前所呈现的一些社会问题,设计师将此作为该区域改造的契机和内在动力,有针对性地提出解决方案。另一方面,城市中人们的生活特征、生活需求定性了区域内人们的生活习惯、生活节奏,共同形成了区域社会生活的秩序和规律,并体现在人们对城市空间的使用中,设计师遵循以人为本的设计原则,重视区域与城市要素之间的联系,将城市地下空间开发也从简单的"地下空间利用"上升为"地下空间整合城市",为城市社会生活提供具有活力的载体。

(3)就城市建筑建设层面而言,应从城市建成环境入手,实现建成环境与城市建筑的内外共构、场所共构,以及空间体验中的行为秩序、知觉秩序共构。

首先,建筑与城市在本质上连续一致,除将与城市直接碰撞的公共开放空间作为重点之外,设计中应将私密的地下空间也作为城市的一部分,形成与城市建成区环境的对话,应用建筑城市学[22]的概念从研究城市建成环境入手,进而研究建筑与城市、局部与整体的关系,辩证地思考城市的建筑性与建筑的城市性,进而塑造空间的可识别性与延续性:将城市建筑纳入城市网络中去思考,提炼城市空间形态,再现于城市建筑空间之中。其次,在空间体验中根据城市建筑的开放性、可达性、复合性、连续性,在满足人们社会生活的基础上塑造行为秩序,从城市建成区与城市建筑之间内与外的心理感受入手,关注内外联结的方式,以及不同活动的复合性共存;在人们的感知层面,通过过渡性的边缘处理建立内与外的良好视觉联系,通过模糊性、不确定性的空间塑造空间的柔性界面[23]。通过渗透的作用打破原有界面,实现城市建筑与城市建成区的融合,赋予其连续的特征,最终实现整合城市的目标。

5.8　本章小结

城市生长点开发,其最终目的是以人为本,在城市中为其居民提供一个满足其特定需求的活动空间和环境。通过城市生长点相关城市空间的塑造,满足城市居民的需求,从而带动城市合理、有机的生长。

本章从城市生长点在城市中的开发机制及作用特点入手,关注其具体的布点建设,总结城市生长点开发之终极目标,从定性定位、建设强度、投入与培植、设计层面的总体协调四个方面提出城市生长点开发的总体原则,提炼出典型的城市生长点的开发机制与模式,并结合案例对其进行阐述与分析。

首先,从城市生长点的空间性质、空间构成出发,结合实际生活中居民对城市的功能、空间、环境需求,以及城市发展的内在需求,提出城市生长点开发机制的总体原则。

其次,梳理若干种具有代表性的城市生长点开发机制与模式。结合城市生长点的性质,参考《城市用地分类与规划建设用地标准》,结合城市生长点的布点建设、作用触发等契机,将外在的行政因素、环境因素、城市流通集聚因素、大型投资因素、重大城市事件因素等外在契机和特点与上述土地利用分类进行整合,得出以下具有代表性的城市生长点开发模式:公共开放空间模式、交通枢纽模式、CBD/Sub‑CBD 模式、城市事件启动的公共建筑模式、行政中心模式。并通过理论结合实际的案例分析,提出城市生长点的开发机制与模式大多具有混合性。

由于城市的复杂性和有机性,城市生长点的开发机制与模式会在不同的背景和时期呈现出千变万化的形态,而笔者的阅历和时间精力有限,很难涵盖到所有可能的开发模式,因此本章主要总结了在当下中国城市发展中较为常见的机制和模式。

注释

① 具体的分类与研究范围详见各个模式。

② 称之为 Polycentricity。

③ 称之为 Polycentric Urban Region,简称 PUR。

④ 美国学者屈菲尔提出“45 分钟定律”,在这个定律中他指出:城市的规模取决于人们在其中移动的难易程度,即多数人不愿花超过 45 分钟的时间在一次交通出行上。城市规模和最快交通工具的速度成正比,生活的品质也将与快速的交通系统息息相关,然而地铁的出现,将使城市无限延伸,人们的生活半径也不仅仅局限在原 45 分钟的出行范围之内。

⑤ 翁佳玲.以毕尔包分馆案例与台中分馆筹建案例解析古根海姆美术馆的国际分馆扩张模式[D].[硕士学位论文].北京:中央美术学院,2007.

⑥ 如对鲁尔煤炭公司每年减免税收达 2 亿马克,建立了 5 亿马克的鲁尔地产基金。

⑦ MA‑BA 模式展示的是建筑师之间形成设计合作的方式,共同对大型城市项目进行设计。其中,MA 是指总建筑师,即 Master Architect,BA 是指地块建筑师,即 Block Architect。这种合作协同方式的出现是在“现代主义”中期以后,随着二战之后大规模的城市重建,以及大规模的城市开发,往往需要建筑师们通过合作来完成大型城市项目的背景下出现的。

⑧ 1877 年英国伦敦制定了《大都市开放空间法》,这是具有现代意义的城市开放空间概念出现的标志。1906 年英国基于上述法案修编的《开放空间法》(*Open Space Act*)对开放空间进行了定义:任何围合或

是不围合的用地,其中没有建筑物或者少于 1/20 的用地有建筑物,剩余用地用作公园或娱乐,或者是堆放废弃物或是不被利用。美国 1961 年《房屋法》规定:开放空间(Open Space)是城市内任何未开发或基本未开发的土地,也就是游憩地、保护地、风景区等空间,它强调的是具有自然特征的环境空间。另外,坦科(B. Tanker)、都波(P. Dober)等学者也有类似的观点。

⑨ "我们对城市的整体意象主要是对于开放空间的景观而言的,那些空间如街道、弄巷、林荫道、市场、广场、步行街、停车场、回廊、公园、游乐场、山丘、河谷以及高速公路等编织而成城市。在我们想象的城市中,是这些城市的开放空间而不是那些建筑才是我们记忆里的。"——城市景观学家哈尔普因(L. Halprin)。

⑩ TOD(Transit-Oriented Development),即公共交通导向开发理论,是新城市主义理论的重要组成部分。由彼得·卡尔索尔普(Peter Calthorpe)提出的 TOD 模式,是以公共交通为基本背景,倡导以土地混合使用为原则的开发与设计模式,是新城市主义所提倡的社区发展模式。它强调"零换乘"的交通体系和人性尺度的行为方式。

⑪ TND(Traditional Neighborhood Development)即"传统邻里开发"模式,是由安德雷斯·杜安尼和伊丽莎白·普拉特赞伯克夫妇(DPZ 夫妇)提出,其核心思想是认为社区是由基本的邻里单元构成,每一个邻里的规模大约有 5 分钟的步行距离,单个社区的建筑面积应控制在 16 万—80 万 m^2 的范围内,最佳规模半径为 400 m,大部分家庭到邻里公园的距离都在 3 分钟步行范围之内。

⑫ 博拉辛顿(Brasington)在 2001 年的研究中发现小城市很难形成副中心,功能衰退的大都市区也很难发育新的副中心,而处于增长阶段且达到一定规模的大都市区的某些地段才有可能逐渐形成副中心,副中心的形成是市场经济内生的结果。

⑬ 转引自王苑、耿磊的《大事件触媒作用的反思——以南京河西新城为例》,该文为基金项目——国家自然科学基金项目(No. 40871077),节选自《规划创新:2010 中国城市规划年会论文集》。

⑭ 城市触媒是由唐·洛干(Donn Logan)和韦恩·奥图(Wayne Atton)1989 年在《美国都市建筑:城市设计的触媒》一书中提出的概念。它主要是指城市总体规划及城市发展带来巨而深远影响的物质与非物质的因素。其范畴广阔,有着多种形态,可以是城市的一个局部,如城市街区的开发,也可以是城市建筑的一个局部;可以是城市的开放空间等物质形态的元素,也可以是非物质的城市事件、城市政策、城市建设思潮、城市的特色活动,等等。

⑮ 当前国内大多数学者倾向于将此作为一个整体加以研究,很多城市也把"行政建筑"的集合作为行政办公建筑活动的整体,称为"行政中心"或"市民中心"—— 毛荣华. 社会背景因素下的现代行政办公建筑空间类型转换趋势研究[J]. 科技信息,2011(13):730,750.

⑯ 人民网,2010 - 04 - 13,http://www. sina. com. cn;中国经济网,2011-11-25,http://gb. cri. cn/27824/2011/11/25/110s3449585. htm.

⑰ 地下商场 1979 年 12 月建成开业,每天约接待顾客 12 万人次。

⑱ 巴黎的轨道交通系统包含四个层次:普通地铁(Métro)、地铁快线 RER、近郊铁路(Transilien)和轻轨(Tram-train)。

⑲ RER 实行共线运营和共同经营管理 RER 的共线运营:RER 的共线运营长度达 110 多 km。在城市中心区,RATP(巴黎大众运输公司)经营的 RER-B 线和 SNCF(法国国营铁路公司)经营的 RER-D 线共线运营。在郊外,RER 还与铁路郊线以及货运列车共线运营。管理:RER 呈由 RATP(巴黎大众运输公司)和 SNCF(法国国营铁路公司)共同经营管理的局面。

⑳ 在规划地铁快线时,巴黎公交公司对两种方案进行了研究:将地铁向郊外延伸、将近郊铁路引入城市中心。最终,巴黎公交公司采用了利用既有市郊铁路在中心城修建新线 RER 的方案。

㉑ MVRDV 建筑设计事务所是由韦尼·马斯(Wing Mass)、雅各布·凡·里斯(Jacob van Rijs)、娜莉·德·弗里斯(Nathalie de Vries)的姓氏组成。

㉒ 概念来自 Urbannis,目前并无达成共识的翻译。当代城市建筑发展呈现出室内化的倾向,建筑城市学概念由此而生,认为建筑与城市在本质上是连续一致的,不应在规模上做城市与建筑的区分。

㉓ 扬·盖尔(丹麦). 交往与空间[M]. 何人可,译. 4 版. 北京:中国建筑工业出版社,2002:128-200.

6 开发案例

6.1 公共开放空间模式案例一:巴黎贝尔西公园改造实践

城市公共开放空间,作为城市中"负形"构成对城市空间有机生长及区域整合具有至关重要作用。在城市空间的使用层面,相对于城市建筑,城市开放空间提供的是城市生活的"外向"空间,是城市建筑"内向"空间的重要补充,是将城市生活从建筑实体向城市空间释放与引导的重要空间。

城市建成区的公共开放空间布点,往往通过对旧建筑的改造实现,改造后的城市公共开放空间对城市结构调整、城市环境品质提升,以及缓和现代城市快节奏生活有着重要作用。尤其在密度较高的城市中心区,这种作用尤其显著。如 20 世纪 70 年代—21 世纪初改造的巴黎莱阿勒中心区,将原有城市功能主体转向地下,将宝贵的城市中心区的地面空间归还于城市,塑造了通往巴黎心脏的缓冲地带;此外法国巴黎的雪铁龙公园、德国杜伊斯堡北部风景园、美国的西雅图煤气厂公园等,都是在原有旧城区工业衰败后,对原有工业遗留进行改建、拆建,将原有工业区改造为城市开放空间,以少量的改造代价重新赋予区域以新的活力。而巴黎的贝尔西(Bercy)地区的改造,除了为城市中心区置入开放空间,通过建筑、景观的操作手法对城市记忆进行传承,以贝尔西公园改造为起点的巴黎周边城市的片断整合对城市有重要意义,值得借鉴学习。

6.1.1 巴黎贝尔西地区的复杂背景

1) 复杂的历史背景下典型的拼贴形态

巴黎的贝尔西公园与雪铁龙公园、拉维莱特公园并称为巴黎三大现代公园。贝尔西地区改造前呈现典型的拼贴形态[①],不同发展时代的特征都被叠加保留,形成了特殊的城市肌理。17 世纪贝尔西地区尚不属于巴黎,呈现乡村景观风貌;19 世纪随着贝尔西港口码头的作用凸显,形成以烈酒仓库为主要构成的肌理[②]。1859 年,奥斯曼对塞纳地区的重组将贝尔西最终并入巴黎,虽然进行了相关的仓库规划,但基本保持了原来的街道网络系统。贝尔西地区形成了不同时代片断的典型拼贴:不同时期的历史片断功能相对单一而易识别,而遗留的空间痕迹在此区域形成了相互叠合的状态。

2) 区域周边功能的复杂性

贝尔西周围的城市功能呈现混合的复杂状态。东北部及东南部为重要铁路站点,西南紧邻塞纳河,而政府希望通过贝尔西区域[③]的改造建设,为城市周边的城市活动提供空间载体进而增强城市周边活力;以贝尔西改造为起点,周边修建各种文化设施、写字楼、餐馆和 1 500 间公寓。此外,1984 年,基地西北角的巴黎贝尔西体育馆对外开放,塞纳河畔新建的财政部大楼以及基地内保留的葡萄酒仓库相关的商业开发,赋予了贝尔西新的特性,使它开始成为一个大型的复合的城市开发区,而贝尔西的改造正式通过"负形"公园的置入,整合了区域周边复杂的功能(图 6-1)。

6.1.2 城市生长点布点

1) "负形"公共开放空间整合城市片断

项目采取了公开的竞赛,要求从整个巴黎市的角度来构思公园;考虑未来将要修建的跨河步行桥(与后续的法国国家图书馆连接);要求为城市周边日常活动提供空间载体而不是单纯的大型活动场所；在设计中融入当地独有的特点、传统和历史；保留区域内已有的、状况良好的大树；此外，解决公园被北部高速路和铁路划分开来的问题。最后中标方案为"记忆的花园"，方案鸟瞰如图 6-2 所示。

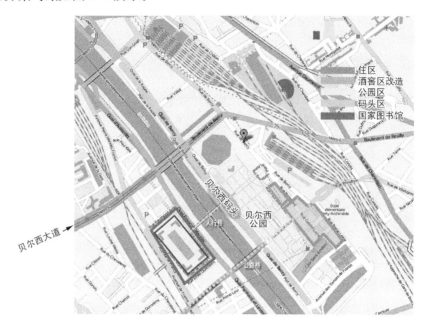

图 6-1　贝尔西公园整合的城市片断

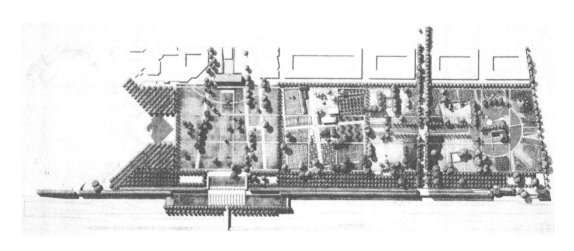

图 6-2　贝尔西公园方案

2）"正负互动"回应文脉的理性逻辑

设计师将地块看作一件城市古迹，在改造和建设中，期望能够尽可能保留城市记忆的点滴以形成"记忆的花园"。将新建适合现代城市需求的路网叠加在原有酒窖码头路网之上，深色部分为原有路网，浅色部分为新建方案路网，两套网络相互独立，形成立体网络，将不同的记忆"片断"整合在一起，构成"负形"公园的内在灵魂（图 6-3）。

第一套路网（图 6-3 中深色部分）是历史的网络：有选择地保留传统肌理来隐喻城市记忆与区域文化，保留代表贝尔西"灵魂"的路网，反映地区酒窖的历史文化记忆。其主要构成

图 6-3　贝尔西公园的路网叠加

为原有的道路和铁路线,通过保留其主要结构、材质,简单改造形成步行路网络系统,在此过程中,最大限度地保留了道路和历史古木的空间关系,与区域内改造的酒库相互呼应。

第二套路网(图 6-3 中浅色部分)是现代城市结构的网络:根据现有城市发展的需求进行叠加,充分考虑基地与周边环境关系,增设道路构成了现代公园的结构骨架,对话现代城市发展。一方面,基地东北角后续规划的贝尔西居住区(Bercy-Front de Parc④)采取框形的形式,面向贝尔西公园充分开放,形成了更大范围的住宅、公园、商业等不同区块的有机整合;另一方面,公园通过高差(图 6-4)形成的轴线构建了公园内部的空间节奏,穿过贝尔西基地的道路通过与后续规划的步行桥呼应,后建的步行桥与塞纳河对岸遥遥相望的国家图书馆形成了直接的联系,共同形成了城市开放空间的有机生长⑤。

对场地"负形"网络的补充与强化,则是通过场地内有选择的保留。贝尔西公园主体内原有的非正交的网络得以保留,反映并且保护了区域原有的历史特征,而与之呼应的"正形"花圃、200 多棵成年树、花圃中心的园艺所等小型建筑得到保留,形成了与保留网络良好的正负互动的关系(图 6-5、图 6-6)。此外,东北部的酒窖区⑥建筑的"正形"形体被完整保留,而其内容则被置换成了适合现代城市需求的商店、酒吧、餐饮等,酒窖区被称为贝尔西城(Bercy Village),以一种开放友好的态度呼应城市新环境。非物质的记忆也通过保留路名得以传承,如新加龙河路(Neuve-de-la-Garonne)、圣艾米利永街(Cour Saint-Emilion)等以葡萄酒产地命名的道路。

3)以巴黎贝尔西公园为原点的巴黎左岸的生长与整合

(1)"负形"公园绿地的开放性与联系性共同作用,形成内在与外在的秩序

公园内部通过不同层面的网格形成有力的控制,不同的区域通过不同的高差⑦联系在一起,通过秩序与空间节奏的延伸向城市整合——贝尔西公园—公园平台—贝尔西码头,公园平台将北部的公园与南部的城市景观(塞纳河及沿岸风光)联系在一起,通过平台与沿河道路的高差降低城市交通的干扰。公园与塞纳河相邻的平台上设水景瀑布,水流方向指向公园,而向南通过步行桥跨越塞纳河,与对岸的国家图书馆形成了隔而不断的联系。最终形成图6-7所示"国家图书馆—步行桥(穿越塞纳河)—贝尔西公园—住区"的空间生长序列。

图 6-4　贝尔西公园的路网

图 6-5　保留树林、道路、铁轨、建筑(改造后的酒窖区)

图 6-6　贝尔西城的现状与活力

图 6-7　公园和整体区域的关系(一)

（2）摒弃区域界限,引导后续"正形"发展

贝尔西公园的开放性与可参与性对周边住宅提出控制与设计的要求:三面围合的街坊、面向公园的点式建筑使绿色得以进入街坊内部、沿公园一边强调横向联系。事实证明,这是一个双赢的要求,使得公园不仅仅是城市中的一个盆景,而且是能够开放地渗透进入城市之中,提升周边住宅的环境质量。如图 6-8 所示,整个区域中的公园、住宅、餐厅、电影院、小商店和地铁口都方便地联系在一起,不同功能、性质的城市要素在"负形"的引导下共同构成了一个整体。

（3）后续"正形"贝尔西居住区对"负形"的尊重

贝尔西公园北部的贝尔西居住区[⑧]的建设体现了对公园"负形"塑造的空间秩序的尊重（图 6-9、图 6-10）,住区的设计师让-皮埃尔·博非（Jean-Pierre Buffi）评价贝尔西公园为 Une Démarche Plurielle[⑨],意为"为城市带来一系列更新与变化的单点的介入"。住区是通过建筑整合与更新实现,是中高档住房和社会性住房（经济适用房）混合的住区,旨在体现各

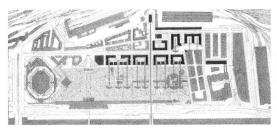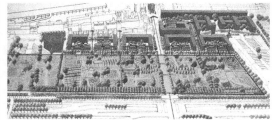

图6-8　公园和整体区域的关系(二)

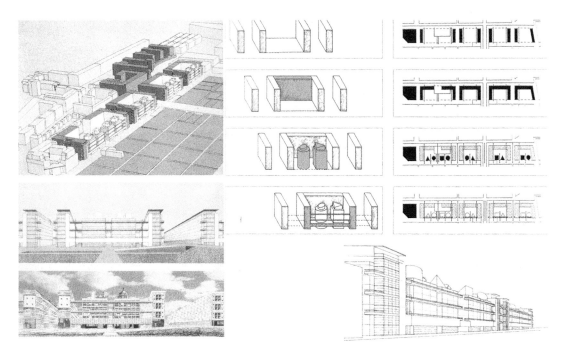

图6-9　贝尔西居住区住宅模式的生成

阶层的平等,故引导其毗邻而居,避免弱势群体的过分集中所带来的社会问题。虽然住宅的内容呈现混合复杂的状态,但设计师从传统街区的围合体块出发,考虑具体的功能配置以及不同的城市居住元素在整体上的平衡,整体的框架既实现了多种混合要素的整合统一,又形成了对贝尔西公园的呼应。

　　住区从开始的混合住宅的概念,到公园、住区的无界限,使得景观能够服务于大众,服务于社区;乃至在最后的建筑细部设计过程中,建筑师考虑的也不仅仅是一个完美的形式,而是从城市整体出发,呼应南部的贝尔西公园,最终在此形式下实现了各个方面的综合需求,使得功能和形式达成和谐统一。事实证明,整个社区是充满活力的。

6.1.3　经验与反思

　　1) 城市建筑与公共开放空间"正负互动"的整体意识

　　随着城市综合开发的发展,城市中作为"正形"建筑的规模与范围也愈来愈大,与作为"负形"的公共开放空间之间的互动显得尤为重要。为此,设计师不能仅仅局限于一个单纯的城市局部空间去思考问题,而应把公共开放空间作为城市的一个有机组成部分进行设计。

图 6-10　从贝尔西公园中看贝尔西居住区

具备整体意识才能使得公共开放空间成为城市体系中具有能动性的良性构成之一。

2）充分利用关联性，以点带面

要素间的关联性是城市与生俱来的特色。现代城市所呈现出的形态、结构、文化特色等，是城市随着时间的推移，通过城市建设、改造、更新等城市行为，不断自我生长代谢的结果，其动态性、关联性、复杂性也随之日益显著。而现代城市面临的一系列问题，如人口问题、城市用地问题、生态环境问题等，正是要素间的关联出现问题的反映。作为城市"负形"的开放空间，其自身具有改善城市问题的优势，因此可以增设"负形"去影响城市区域，从而达到改善城市整体环境的目的。

3）放眼长远

首先，城市开放空间的经济回报往往是隐性的，体现在后续的城市区域提升等方面，其社会、环境、人文等方面的收益与回报往往大于经济回报；其次，"负形"置入较"正形"建设而言相对温和，其由点及面作用于城市区域的过程往往需要一定的时间。在此过程中，后续的城市建设需要尊重作为引导性"负形"的公共开放空间，如贝尔西公园之后建设的贝尔西居住区以及塞纳河左岸商定发展区 Z. A. C（Zone d'Aménagement Concerté）工程都充分体现了对公园的尊重。只有这样，才能使得"负形"的城市开放空间真正实现"以负为正"对城市的有机整合。

6.2　公共开放空间模式案例二：苏州工业园区金鸡湖

随着现代城市的发展，可持续发展思想在城市建设中逐渐受到重视，许多城市在其发展建设过程中,都将城市公共开放空间,尤其是城市绿地公园建设作为其重要组成部分。在我国,尤其是在城市新城(区)发展建设中,城市公共开放空间,尤其是城市绿地公园的数量与质量都成为衡量一座城市是否宜居的一个重要标准,而以城市绿地公园等作为城市生长点布点的也屡见不鲜,其中苏州工业园区的建设便是其中成功的代表。

6.2.1 建设背景

1)区位

苏州工业园区是中国和新加坡两国政府合作开发的一座新城。工业园区位于苏州古城的东侧,区内的金鸡湖是国内最大的城市湖泊。工业园区的开发,是由金鸡湖为原点沿湖岸周边向外展开的。金鸡湖在苏州这座具有深厚水乡文化背景的城市中,起到公共开放空间带动城市发展的作用,成为工业园区的城市生长点。

2)契机

1994年,中国政府和新加坡政府签署了一份共同协议,计划展开一个世界级的混合用地开发项目——以金鸡湖为中心的多用途的开放空间。如图6-11所示,整个规划以金鸡湖为核心,集合了苏州水乡城市特色,将土地利用与城市景观结合起来。

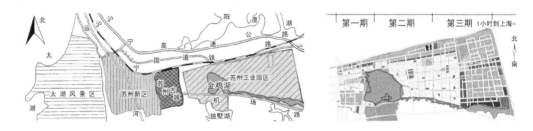

图6-11　金鸡湖的区位及工业园区的开发序列

6.2.2 城市生长点布点

在金鸡湖滨水区公共开放空间的开发中,设计将苏州古城的历史文化内涵与现代化都市的概念相结合。从东北到西南的一条轴线将其分成两个部分,形成一定的对比。西北部体现城市的现代特色,以年轻、活泼、充满能量的气质与东南部的自然宁静氛围形成对比。

1)混合有机的多点串联

滨水区域实现了不同性质的空间组合,各自独立却又整体有机连贯。整个湖区由8个重要组成部分共同构成:城市广场、湖滨大道、文化水廊、玲珑湾、金姬墩、望湖角、水巷邻里、波心岛(图6-12、图6-13)。这些重要组成部分形成异质相吸、互补促进的作用,相互组合形成功能性质不同、规模尺度不一的开放空间,将商务、商业、休闲、餐饮、会展、文化等多种不同的功能组合在滨湖的城市建筑之中,共同围绕水面形成了变化丰富的滨水开放空间。不同的组成部分形成了相互独立、互补依存的有机联系,整体上围绕湖区塑造了不同的特色,却又保持了湖岸滨水空间和天际线的连贯性。

金鸡湖周边的土地开发结合重要的节点——城市广场、文化水廊、望湖角之间通过绿地、建筑的呼应与有机串联实现了空间序列的过渡。城市广场重点体现湖西的城市特色,与文化水廊隔湖相望形成呼应,实现了湖东与湖西的对话,突出了湖区的文化特质,望湖角则突出生态理念。

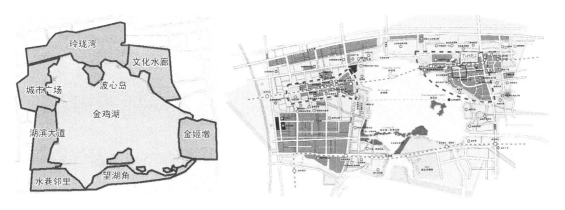

图 6-12　金鸡湖周边土地开发

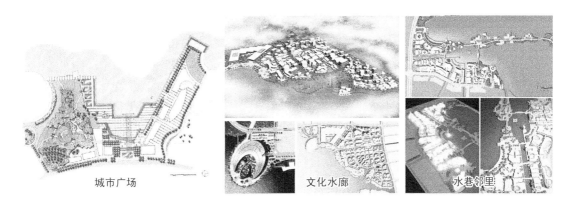

城市广场　　　　　　　　　　文化水廊　　　　　水巷邻里

图 6-13　城市广场、文化水廊、水巷邻里

2）公共开放空间的开放性与均好性表达

整体规划实现了公共景观资源的开放性与均好性。如图 6-14 所示,金鸡湖是工业园区重要的城市景观,通过这种开放空间模式进行城市生长点布点需要一定的魄力和管制,避免因为短视造成的土地开发混乱与对公共景观资源造成的掠夺。在这点上,金鸡湖整体规划上通过对开放空间交通的引导,一方面限制开放空间中的车流量,以公共交通的方式使得市民可以到达公共绿地、公园和水边,避免了环境污染的同时又保证了居民的可达性;另一方面,规划中所有的街道都具有一定的指向性,均朝向金鸡湖,使得周边的城市建筑均能拥有良好的视野,进一步为公共开放空间的均好性提供了保证。

图 6-14　金鸡湖畔的公共开放空间

6.2.3 经验与反思

1）重视社会效益

在我国,对滨水开放空间的利用已初具一定的模式,单在其建设开发过程中就往往混杂有对短期利益的追逐,而忽视了其社会效益及隐性经济效益,导致对滨水开放空间的挤压和侵蚀,加剧了该公共开放空间与土地开发利用二者的矛盾,产生一系列的问题,这就需要对城市公共开放空间模式的城市生长点的布点建设有正确的认识。金鸡湖的滨水布点开发体现了对社会效益的重视,规划上对其周边土地开发的管制避免了对片面经济利益的追求所导致的开发混乱,使得其开发能够有序合理进行;规划设计方面为公共开放空间资源的全民均好性提供了一定的保证;金鸡湖坚持环湖 22 km 的土地是公共开放的,环湖景点免费开放,使得处于工业园区黄金地带的金鸡湖的环境效益和社会效益得以最大限度发挥。

2）可持续发展的重视

在整个金鸡湖滨水开放空间的开发中,自然环境得到了空前重视,水质的治理与水系的组织,以及规划对生态和交通的引导控制都体现了可持续发展的思想。具体的建设中,通过利用自然的和人造的湿地、融汇溪流等方法结合污染控制,在管制中对城市污水进行控制,形成都市自然循环系统⑩。可持续发展思想的落实,为金鸡湖的长远环境效益以及社会效益的产生提供了保证。而金鸡湖滨水开放空间形成如今的多样化、混合化的活力空间,对提升周边环境质量有着至关重要的作用,而从实践来看,也对城市的经济起到了拉动的作用。

3）混合有机发展

从建设层面来看,金鸡湖滨水开放空间的城市生长点布点发挥了城市生长点的跨界耦合作用,通过开放空间的合理开发,将城市的不同斑块有机的缝合,从而实现了以金鸡湖为圆心,沿湖周边的混合发展,而不同功能、性质的城市板块相互之间产生异质互补的作用,最大程度发挥了城市生长点的生长作用,并在工业园区建设中形成规模效应,进而产生新的集聚力量,促进城市生长发展。

4）相关支持

需要注意的是,由于公共开放空间多与城市绿地城市水系有着密切关系,除涉及土地部门之外,还涉及城市航运部门、园林部门、城市防灾防洪等相关部门的管理。在规划建设时往往需要多机构的相互合作,不同部门之间的相对独立性,对滨水开放空间的建设具有一定的制约性,则容易造成一定范围的脱节现象,应尽力加强合作。

6.3 交通枢纽模式案例一:南京南站

6.3.1 建设背景

1）新旧更替背景

从南京的城市发展中可以观察到,南京城市的原始生长点自明朝期间就已经形成,经历了近代的城市建设,已经具有一定规模。南京西站(又称南京下关火车站)城市生长点的布点,是依托重要交通线形成的集聚效应,初始时期离城市原有建成区具有一定的距离,与原有城市生长点形成间隔跳跃,此后的城市生长沿铁路线发展体现了交通枢纽型城市生长点的线性吸引力。通过将近一个世纪的城市生长发展,现在南京西站已经完全处于城市建成区内,逐渐开始了融入城市肌理的过程,其生命周期逐渐走向尽头。

在现代南京城市的发展中,随着铁路枢纽南京站以及南京南站的建设,尤其是新的交通枢纽南京南站的建设布点,南京80%以上的客流将实现在南京南站分流,南京下关火车站的枢纽功能更是被削弱。

现如今,南京下关火车站作为城市生长点的性质已经被削弱,交通枢纽功能已经不复存在,但是南京下关火车站是南京历史的重要见证,是城市发展的重要生长点,经过铁道部和江苏省、南京市等多方面考虑,车站候车厅、下关电厂、大马路沿线等一批具有较高价值的历史建筑将会被保留,将站房、大厅等民国建筑以及火车头、钢轨等与铁路历史发展密切相关的城市遗产进行保留,将其改造成为一个铁路博物馆。

2) 交通枢纽生长点带动新城建设

南京南部新城是以南京南站为中心,规划整合总面积约为180 km²。如图6-15、图6-16所示,在南部新城的建设中,以南京南站为核心的南部新城核心区是新城区建设的触发点,南京南站交通枢纽区域担当了新城区建设的城市生长点。其布点建设对南京城市结构形成了重要推动,使得南京现有的河西新城区与老城区并列的模式被打破,以南京南站为契机的南部新城核心部分的建设将会使南京形成三足鼎立的多中心模式,远期对更远的浦口新区、仙林新区、东山新区的发展实现推动。目前以南京南站城市生长点为启动点,南京南部新城的基础设施、交通路网等重点工程建设已经在进行中。

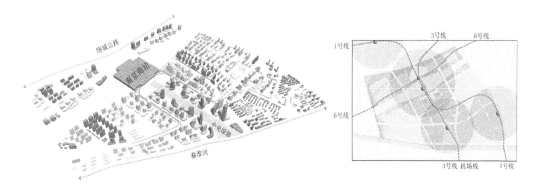

图 6-15　南京南站与南部新城结构

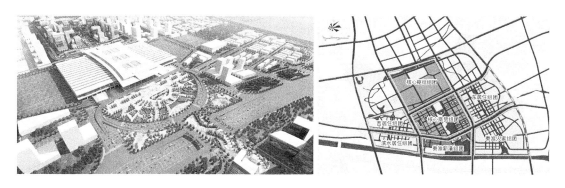

图 6-16　南京南部新城和交通枢纽组团的关系

6.3.2 城市生长点布点

1）混合状态的整合

现有的南京南部地区在历史的发展中形成了一定的混乱状态，如该区域五个行政机构平行管理、两条快速道将空间划分为四个不相关的发展区等，形成了一定的混乱、隔离状态。借由南京南站城市生长点的布点建设，将实现南部新城核心区的城市中心建设，有望整合原有城市肌理，确立该地区在城市未来发展中承担南京主城第三中心的重要地位（图6-17、图6-18）。

南部新城的建设是通过交通枢纽城市生长点的设置，重新整合升级城市功能，从而对新城区的生长进行推进与控制，具体方法为：按照市级中心的标准进行各项功能的配置，大范围整合交通、商业、文化、教育等功能配置；并以南京南站交通枢纽建设为契机，对空间布局、道路交通网络进行优化，整合梳理区域水系与自然文脉，明晰铁路南站南北景观轴线和机场跑道轴线，实现南京南部新城的有序有机生长[①]（图6-19）。

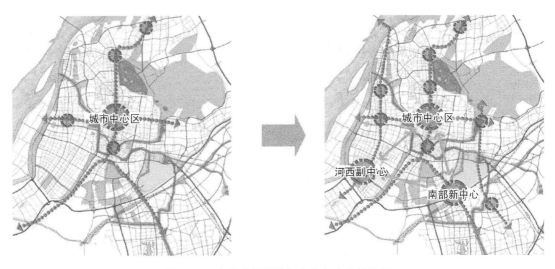

图6-17 南京南部新城与南京多中心的建设

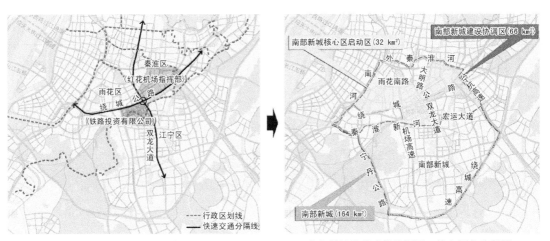

现状行政区划与快速交通分隔情况　　　　南部新城及其建设协调区、核心区启动范围

图6-18 南京南站有效促进城市的整合发展

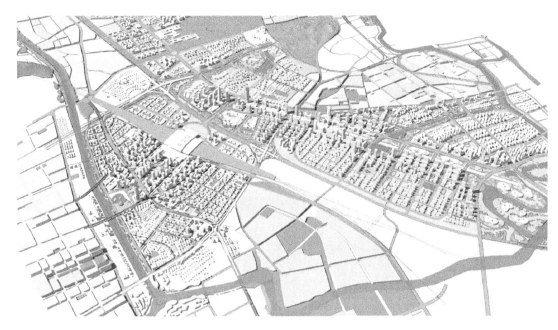

图 6-19　南京南部新城整体结构

2）交通枢纽建设

南京南站是一个复合型交通枢纽,汇集京沪高铁、沪汉蓉城际铁路、宁安城际铁路、宁杭城际铁路等四大客运专线,连接沪宁城际铁路,形成 3 场 28 条站线的特大型铁路客站,共设 28 个旅客站台。同时实现与南京地铁的驳接,南京地铁 1 号线南延线南京南站同期开通(图 6-20)。由于其作为重要交通枢纽,集聚作用较强,是南部新城核心板块中的重要部分和启动生长点。

3）交通枢纽生长点带动新城发展

以南京南站铁路枢纽组团为城市生长点,南京南部新城的核心部分建设分为四个步骤,实现了以交通枢纽为中心向周边生长发展的生长模式(图 6-21、图 6-22):一期——结合车站及周边主要交通设施,对周边区域进行开发,并完成区域内主次干道及主要市政设施建设;二期——整合现有土地,结合宁溧路改造工程,对宁溧路周边进行开发,并建设主要的支路体系;三期——完成景观轴线及两侧商务用地的建设,综合开发秦淮新河滨河区域,完成整个区域的道路体系建设;四期——完善各类用地的建设。

6.3.3　经验与反思

1）混合性、连通性与集聚性

以南京南站城市生长点启动的南京南部新城建设,是具有一定时代特色的高铁新城建设,集中体现了交通枢纽模式的特点。

(1)混合性:混合性分两个层面,第一个层面是交通模式的混合性,南京南站的布点建设将铁路南站、公路南站、南站公交以及轨道枢纽有机整合,实现了铁路、公路、轨道、公交、出租、社会车辆交通模式的有机融合,多种交通体系交汇于此建立起与老城老旧城市生长点的有机联系,同时增强新城中心周边区域的通达性,形成立体便捷的交通体系。第二个层面是,以南京南站交通枢纽为原点的南部新城核心区域,综合考虑商业、服务、居住等城市功能

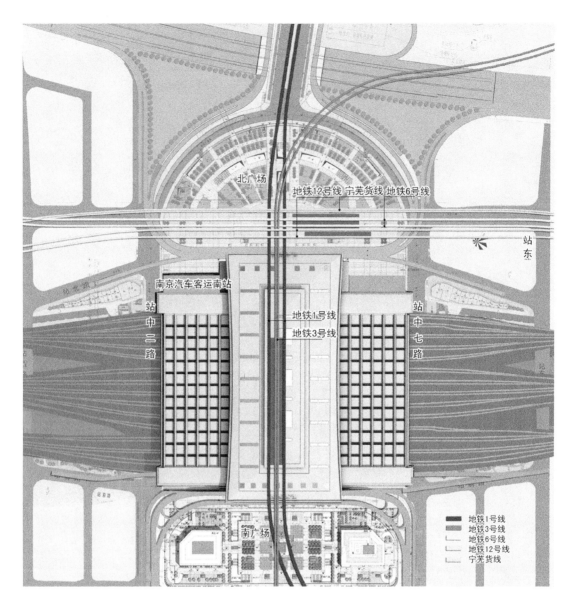

图 6-20　南京南站周边轨道交通

图 6-21　南京南部新城核心部分开发步骤

的混合发展。此外,在建设层面,高铁、站房、周边土地开发、地下空间开发与道路的分期建设相互协调,实现空间的立体开发与建设的近远期相结合。

（2）连通性与集聚性:南京南站自身为南京城市重要的交通枢纽,具有连通性与集聚

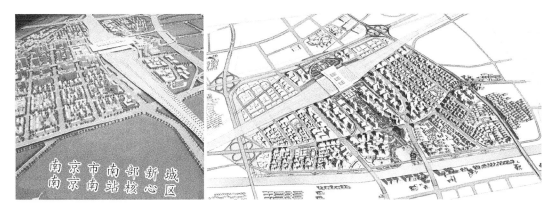

图6-22　南京南部新城核心部分鸟瞰

性,其自身整合多种交通模式,实现了不同交通方式的换乘,在南京南站与南京主城区之间、南京南站与江宁区之间形成了有机、有效的联系,实现城市有效连通的同时,以其自身为核心形成集聚效应。

2）高铁新城建设应预防"大跃进"

我国已经进入高铁时代,借出高铁站点的布点进行城市新城建设,是一种有效的新城城市生长点布点的模式,但是高铁新城建设应当预防"大跃进",需要考虑新城建设与老城之间的有机、有效联系。高铁新城往往需要大量的资金投入与政策支持,如南京南部新城建设计划投资千亿,通过10年打造南部新城,对城市财政各个方面都会形成一定的压力,其建设应当与城市发展内在需求相吻合,避免形成对资金、城市资源的浪费。

6.4　交通枢纽模式案例二：东京涩谷

6.4.1　建设背景

东京现有七个副中心,形成了一定的层次,这样的城市多中心形态与城市的交通结构体系是密切相关的,其副中心的生长与城市交通结构体系的生长相辅相成。东京的城市副中心建设的同时,非常注重城市交通体系的相关建设(图6-23)：首先,修建了一条环市中心的轻轨线,依托各个交通枢纽中心把各个副中心连接起来。其次,以这些副中心为起点,修建了众多呈放射状、向近郊或邻近城市延伸的轻轨线,并在线路末端发展起新的中小城市和工业中心[12]。

东京的多中心建设与轨道交通密切相关,涩谷是其1958年确立发展的新中心之一,经过几十年的建设,形成了以涩谷轨道交通站为核心的充满活力的街区——涩谷成为重要的城市生长点(图6-24)。2009年7月开始的涩谷"都市核心"(Hikarie)再开发,是结合轨道交通站点进行城市生长点布点的新一轮建设,属于在原有站点基础上进行城市生长点再布点的一种模式,以交通综合体建设布点带动涩谷站周边的城市再开发。

6.4.2　城市生长点布点

1）交通功能整合与加强

涩谷站是位于日本东京都涩谷区的一个主要铁路车站,路线包括东日本旅客铁道(JR

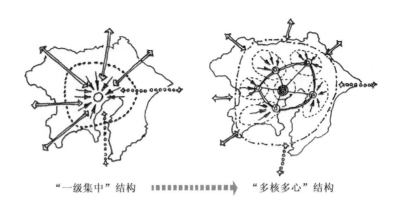

"一级集中"结构 ■■■■■■■■■■■■➤ "多核多心"结构

图6-23　东京大城市圈的结构调整方案

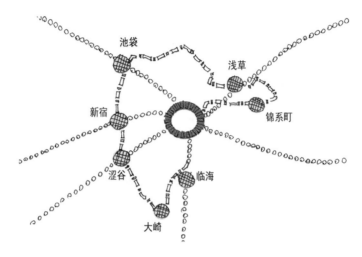

图6-24　东京都市圈多中心城市空间结构示意图

东日本)、东京地下铁、东京急行电铁(东急)、京王电铁等。涩谷站是东急东横线、田园都市线、东京地下铁银座线、半藏门线、副都心线和京王井之头线的总站⑬。涩谷站是8条铁路网中的交通枢纽站点,是东京最繁忙的车站之一⑭,仅次于新宿站(364万人)、池袋站(271万人),成为日本最繁忙的车站之一。而包括使用车站作为直通联络的乘客,涩谷站共达到285万人次。涩谷站城市生长点的布点建设(图6-25至图6-27),实现了城市生长点与城市中心的主要区域、羽田机场、成田机场之间的连通性,与银座、新宿、池袋、浅草形成特色不同的生长点关系链条,而步行可达青山、原宿、代官山、惠比寿等街区,与城市的其他生长点之间形成密切、有层次的联系,共同促进城市的繁荣。

2) 以涩谷都市核心(HIKARIE)启动的混合生长

以涩谷交通枢纽为核心的城市生长点——涩谷街区是一个混合性的街区,其构成具有多样性(图6-28),区域具有多样性的街道、变化的地形以及特色的店铺;而其性质具有混合性,涉及艺术、广告、信息、时装等多种产业。

涩谷的新时期城市生长点布点,依旧以城市交通枢纽为核心(图6-29),以整合区域整体开发为目的,针对涩谷车站、车站广场、道路进行整体整合和综合建设,其核心部分为涩谷都市核心(HIKARIE)(图6-30),以都市核心建筑综合体为核心形成一个混合的新文化街

图 6-25 涩谷都市核心鸟瞰

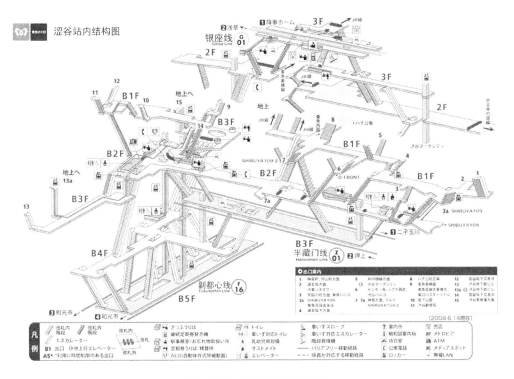

图 6-26 涩谷站内部地图

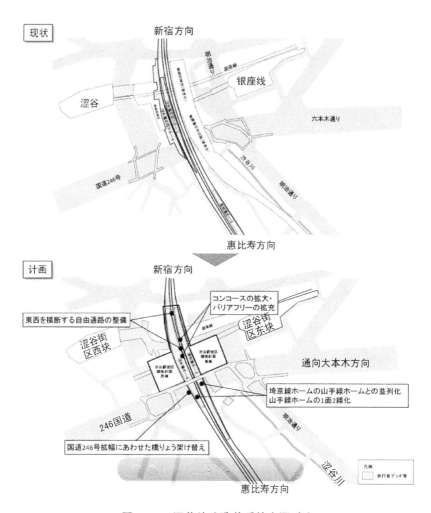

图 6-27　涩谷站改造前后的交通对比

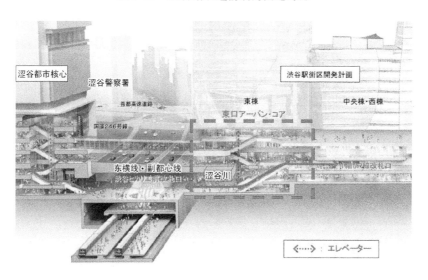

图 6-28　涩谷站改造后的交通整合示意

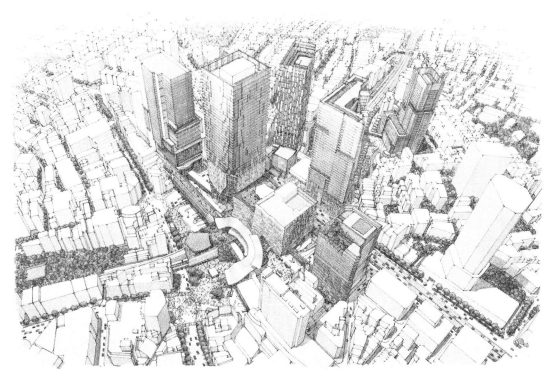

图 6-29 涩谷区域改造示意

图 6-30 涩谷都市核心

区,有机融合区域内的办公、商业、文化、交通等。如图 6-31、图 6-32 所示,涩谷区域的改造是以涩谷都市核心为触发点,结合周边高层公共建筑改造建设,形成规模效应。目前除都市核心建成外,其他建设项目都正在实施中。

3）涩谷都市核心的空间立体利用整合城市

涩谷都市核心是一个具有高混合性的城市公共建筑（图 6-32、图 6-33）,通过空间的立体利用实现基础设施与街区的立体耦合,建立水平与纵向的立体流线与空间;其建筑主体坐落于区域的公共空间交叉点上,实现了对城市区域一定的控制,为人流提供了集聚空间;作为建筑综合体,都市核心结合涩谷站前广场形成标志性的空间,在城市中具有较高识别度。

具体而言,都市核心实现了空间立体化的使用,利用涩谷的原有山谷地形,以及周边轨道交通网络的汇集,在一层、二层、三层位置,实现与周边道路的连接;地下三层与地铁站副都心线、东横线的涩谷站实现连接;利用地形组织多层的立体交叉人流,利用步行高架桥将不同标高的几个外部街区连接起来,形成了人行交通枢纽与轨道交通枢纽的新连接,实现了与原有城市网络的耦合,同时强化了与城市原有网络的连续性,实现了交通的一体化（图 6-34）。

6.4.3 经验与反思

1）立体化整合城市

立体化实现了空间的高效利用、与周边街区的立体耦合,形成了立体化的城市广场。具体处理手法为,在地面标高 60 m 处组织剧场花园,形成该地区标志性的空间;此外还结合不同的标高,立体组织了商业、剧院、办公、展示、创意实验室、餐饮等空间,实现了功能的混合化、多样化。

2）城市生长点再激发带动城市更新

远期展望,作为新时期的城市生长点,涩谷站都市核心还肩负了涩谷车站基础设施改良升级的先头工作,通过基础设施与城市建筑的优化改良,整体推进原有车站区域的城市副中心核心区的建设,对其周边土地的城市更新、改造、再生有一定的刺激作用。根据资料,以涩谷为核心的地区再开发有如下内容:车站大楼的重建扩建,涩谷车站的功能更新升级、重组改造,涩谷站前广场和相关道路等基础设施的扩建整合。

图 6-31 涩谷区域城市改造计划平面示意

图 6-32 涩谷区域城市改造计划鸟瞰

图 6-33 涩谷都市核心的功能

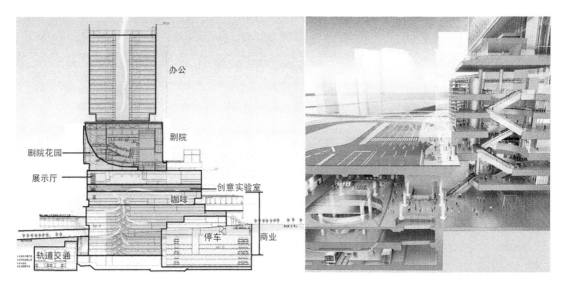

图 6-34　涩谷立体空间利用及剖面

6.5　CBD/Sub－CBD 模式案例一：浦东新区陆家嘴

6.5.1　建设背景

浦东长久以来就是上海重要的交通枢纽，拥有航运的洋山深水港和外高桥港区、空运的浦东国际机场等重大功能性枢纽。无论是航运、航空、铁路、城际高速路都在此有着重要的交通节点，拥有水、陆、空三位一体的交通优势，此外，桥梁、海底隧道、地铁、磁悬浮将浦东与周边区域紧密联系起来（图 6-35）。

在规划层面，上海浦东新区的建设规划进行了若干城市生长点布点，而陆家嘴 CBD/Sub－CBD 模式的布点则是上海浦东发展的触发点，也是最具有影响性的关键战略步骤。

上海传统的商业中心多集中于黄浦江西岸，与陆家嘴隔江相望，而时代的发展使得外滩与浦东的联系逐渐变得紧密，浦东的发展反映了城市发展的内在需求。在规划之初，早期的五个规划方案也是各具特色：福克斯（Foksus）方案，借鉴西欧城市与上海传统城市的模式，设想在核心区内建成"城中城"的高密度金融贸易城，以周边低层建筑为主，形成城市肌理的层次；伊东丰雄（Toyo Ito）方案，提出条码式带状发展的城市结构形态，沿黄浦江向南发展；佩罗（Perrault）方案，强调与外滩的对比与呼应，提出在朝向外滩的地带建立高层带，以彰显现代城市的形象；罗杰斯（Rogers）方案，提倡以公共交通为基础组织城市结构，保持东西向轴线，核心区以圆形的形态格局为主；上海的方案，在浦东新区的发展中，强调以陆家嘴作为触发点，逐渐向东南发展，与其他的几个城市生长点形成生长轴，通过城市生长点之间的关联性产生连带效应，进而促进整个浦东的发展。

通过以上五个方案的比对，工作组综合提出了三个方案。再次经过比对与综合，最终提出了上海浦东发展的几项原则，如图 6-36 所示。

空间形态格局上，采取中央核心区建设超高层三塔作为标志性建筑，外围以弧形高层带以及其他开发带的高层建筑所围合，形成从中心到外围的层次。视觉上考虑江景，高层带与外滩之间隔 600 m、1 200 m、800 m，形成滨江建筑的高度变化，视觉上形成由核心区高层带到滨江带渐次跌落的层次，重点建筑与高层带之间形成高低错落的韵律的同时，其高度与体量也具有一定的层次。

具体的城市空间塑造中，整个规划区域分为五个区（图 6-37），以绿地做结构分割，同时实现步行的连续，并形成功能的连续与空间节点。视觉上考虑不同角度的视觉通廊，注重城市意象的塑造。

图 6-35　上海浦东陆家嘴地区规划模型

注：右图黄浦江中线条为过江通道。

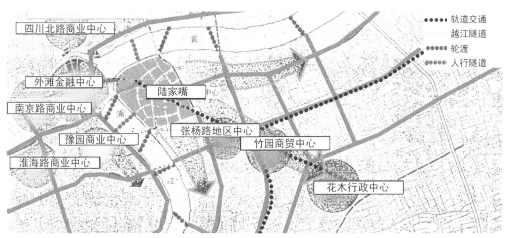

图 6-36　浦东发展示意图

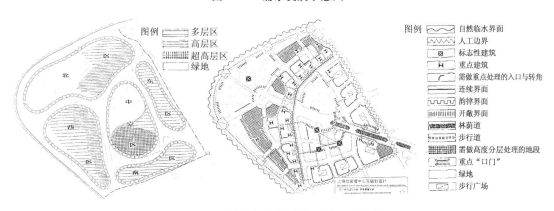

图 6-37　上海陆家嘴规划图（分区、界面）

6.5.2 城市生长点布点

1) 城市生长点承前启后

浦东的发展,其起始点与触发点为陆家嘴,处于与外滩隔江相望的凸角之处。随着上海城市的不断发展,城市呈现出需要跨江发展的趋势,而陆家嘴正是跨江发展的第一个点,具有承前启后的作用。

与其他 CBD/Sub-CBD 模式的布点建设一样,交通系统与基础设施建设得到重视。由于与老旧城市生长点跨江相隔,跨江交通也得到了重视。通过隧道车道、地铁、人行隧道来加强,如延安东路越江隧道、大连路越江隧道、复兴东路双层越江隧道、一条越江地铁 2 号线、轨道交通 4 号线、南浦和杨浦两座大桥、外滩越江人行隧道等(图 6-38)。

在陆家嘴金融中心区(即小陆家嘴)以滨江大道、世纪大道等为结构主体,与中心绿地构成整个城市生长点的骨架结构,地下结合轨道交通形成立体的交通系统,进而形成道路网格体系(图 6-39)。

2) 建筑设计营造 Sub-CBD 城市意象

对于 Sub-CBD 而言,城市建筑的设计水平对城市意象的构建具有至关重要的作用。陆家嘴核心区的建筑设计、建设都颇具水平,充分彰显了上海国际大都市城市副中心的魅

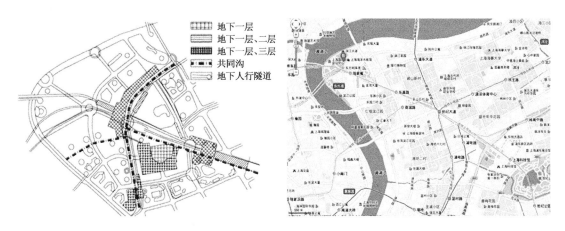

图 6-38 区内立体交通与跨江交通

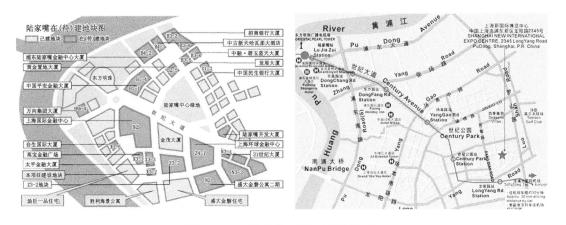

图 6-39 东陆家嘴建筑与交通结构图

图 6-40　陆家嘴商务区

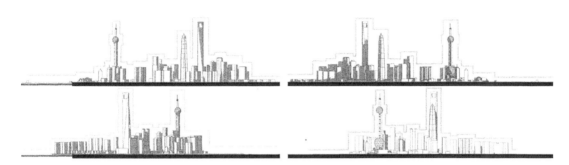

图 6-41　陆家嘴区域主要建筑不同方向的天际线

力。核心区高层建筑根据功能性质形成一定的组团,并且在高度上形成一定的层次与韵律,更是在黄浦江形成错落有致的天际线。现在,沿江已形成以东方明珠为核心,高层建筑鳞次栉比的城市意象(图 6-40、图 6-41),对于城市环境的提升有着重要的意义。

整体上,纵观陆家嘴的发展,可以分为以下三个阶段(图 6-42、图 6-43):

(1) 1993—1996 年雏形结构阶段:以 1992 年邓小平南方讲话为契机,上海浦东发展进入实质性阶段,而陆家嘴金融贸易区成为了重点,国家赋予的新政策有效地促进了其发展建设,形成一定的凝聚力,使得国内的金融机构在此形成一定的集聚,同时也展开对外的招商[15]。

(2) 1997—2000 年发展波折阶段:1997 年的金融风暴对陆家嘴的建设造成了一定的打击,众多项目都出现停滞、推迟的现象。在这一阶段,陆家嘴集团公司按照已有的合同与土地规划政策,积极地进行了基础设施的配套建设工作,在整体相对停滞的阶段,完成了一系列的市政配套建设以及公共空间的营造,如滨江大道、中心绿地、世纪大道等项目。

(3) 2001 年至今再发展阶段:随着经济的复苏与政策的鼓励[16],该区域逐渐形成五大功能组团——以银行大厦以及周边绿地为主形成的银行组团;金茂大厦等中外贸易机构组团;以东方明珠、香格里拉等标志性建筑为主的休闲、旅游组团;世贸等顶级滨江住宅组团;跨国公司总部大厦组团;并逐步向东南生长扩展,形成现在浦东的 CBD 层次。

图 6-42　1994 年、1996 年、1999 年的陆家嘴

图 6-43　2005 年、2008 年、2011 年的陆家嘴

6.5.3　经验与反思

1）政府的角色转变

规划建设之初摒弃了政府统领包办的模式，采取政府的宏观调控＋公司开发的方式，由政府进行宏观控制，以浦东新区总体规划为基础框架，通过组建公司进行产业性开发，并由政府监督协调，以重点的几个城市生长点布点建设带动整个区域的开发，充分发挥了城市生长点以点带面的效应，通过点状跨越式的建设开发，利用城市生长点的生长能力和跨越耦合的能力，最终形成区域整体的提升。

2）功能混合与人文环境缺失

建筑建设方面，通过现代化的新建，提升了城市的整体形象，但是与世界大都市 CBD/Sub－CBD 模式的建设一样，陆家嘴 CBD 布点的建设几乎是在拆除原有全部建筑后，重新建设的一种方式。新建区域完全看不到任何之前的历史遗留，一方面为建设全新的城市形象提供了基础，但是另外一方面则造成了人文环境的缺失。

上海浦东陆家嘴 CBD/Sub－CBD 模式布点建设，主要是通过吸引国际著名跨国公司以及金融机构来形成一定的集聚。金融机构的集聚提升了其吸引力，进一步促进区域的发展，最终建成具有一定规模、功能性质有所侧重的不同组团。并通过城市意象与城市景观的塑造，形成以东方明珠、正大广场为核心的旅游、休闲组团以及高端住宅组团，形成了区域的功能混合。但是与浦西徐家汇等商圈相比，陆家嘴密集的高层办公建筑却缺少相关的商业和服务设施，无法满足不同白领的消费需求，在一定程度上造成了工作环境质量的下降。

而区域内的中心绿地、滨江绿地等公共开放空间为周围的建筑创造了良好的视觉环境，但是这些空间并没有实现真正的开放与开敞，人们只能集中于局部区域内活动，缺少相关的文化、社会交往。

3）交通优势的利用与步行系统的局限

首先在选址定位上,该城市生长点的布点利用了陆家嘴处于黄浦江两岸开发的中心位置,具有承上启下的带动功能。其次,与其他 CBD/Sub - CBD 模式的城市生长点布点一样,城市的交通,尤其是轨道交通得到了重视,城市生长点选择靠近城市交通枢纽区域布点,充分利用区域的交通优势,在总体建设上充分利用、重视了交通系统的发展。

但在实际建设中,由于区域建设发展的速度非常快,相对于车行交通的发展,步行系统的发展显然存在不足与滞后。虽然不同的高层建筑都各自配备地下空间,但是高层建筑之间以及高层建筑与地铁站之间的交通并没有形成统一系统,步行交通在一定程度上受到了制约,进而影响了商业的发展,没有实现商业设施与步行系统的紧密结合。

4）信息技术的推动

随着信息通信技术的进步,陆家嘴的大部分商务活动可以通过网络实现,而高层办公建筑具有一定的后发优势,在其建设之初将智能化纳入建设之中,为实现在陆家嘴建设电子化商务中心区(E - CBD)提供了硬件支持,区内集聚的人才与企业更使其具有了建设 E - CBD 的技术支持。在远期建设中,信息技术将为陆家嘴城市生长点在信息社会的生长发展做出重要贡献。

6.6　CBD/Sub - CBD 模式案例二:郑东新区 CBD/Sub - CBD

6.6.1　建设背景

1）新旧更替背景

郑州是河南省的省会城市,历史悠久,同时也是重要的交通枢纽城市,是京广和陇海两大铁路干线的交汇处。自从 19 世纪 80 年代京汉铁路与郑州火车站的建设,使郑州呈现出以铁路站点为城市生长点的城市生长发展。以火车站为核心形成了新的城区(即现在郑州城市主体),直至 1916 年新城区的已建设范围已经与老城区相当,城市呈双城发展态势(图6-44)。随后,以火车站为核心的新城发展很快就成为城市发展的主要空间,20 世纪 30 年代前后,火车站区域成为了城市中心区。

此后郑州的发展一度陷入停滞,直到新中国成立。在新中国成立后的郑州城市发展过程中,铁路的走向与二七纪念塔为极点的轴线对城市起着控制作用。1951 年政府就请哈雄文到郑州来进行考察并为城市发展做规划(如图 6-45 所示),在 1952 年的规划中,斜向的轴线将火车站与二七广场串联起来,一直延伸至现在的花园路口一带。可见规划中对火车站给予了重视,将其视为城市发展的重要结构生长点。

2）区位与用地

随着社会的发展,人口和产业不断向中心城市集聚,城市由单中心向多中心发展已经成为大都市发展的共同趋势,郑东新区建设的城市内在发展需求已经成熟。而目前郑州主城区受到众多重要交通线的分割,如陇海、京广铁路等,主城区空间拓展受到制约,主城区环境由于过度集聚造成城市蔓延、交通拥堵、城市环境恶化等,使得城市发展需另寻新的发展空间。位于郑东新区范围内的原郑州机场的拆迁为其建设提供了重要契机,从图 6-46 可以看出,原郑州机场的拆迁为郑东新区 CBD 提供了宝贵的建设用地[⑰]。

郑州郑东新区西起老 107 国道，东至京珠高速公路，南至机场高速公路，北至连霍高速公路，远期规划总面积约为 150 km²，规模相当于郑州市原有的已建成市区，在未来 20—30 年内建成。郑东新区的建设以 CBD/Sub‑CBD 布点建设作为启动，其 CBD 与同时规划的 Sub‑CBD，两者之间通过运河连接，共同构成了新区的核心。

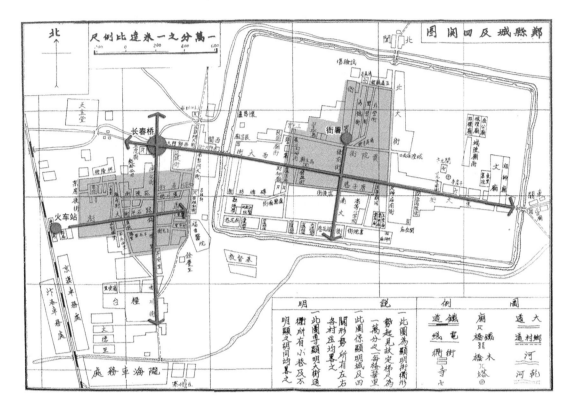

图 6-44　1916 年郑州地图

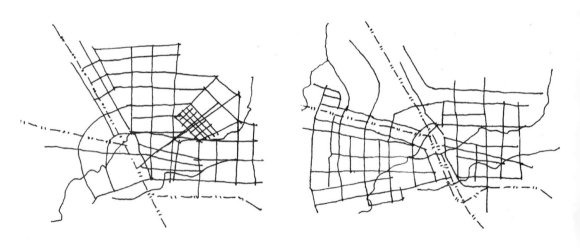

图 6-45　1952 年、1954 年的《郑州市都市计划草案平面图》

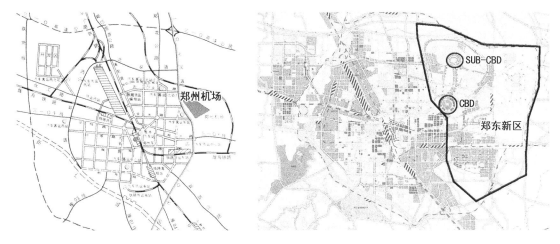

图 6-46　郑州机场的拆迁契机与城市生长点布点

6.6.2　城市生长点布点

1）城市生长点的根茎结构

郑东新区共分六个功能区：CBD、商住物流区、龙湖地区（Sub-CBD所在地）、龙子湖高教园区、科技物流园区、国家郑州经济技术开发区（图 6-47）。其中郑东新区 CBD 是其核心区，也是其发展的重要城市生长点。龙湖地区中伸入湖中的半岛则是郑东新区的 Sub-CBD。CBD 与 Sub-CBD 之间通过一条约为 3.7 km 长的运河相连，两岸是 40 m 高的建筑，以商业、文化、居住等功能为主，体现了黑川纪章提倡的"根茎"结构，在总体上实现了城市功能的混合，并形成了一定的组团。

图 6-47　郑东新区功能分区及 CBD 与 Sub-CBD 的空间关系

2）功能混合

郑东新区 CBD、Sub-CBD 结构明确，以同心的内外两组环状建筑群为主体，其中新区 CBD 内环建筑高 80 m，外环建筑高 120 m，两层环状结构标示了城市生长点的区域范围，两环之间为商业步行街。以环形建筑群中央为核心设中心公园以及一些文化建筑，如郑州国际会展中心、河南省艺术中心及周边绿地、环湖绿地等；新区 Sub-CBD 是伸入龙湖 48 hm²

的半岛(图 6-48、图 6-49),与 CBD 类似,也是环形结构,由写字楼、宾馆和特色住宅等组成,混合了商务、居住、旅游、娱乐及休闲等功能。

图 6-48   从外围看郑东新区 CBD

图 6-49   郑东新区 CBD 的核心标志建筑

3) 新旧互动

郑东新区,尤其是郑东 CBD/Sub - CBD,距离郑州老城区距离不是太远,区内公路、铁路、航空交通发达。郑州原有的交通优势凸显,陇海铁路从区内中心穿过,新区现状毗邻 107 国道和连霍高速公路,规划的京珠高速公路与新区东侧毗邻,并且与连霍高速公路在区内交叉,实现了两大国家级高速主干线的交汇,区内机场高速公路可实现与新郑国际机场的快速通达。另外由于并未远离原有城市建成区,可以方便地通过现有的郑汴路、航海路和规划的金水东路实现与老城区的便捷有效联系。

此外,结合城市总体规划,城市规划修建环城道路,更为实现新城区与老城区的有效、有机联系提供了支持⑱。区内道路结合原有建成道路形成有机的道路体系,将新区内的CBD/Sub－CBD,以及其他功能组团有机地联系。而城市轨道系统也被引入,规划中计划修建的轨道系统,将联系城市老旧生长点、CBD/Sub－CBD,为新建城市生长点的作用发挥提供支持⑲。

6.6.3 经验与反思

1) 共生

在新城建设中,结合城市的更新进行CBD/Sub－CBD的布点建设,对城市土地的集约化利用具有一定的意义,对城市的更新改造具有推动作用。郑东新区规划中把新区的CBD布置在旧机场的遗址处,一方面线性的商业建筑群通过城市中心轴线与城市老旧生长点联系起来;另一方面通过运河与商业建筑群将CBD与Sub－CBD(即龙湖区半岛副中心)关联在城市中形成了一定的CBD层级系统。新老城市生长点之间有机的联系,体现了黑川纪章的历史与未来"共生"的理念。

2) 交通枢纽影响

郑州作为一个重要的交通枢纽城市,其发展受重要交通站点的影响:在一定时期内,重要的铁路线影响了城市的生长形态,火车站成为城市的重要生长点。然而随着城市的生长,这些铁路线逐步被城市建成区包围,使得城市的拓展空间受到一定的制约。

郑州新一轮的城市生长则是引入轨道交通,立体塑造城市的交通肌理。郑东新区的CBD/Sub－CBD布点除了利用原有的交通优势之外,在城市旧有生长点、CBD/Sub－CBD之间建立起循环轨道系统,体现了CBD/Sub－CBD布点对交通的重视,并发挥了城市生长点之间的有机互动作用。

3) 反思

郑东新区的CBD/Sub－CBD布点从其建成使用来讲,其城市生长点的作用并没有完全发挥。具体而言,实际入住率反映其人气不足,规划上与老城连成一片的空间布局一定程度上制约了城市生长点的作用发挥,交通规划道路网对使用者的方向判断有一定的影响。

首先,相比老城区,郑东新区的入住率偏低,平均为50%,在一些较为偏远的区域,入住率只有1/3,一度遭受"鬼城"的质疑。新城区的建设速度远远高于其城市生活和文化的形成,这也是亚洲许多城市新城区建设的普遍现象:CBD/Sub－CBD的布点规模超过城市内在需求是其中一重要原因;其城市原有疏散的产业无法支撑CBD/Sub－CBD的布点规模,而对外引力的发挥则需要一定的时间。

其次,从前文区位图上可以观察到,郑东新区的布点,基本是在城市建成区边缘进行,新的城市生长点距离老旧城市生长点较近。其优点是可以与老城区老旧生长点形成良好的联系,但是,城市生长点之间并没有一定的空间距离与发展空间,在一定程度上并没有发挥出城市生长点跳跃式生长的优势。

最后,由于郑东新区整体上采用组团式结构,地面交通也是采取各组团外围设环线的模式,在CBD/Sub－CBD外围均设环形公路,通过环形公路之间的连接实现不同组团的联系。环形＋放射性的结构对于一定规模的组团影响不大,但是由于CBD的环形结构相对较小,单一环形＋放射性道路网对于居民、行人、司机的方向确认有一定影响。

6.7 城市事件启动的公共建筑模式案例一：法国国家图书馆

6.7.1 建设背景

1）建设背景

法国国家图书馆（Bibliothèque Nationale de France，BNF）是以文化作为启动内涵的城市生长点布点，而作为法国密特朗时代的十大总统工程之一，无论其作为图书馆的规划建设规模，还是其建设的资金投入，都是属于法国的重大城市事件。其建设契机为，1988 年 7 月 14 日的法国国庆日密特朗总统宣布"建造世界最大的最现代化的图书馆"计划。该项目采取竞标方式，建筑大师贝聿铭等四人组成设计方案评委会[20]。最后由密特朗总统确定了由法国 35 岁的青年建筑师多米尼克·佩罗（Dominique Perrault）主持设计。

该项目占地 7.8 hm²，以四幢钢结构玻璃表皮的大厦为主体，取义为四部打开的书相向而立。该项目是密特朗总统十大总统工程中耗资最多的一个，工程自始至终受到各方面的批评和指责，建设过程也并非一帆风顺，工程设计反复修改调整，建设工作几次面临停顿状态，但密特朗总统始终顶住压力支持该工程直至 1997 年竣工，还拖着重病之躯亲自为工程完工剪彩，希拉克总统把该图书馆命名为密特朗国家图书馆[21]。

如图 6-50 所示，该项目位于巴黎的左岸。在巴黎的发展中，左岸地区作为塞纳河的上游，是巴黎的"天然入口"，在整个巴黎左岸区开发的过程中，法国国家图书馆这个总统项目对该地区的发展与更新具有重要意义，是该地区城市发展更新中重要的城市生长点。但是就法国国家图书馆的设计而言，该项目除注重建筑设计本身外，更注重建筑物之间的空间。它以四幢直插云霄相向而立形如打开的书本似的钢化玻璃结构的大厦为主体（图 6-51），在巴黎这座历史性城市中具有极强的标志性，事实上已经成为巴黎的标志性建筑之一；鲜明简洁的建筑成为巴黎的城市航标，其四本相向打开的书本的造型隐喻了其建筑自身的内涵。

2）区位背景

法国国家图书馆作为城市生长点，其重要意义在于带动左岸焕发活力。巴黎左岸地区（Rive Gauche）是塞纳河进入城市的"天然入口"，左岸所在的 13 区则是巴黎的两个"中国

图 6-50 1949 年、2011 年法国国家图书馆及其周边航拍

图 6-51　从贝尔西地区看国家图书馆以及从奥特利兹火车站看国家图书馆

城"之一,以移民为主。巴黎左岸的 13 区(图 6-52),直到 19 世纪还是巴黎的郊区,它的开发是对巴黎市区的一次新的扩展。在该区域 20 世纪末的城市建设中,法国国家图书馆的意义重大。

工业时代早期,左岸区被大片铁路用地占据,随着城市的发展,该地区出现了衰败,这是工业化时代结束所带来的必然结果。与对岸的贝尔西地区类似,工业时代的仓库、码头和厂房逐渐被弃置,形成了大片的工业弃置地。奥特利兹火车站曾是连接巴黎和东部城镇的交通枢纽,也是重要的货运通道,直到地铁快线(RER)成为连接城市和郊区更为便捷的交通工具后,它的地位开始逐渐衰落。随着郊区铁路使用频率的下降,大片铁路用地不再发挥作用,逐渐沦为城市的衰败区(图 6-50 左图)。

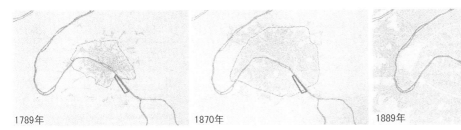

1789年　　　　　　　1870年　　　　　　　1889年

图 6-52　巴黎左岸 13 区与城市的发展关系

6.7.2　城市生长点布点

1)大型建筑与公共空间塑造

法国建筑师多米尼克·佩罗对法国国家图书馆的设计将极简主义发挥到极致(图6-53、图 6-54),建筑与环境设计采取简洁的处理手法,建筑外形以四座玻璃幕墙大厦分居四角,分别是时间之塔(Tour des Temps)、法律之塔(Tour des Lois)、数字之塔(Tour des Nombres)、字母之塔(Tour des Lettres),全是书库,外观简洁大方,尺度巨大,从城市远处就可以眺望到这四座塔楼,具有很强的地标性。

由塞纳河方向进入国家图书馆,需要通过 52 阶木地板台阶走上平台,即花园顶部层面

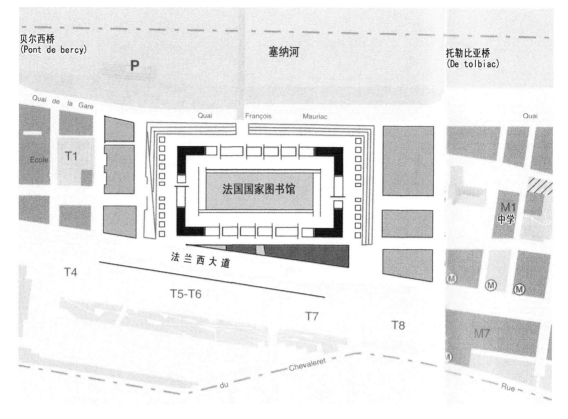

图 6-53　法国国家图书馆的区位示意

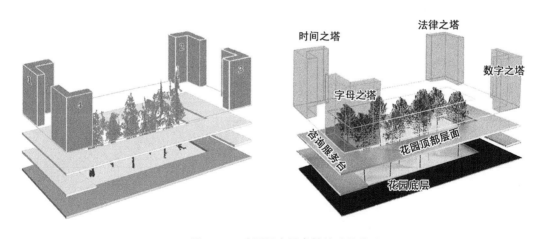

图 6-54　法国国家图书馆的建筑构成

（Haut de Jardin），该层面是一个有八个足球场大小的木地板广场，广场四角便是图书馆四个"L"形塔楼（图6-54）。法国国家图书馆四座钢结构玻璃大厦塔楼[2]相向而立，形成环抱之势，虽然地上部分各自独立，但是在底部由玻璃回廊连结，回廊内侧围合为阅览大厅。尺度巨大的下沉的花园位于中间，花园内种植众多树木以形成森林的感觉，其中有从诺曼底森林移来的成年松树、白桦、橡树等。森林是不对外开放的，但是它与阅览室之间以玻璃隔断，实现了视觉的连贯性，塑造了一种理想的阅读环境。正如佩罗所期望的那样，不单是设计一座图书馆而是规划一个拥有景观的空间。

2) 内涵

从体量上来讲,法国国家图书馆是巴黎 13 区一座充满现代气息、富有影响力的建筑。高 25 层、约 79 m 的塔楼在巴黎这样一座城市中,具有城市地标的性质。其外在是冷峻、宏伟的感觉,但是其内部拥有富含人文尺度的建筑细节。

以木质地板广场为界(图 6-55),上部是简洁有力的四座塔楼,是城市的航标,而木质地板广场层面之下为安静的阅览区,与中心围合的下沉花园视觉贯通。木质地板广场即花园顶部层面在巴黎这样喧嚣的城市之中,创造了一个新的层面。其花园位于木质地板广场层面之下,阅览室环绕四周,为读者创造了一个舒适理想的阅读环境,木质平台构成的广场与保护塔楼内部书籍的木质旋转窗相得益彰。

图 6-55　法国国家图书馆的塔楼及木质地板

注:左为从法兰西大道(AV. de France)看国立图书馆塔楼。右为靠近塞纳河的木质地板平台。

另外,文化也是不可忽视的重要部分,当今法国国家图书馆的加利卡数字图书馆是"最现代化的图书馆"。法国国家图书馆的数字化图书馆方案专用资金为 7 000 万法郎,以 19 世纪法语文献为基础,向 19 世纪以后的文献扩充,这些书只供在图书馆的电脑上阅读、下载或打印[23],远程查阅只限于那些具有公共版权的文献[24]。

3) 巴黎左岸 13 区更新

法国国家图书馆所处区位相当重要,与其隔河相望的是贝尔西公园(图 6-56、图 6-57),西侧则是法国巴黎著名的拉丁区,其拥有法国最古老的大学。另外,巴黎圣母院到奥特利兹火车站也只有 2 km,沿塞纳河向东,则是城市环线即巴黎市域的边缘,可以说该地区是连接城市新老区域的纽带。另外,从规模上,以法国国家图书馆以及贝尔西公园为代表的改造,对于巴黎这座寸土寸金的城市尤为重要。该地区大片可再开发的土地大多为国有土地,属于法国国家铁路公司和巴黎市,不涉及复杂的土地权属问题,在巴黎这样的历史城市中,尤为宝贵,对推动巴黎城市更新具有重要意义。

法国国家图书馆项目为左岸计划中重要的启动点(图 6-58、图 6-59),无论从建成影响上还是从推动城市发展的作用上,其城市生长点布点还是相当成功的。南奥特利兹(Austerlitz Sud)、北奥特利兹(Austerlitz Nord)、南托勒比亚(Tolbiac Sud)、北托勒比亚(Tolbiac

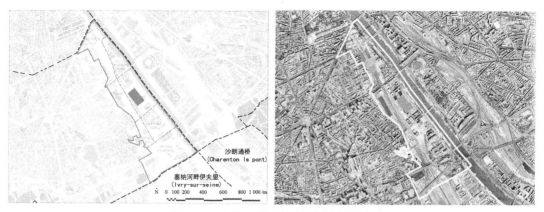

图 6-56　巴黎左岸区与法国国家图书馆

注:左图细实线、右图白线位置为法国国家图书馆位置。

图 6-57　法国国家图书馆与贝尔西公园的关系

图 6-58　左岸计划实施进度

注:黑色部分为已经建成区。

图 6-59 左岸改造后的法国国家图书馆与贝尔西公园

Nord)、南马萨那（Massena Sud）、北马萨那（Massena Nord）、玛萨那—布吕纳索（Massena Brunesseau），是之后相继进行建设的七大项目，整体推进了左岸的更新。

6.7.3 经验与反思

1）充分的准备与整体考虑

法国国家图书馆的布点建设前期准备充分，后续城市建设体现了城市生长点以点带面的作用：以之为核心，结合巴黎的城市更新改造，充分利用了城市的工业弃置用地，并以此为契机为区域注入活力；项目对整个区域范围内的后续城市更新、改造进行了整体的考虑，对巴黎左岸的更新具有一定的促进作用，并对右岸区域也进行了统一的整体考虑，具有一定的整体性和前瞻性（图 6-58）。

具体而言，法国国家图书馆的影响并非局限于左岸计划之内，也对城市右岸进行了考虑（图 6-59），设计之初充分考虑了隔河相望的贝尔西地区，方案建议在塞纳河上建设步行桥，连接左岸与贝尔西地区。在左岸的内部建设大学以及住宅项目，以后的建设都以此为蓝本进行建设。1989 年的世博会和 1992 年的奥运会，为贝尔西地区与以法国国家图书馆为代表的左岸的发展提供了契机：由于这两个地区当时都属于工业弃置地，同样都属于可以立即使用的国有土地，于是两个项目都选择了贝尔西地区和左岸，并分别组织了设计竞赛①。虽然这两项计划未予以实施，但是却加快了对这两片土地进行开发的进程，并成为 20 世纪 80 年代后巴黎最大的两个城市发展项目。

2）巨大的投入

该项目占地面积为 7.8 hm²，总面积为 35 万 m²。工程造价高昂，据统计法国国家图书馆造价为 80 亿法郎（相当于 100 多亿人民币），其规模远远超过了世界上任何一个国家图书馆[®]，而图书馆的运作每年需要的经费为 12 亿多法郎，占法国文化预算的 1/10，几乎相当于一个非洲国家一年的预算，因此有人把它称为图书馆的巨人，也是这座建筑在建成之初备受批评的原因之一。

6.8 城市事件启动的公共建筑模式案例二：南京奥体中心

6.8.1 建设背景

在国内外的城市面临转型与结构优化和调整的压力背景下，城市事件，尤其是重大城市事件对城市的作用得到重视，国内外许多城市越来越主动地利用城市重大事件的契机对城市生长点进行布点。北京、上海、广州分别利用奥运会、世博会、亚运会对城市进行了提高城市整体形象的建设与城市营销。2008 年北京奥运会的开展，促进了北京城市中轴线的延伸，而南京借助 2005 年举办"十运会"这个契机，更是推出了"河西奥体新城"（图6-60至图6-62）。南京奥体中心则是典型的城市事件启动的公共建筑模式布点的城市生长点。

需要指出的是，由于河西奥体中心的布点与河西 CBD[®] 的布点在空间和作用上具有一定的交叉，整体可以参见前节 CBD/Sub－CBD 模式，故不再单独针对其进行阐述。奥体中心对城市最大的贡献在于以其自身作为城市"触媒"推动河西城市建设，故本节将侧重于奥体中心＋"十运会"为主体，推动城市生长发展的相关基础建设与开发的相关阐述。

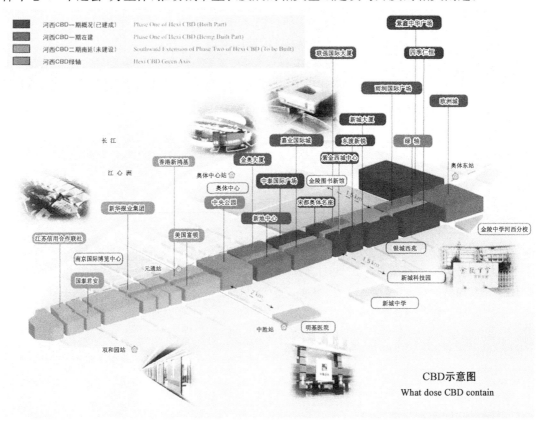

图 6-60　奥体中心与河西 CBD

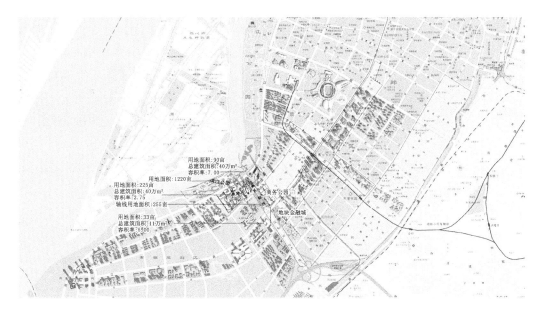

用地面积:90亩
总建筑面积:40万㎡
容积率:7.00

用地面积:225亩
总建筑面积:40万㎡
容积率:2.75
轴线用地面积:255亩

用地面积:33亩
总建筑面积:11万㎡
容积率:5.500

商务公园

地块金融城

图 6-61　奥体中心与河西 CBD 的关系

6.8.2　城市生长点布点

1）重大赛事作为布点开发契机

南京河西新城自建设之初就与"十运会"密切相关,以之为契机进行了南京奥体中心(图6-63)城市生长点的布点建设,为河西新城的发展打开了局面,2005 年"十运会"的举办,更是对河西区域的发展产生了相当大的促进作用。在此过程中,"十运会"成为其布点建设的城市"触媒",除了直接促成了奥体中心的布点建设,更是在河西建设中引发了一系列的链式反应,推动河西新城的整体发展。

宏观层面,2001 年 9 月南京争取到第十届全国运动会的承办权,主会场设置在南京河西新城,"十运会"主会场南京奥体中心的建设给河西新城的建设带来了启动的机遇。2001 年南京总体规划中提出了将河西新城区建设为"以滨江风貌为特色,以文化、体育、商务功能为主,居住、就业兼顾的综合性城市新区"的发展目标。

南京河西新城的建设以奥体中心为核心生长点,对整个新城建设的功能结构起到控制与辐射的作用。城市规划更是以奥体中心为基点,沿江东路形成以商务办公为主,兼容行政办公、商业服务业以及商务酒店的商务办公轴线;沿纬九路形成商业文化轴线,以商业服务和文化娱乐为主,兼容商务办公。两条轴线相交于中心广场公园。

2）以点带面相关建设

南京奥体中心的建设为"十运会"提供了场地,而河西新城的发展更是以"十运会"为契机。南京奥体中心的建设＋"十运会"的召开发挥了其作为基于城市大事件的公共建筑模式城市生长点的优势,实现了以点带面的相关发展。

首先,南京市政府在政策与配套建设方面做了极大的努力,从指挥调度到新区建设的土地运作模式调整,综合考虑新城建设的需要与获取土地经营利益,新城选址选择了远离城市建成区的区域进行开发,并以"十运会"为契机实现了巨额资金短时间内的集中。据统计,到2005 年"十运会"前夕,南京河西拉动社会投资达到 300 亿元。

接定向河路　　接惠民大道　　地铁七号线

接新模范马路

接北京西路

接七里河　　　　　　　　　　　　轨道4号线

地铁10号线

接总部　　　　　　　　　　　　地铁7号线　地铁2号线

汉中门站

接升州路

往长江大桥

接集合村路
赛虹桥立交

往宁南

通机场路

往宁南

往东山

图 6-62　南京河西新城规划

　　其次,城市重大事件的发生和举办除了相关场地之外,对城市基础设施,如城市道路系统、旅游文化系统、绿地景观系统都有一定的要求,在南京河西新城建设中,以奥体中心城市生长点作为主要的启动项目,以"十运会"为契机使得新城建设在初期运作时得以便捷高效地集中力量进行重点建设,对城市基础设施等进行重点关注,迅速拉开南京河西新城建设的框架。在这个过程中,奥体中心与河西 CBD 两者相辅相成,共同促进了城市重点项目的建设,使得城市的功能结构得到良好的控制。在保证重点建设的同时,河西新城的基础设施建设也同步进行:2003—2005 年("十运会"召开前),河西中部地区的基础设施建设实现了新建道路 21 条,河道改造 6 条,学校建设 2 所,医院建设 2 所,完成了基本的社区中心以及邮局等基础设施的配套建设。另外滨江风光带、新城广场、美术馆、会议中心的建设更是整体提升了新城的形象(图6-64)。城市道路网的修建以及南京地铁1号线的延伸为城市通勤提供了保证。

此外,从建设速度来看,南京河西区域在"十运会"前建设缓慢,如南湖小区建设已有20余年,然而在确认"十运会"在南京举办之后,短短4年内,河西区域完成了以奥体中心为核心的大部分城市新区建设,更是完成了奥体中心周边"七横五纵"的12条城市主干道的建设——总长约为77 km,完成了河西区的基本道路网建设,同时延长了地铁1号线,形成了中部的核心商务区域体育轴线,使之真正成为南京河西建设的城市生长点。

图6-63　奥体中心鸟瞰及细部

图6-64　南京河西区域鸟瞰

6.8.3　经验与反思

1) 布点建设应符合城市发展需求

城市事件触媒作用的发挥,与城市发展趋势、城市发展内在需求存在密切的关系,城市事件激发、启动城市生长点需要符合城市内在发展的需求,不能本末倒置。以南京河西新城发展为例,河西新城建设的重要推动力是来自于主城人口疏散的需要⑳,故《2002南京房地产市场研究报告》数据显示,河西板块购房意向率达26.18%,对住房大量的需求促进了河西新城区住房建设的发展(图6-65)。在南京河西新城的建设中,是"十运会"激发、催生的河

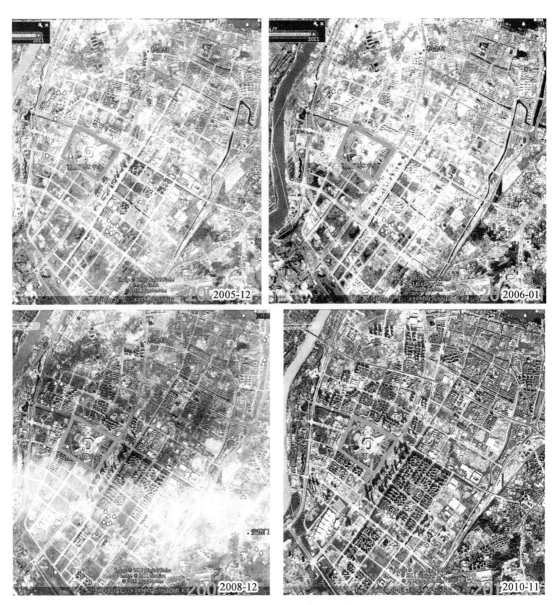

图 6-65　同比例下的南京河西新区历年航拍图

西新城建设,而不是为了"十运会"而建设的南京河西新城。

2) 城市事件促进相关城市基础设施的建设

一方面,城市事件为城市的发展提供了诸多方面的便利,使城市建设成本很大一部分可以得以迅速收回;另一方面,城市重大事件的发生和举办除了需要事件相关场地之外,对城市基础设施(道路系统、旅游文化系统、绿地景观系统)都有一定的要求。要抓住这样的契机,在区域对基础设施需求较低的时候,能够实现一个超前、跳跃式的发展,从而整体带动城市的发展,也为城市生长点新的萌芽提供契机。

3) 城市事件过后活力的保持

注重城市事件过后,继续保持城市区域活力,实现城市可持续发展,需避免城市发展呈现"大跃进"后失去动力的荒凉。如 2005 年"十运会"以后,南京河西区域的土地开发失去了城市事件以及政治支持,开发商回归理性市场竞争,导致"十运会"前,河西板块房价过高,"十运会"后开发商需要进行变相促销,经过一段时间调整后恢复理性。另外承载城市事件的奥体中心等公益性公共建筑,大事件过后,其自身的经营运转需要后续资金,容易在瞬间辉煌后带给城市以沉重的负担。

6.9 行政中心模式案例:洛南新城行政中心

洛阳新区或称洛南新区,位于洛阳市南部与洛阳主城区,隔洛河相望,北至洛河南岸,南至规划的快速客运专线,东起焦枝铁路线,西至规划的西南环城高速路,总面积约为71.39 km²[②]。

6.9.1 建设背景

历史上的洛阳城市生长与洛河密切相关,洛阳历代古城均分布在以洛河为轴、东西狭长的河谷平原之中。现已初步探明的夏、商、周、汉魏、隋唐、金元等古城遗址,分布在西至涧河、东至伊洛交汇处,长约为34 km,洛河岸两侧各宽约为5 km的带状地区内。不同的时期古城出现的位置和遗址并无规律可循,古代洛阳城的空间变迁呈现一种此消彼长的松散演变特点。但是,对洛阳城的古城和遗址进行梳理,不难得出一组轴线,即沿洛河的历史轴线,以及邙山—龙门一线的景观轴线(图6-66)。

新中国成立后,由于洛阳特殊的战略地位以及历史文化地位,其城市的发展在20世纪50年代中后期形成涧西工业区和西工行政区两个重要的城市生长点。其中,涧西工业区距离老城8 km,属于工业时期生产性质的城市生长点,城市通过涧西区的城市生长点布点与老城之间的联系,逐渐将城市东西部连为一体,并形成了以西工区为行政中心的城市带状发展,东西约为15 km。20世纪90年代初期,洛阳的带状形态被突破,具有代表性的是洛阳高新区的建设成为城市新的生长点,同时,西工区行政中心作为城市生长点得以大力发展,使得城市在洛河以北的发展形成沿河谷走势的"Y"形生长格局,洛河南岸的发展依然是自下而上的斑块状生长(图6-67)。

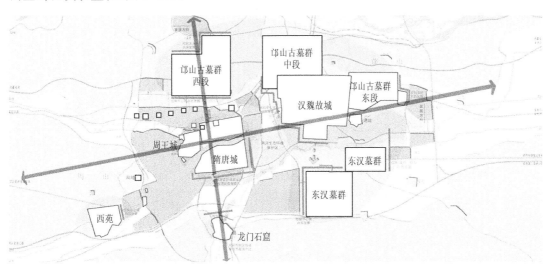

图6-66 洛阳城市不同时期的发展以及轴线

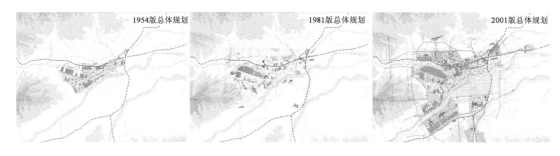

图 6-67 洛阳城市不同时期的发展（1954 年、1981 年、2001 年）

6.9.2 城市生长点布点

1）宏观规划

洛南新城行政中心位于洛南六个片区的核心区域，是实现城市跨河拓展的一个重要步骤和城市生长点。新中国成立后洛阳多以洛河以北发展，南部的发展一直呈现空缺与散乱的状态。直到 2002 年，洛阳三期总体规划提出城市跨越洛河、南北两岸对称发展的理念（图6-68），在此指导下，2003 年以来洛阳城市开始了新一轮的生长。在这个过程中，洛南核心区的行政中心建设具有重要的意义。

2）局部建设

城市行政中心由洛北搬迁至洛河南岸，形成了一定的带动效应，在其周围兴建了大学城、体育中心、遗址公园等。在洛南新区的建设过程中形成了一定的核心带动作用，促使了洛阳城市多中心的形成，对城市的结构性生长具有重要意义：洛阳的原有行政中心不具有明显的核心性，西工区行政中心由于建设强度较弱，使得洛阳的整体城市中心并不明确；洛南新区行政中心的新建，以及周边相关的城市建设产生一定的规模效应，有助于在洛南形成新的城市中心区，现已在新区行政中心周边形成了公共建筑群，并规划建设一系列公共开放空间（图 6-69、图 6-70）。

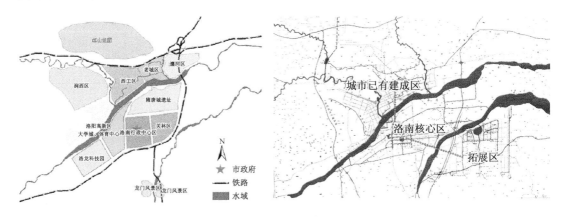

图 6-68 洛南行政中心区位图以及城市拓展示意图

3）行政措施

行政措施也对生长点的布点激发起到关键作用，2005 年 5 月 3 日，洛阳市政府 37 个委局搬入新区办公，以行政搬迁的方式激发了新区城市生长点集聚力和活力。

图 6-69　洛南新区行政中心及周边公共建筑、公共开放空间远景

图 6-70　洛南新区行政中心及周边公共建筑、公共开放空间近景

6.9.3　经验与反思

1）速效推动作用

洛阳的洛南新区建设,采取了先建设行政中心,随后实现政府的搬迁,最后一边进行规划建设一边通过已有的城市建设进行新一轮的城市拓展的策略。其选址与城市已有建成区隔河相望,对城市的结构性生长起到推动的作用,也为城市的未来发展指明了方向。

行政中心的建设带动了洛南的城市建设，与之相关的体育中心、博物馆、遗址公园等的建设相继实施，形成了一定的规模，对周边的城市生长起到了相当大的影响，使得整个新区建设在短时间内达到一定的规模。

　　2) 建设需考虑城市风貌，协调规模尺度与城市发展需求

　　具体的建筑设计而言，洛阳洛南新区行政中心的设计不具备太多特色（图6-70），洛阳洛南新区的规划并没有体现出古都的城市风貌，新区规划整齐划一。此外其规模受到一定的质疑，尤其是对其建设的号称亚洲最大的喷泉（图6-69），具有一定的争议，虽然形成一定的新区景观，为新区整体环境层次的提升做出了贡献，每周的音乐喷泉表演成为一大特色，城市重要事件的发生也多集聚于此；但是喷泉规模过大，其巨大水面的建设、使用、维护都需要巨额的资金；相比较而言，喷泉两边的广场太小，如一个街心花园广场，并没有形成市民广场的效应，市民参与性较少。

注释

① 贝尔西地区在17世纪时呈现的是乡村景色，兴建了大量的私人庄园。到19世纪贝尔西成为欧洲主要的葡萄酒和烈酒市场之一。

② 由于贝尔西可以逃避税收，葡萄用船从勃艮第地区运来时，都在贝尔西卸货。就这样，原有的庄园一点点地被葡萄业的房屋和仓库所占据

③ 贝尔西公园的规划区域是一块710 m×190 m的矩形区域，紧邻并平行于塞纳河。13.5 hm² 的场地被约瑟夫·克赛尔大街(Rue Joseph Kessel)分割成8.5 hm² 的西北区和5.0 hm² 的西南区。

④ 法国政府对此方案的简介是：贝尔西居住区的城市历史区域整治，法国贝尔西地区红酒仓库的更新，包括1 300栋的住宅、活动区、商业区，位于贝尔西公园前650 m的区域，是商定发展区 Z. A. C(Zone d'Aménagement Concerté)项目的一个部分——笔者根据资料翻译。

⑤ 在总体规划中确定了在贝尔西公园和法国国家图书馆之间将建一座步行桥，因而在贝尔西公园的设计中预留了桥位接口，现在这样的桥位接口形成了对法国国家图书馆这条轴线的延续的暗示。

⑥ 方案结合有选择的减法对场地进行功能置换，将部分酒码头即酒库拆除，为公园提供空间。南侧的圣艾米利永街(Cour Saint-Emilion)和酒库(L'heureux)是列入补充名单的历史建筑。公园西侧原为狭长的酒窖区，现在已被改建为商业服务和文化活动综合地区，原有的酒窖被保留并改造为餐厅和小商店。贝尔西公园南部保留的葡萄酒仓库，现已经被改造开发成了酒吧等休闲场所，被称为贝尔西城，其设计理念与新天地相似。

⑦ 在公园与贝尔西码头之间的大台地比公园高出7.5 m，比贝尔西码头高出8.5 m，横贯公园的全长。台地种有两排椴树和河流一起，达到了把贝尔西公园和整个城市联系在一起的目的，它维持了流向大草坪的小瀑布，减少了高速公路的噪声，把公园围合起来，并容纳着停车场、贮藏库和安全设施。

⑧ 政府通过建筑的整合与更新形成一个新的社区，建设时间是10年(1988—1998年)，建设时将中高档住房和社会性住房（即经济适用房）交错建设，形成各阶层毗邻而居的混合状态，避免弱势群体过分集中居住带来的就业、治安等社会矛盾——笔者根据资料翻译。

⑨ Une是"一个"的意思，Démarche是"步骤"的意思，Plurielle是"复数"的意思，组合在一起，看似不合理的一个短语，字面上可以理解为一个复数性质的步骤，但是从整个方案对于地区的贡献来讲，这个短语是再合适不过，笔者认为可以理解为"为城市带来一系列更新与变化的单点的介入"。

⑩ 金鸡湖是中国面积最大的城市湖泊之一，设计师在设计过程中采取特别的措施来清洁水面。在城市广场和湖滨大道的两个社区中，有一系列自然的湿地水道，作为水质处理网络。从毗邻的开发区中排出的地表水在进入湖区之前就被这些湿地运河拦截并净化，形成都市的自然循环系统。公园、花园和运河采用当地的植物种类，并保持终年繁茂。

⑪ 重要的相关建设如：六合机场、铁路南站站房、双龙街立交、花神庙立交、宁芜铁路新线以及大明路沿线

改造、铁路南站中央景观轴线、土城头—秦淮新河绿化、纬七路东进、苜蓿园大街南延、河道水体治理等。

⑫ 宋培臣.上海中心城区多中心空间结构的成长[D].[硕士学位论文].上海:上海师范大学,2010.

⑬ 涩谷站于1885年(明治十八年)3月1日启用,当时为日本铁道品川线(现在是东日本旅客铁道山手线的一部分)的车站。

⑭ 使用乘客共计242万人次(包括JR、私铁、地下铁数据)——详细数据见Hikarie官网,http://www.hikarie.

⑮ 中国人民银行上海分行、中国建设银行、中国工商银行、中国农业银行、中国交通银行、中国银行、上海证券交易所、中国人民保险公司等一大批内资国家银行、证券、保险公司陆续在此建设总部办公大楼。这一时期陆家嘴中心区东侧不断补充完善,形成相对完整的四个街坊,集聚了国内重点的银行、证券、保险企业,为形成上海的金融中心奠定了坚实的基础。与此同时,浦东也展开对外招商,泰国正大集团、日本森大厦株式会社相继和陆家嘴集团合作,成为外资进驻陆家嘴的先驱和代表。

⑯ 上海住房制度的全面改革带动了整个房地产的发展,掀起了陆家嘴CBD区域沿黄浦江高级公寓开发的热潮,为陆家嘴地区的复苏和振兴提供了支持。

⑰ 机场的迁建工作始于1997年,2000年后郑州市政府再次与空军达成协议,将原定的先建新机场后开发老机场的模式改为空军部队提前转场飞行,迁建与开发同步进行,大大提前了老机场开发建设的时间。

⑱ 在综合交通规划中,该方案提出环形道路是解决交通问题的最佳途径之一,结合郑州城市总体规划,提出了三条环形公路,即第三至第五号环形公路。第三环形公路连接铁路货站、货运中心、大型批发市场、旧市区与新区,为高架高速环路。第四环形公路连接城市中心组团外围的五个城市组团,并与连霍高速公路直接连接,为高架环形公路。第五环形公路连接机场、高科技城、科技研究城和大学城。新区内规划的东西向道路为第一至第五东西横贯道路,把新区与旧城区有机连为一体。

⑲ 南北的干线道路为沿运河连接CBD和CBD副中心的第一城市中心轴线道路,以及西侧的第二城市中心轴线道路。另外,还规划了穿过CBD环绕龙湖的环形公路。规划在旧城区的二环路、新区的CBD与CBD副中心之间建设循环轻轨系统,在新旧CBD之间建设轻轨系统。

⑳ 据统计先后有240个工程师竞标该设计项目,20个方案初选入围。

㉑ 1993年7月21日,法国部长会议决定,将原国立图书馆和新建的法兰西图书馆合并,重新命名为法国国家图书馆。位于黎塞留街的原国立图书馆的馆舍将作为分馆,用于收藏国家图书馆的特殊藏品,成为国立艺术图书馆。新的法国国家图书馆在希拉克总统的主持下于1996年12月20日正式开馆,并被命名为密特朗国家图书馆。

㉒ 单体呈"L"形,取义于张开的书页,每座塔楼25层,高约为79 m,矗立于四个角上。

㉓ 对那些尚受著作权保护的文献,通过与出版社签订协议、与法国出版工会签订合同,予以解决。

㉔ 目前,该馆已完成大部分19世纪法语文献的数字化处理,并在因特网法国国家图书馆的主页上开设数字图书馆大门。读者可免费使用这些数字文献,这个数字图书馆向读者提供非常简单的人机界面和方便的查阅方式,读者不仅可通过目录调阅和下载全文,而且还可从文献本身的目录中选阅其中某一章节的内容,还可直接在屏幕上修改原文、加入句子、批注、圈画重点,并可使用系统提供的写字板存储、修改、打印该文献。法国国家图书馆一项统计表明,从网上进入数字图书馆的几十万读者中有57%的读者是从法国之外的国家连接的。

㉕ 资料来源于《法国城市历史遗产保护》文本。

㉖ 四座大厦之间由一块足有八个足球场大的木地板广场相连,中央是一片苍翠茂盛的树林,围绕着这片浓密树林的是它的两层阅览室,其中有两个主阅览室分别均有两个足球场大小。

㉗ 河西CBD主要是指位于南京河西新城的核心区域,北起梦都大街,南至江山广场,西隔江东南路与奥体中心相望,东接世纪星园、光明城市等高档住宅区,一期工程面积约为0.8 km²。以商务功能为发展方向的新城市中心区域,主要由包括新城大厦、宋都大厦等已建和在建的16座标志性建筑组成。

㉘ 自20世纪90年代中期以来,南京的房地产业进入了快速发展期,这一时期也是全国各地房地产大发展时期。在"九五"期末,南京城镇人均居住面积为10 m²,低于全国城市的平均水平。为了实现"十五"期

末达到人均 12 m² 居住面积的目标,在河西新城建设的初始阶段,南京实际上正面临着加大房地产开发力度和建设面积的迫切需求。因而同一时期南京市政府第 110 号文件《进一步搞活房地产市场的若干意见》出台,同时其他相关配套政策也启动了房地产二、三级市场,带动了当时南京房地产市场的繁荣。

㉙ 整个洛阳新区由六块功能分区组成,分别是隋唐城遗址 22.10 km²,滨河公园 4.90 km²,关林分区 10.80 km²,洛南中心区 11.19 km²,大学城及体育中心 8.50 km²,市高新开发区洛龙科技园 13.90 km²。其中隋唐城遗址为文物古迹保护用地,为非建设用地。

7　结语

本书关于城市生长点的研究,是建立在城市动态、复杂的发展背景之上的。城市的复杂性使得城市由诸多子系统组成,形成多层次、多尺度的综合系统,形成城市的开放性、非线性、非平衡性的特点;而系统中各要素相互之间存在互动、制约、协同的关系,赋予了城市系统中局部与整体相互关联的特征。因而城市的生长与发展呈现出自组织性与可干预性的双重性质,即"自下而上"与"自上而下"相互交织的特性。观察与分析城市问题既可以从宏观层面上进行研究,也可以从微观层级上去研究。

7.1　城市生长点的概念

　　首先,笔者的研究起始于对城市发展的相关理论研究及实践的梳理,发现在不同的城市发展时期城市存在生长的现象,通过对复杂动态的城市发展背景下城市生长现象的研究,笔者指出在复杂动态的城市发展中存在着"城市生长点":在以人本主义为基础的希腊,形成以神庙、纪念物、圣地、开放空间等为核心的城市,如希波丹姆城和米利都城;古罗马时期,帝国的荣耀深入人心,军事的炫耀和贪图安逸的思想使得该时期的城市以相对世俗化、君权化的奢靡享乐的公共空间为核心;在强调宗教和自然秩序的中世纪,教堂自然成为城市的核心,典型的如法国的圣米歇尔山城。对比传统中国城市,虽然中西方城市发展具有形态上的明显差异,但是其形态发展均有一种向心力,使得中国传统古城多呈"跃进式"发展,西方传统古城多依附于一定的核心"点"呈明显的"同心圆"式发展。在此后的城市生长中,依然可以观察到这些"点",在城市产生的过程中犹如宇宙产生于最初的"奇点"一样对城市生长产生触发作用。

　　其次,对推动城市生长发展的内在、外在的重要因素和作用力进行分析,指出在城市发展过程中,城市的产生与建立的源动力是城市的"集聚"效应,在早期的城市发展中,可以观察到由"单点"或"多点"集聚发展而来的城市;此后的城市功能趋向复杂化,传统的城市将生产、生活、文化、政治多种功能要素高度集中于有限的城市空间中,并随城市的发展形成明显的功能中心,即城市中心区,并以此如"同心圆"般向外拓展。在城市发展的初级阶段,城市尚未达到一定规模之前,城市的经济政治中心以及公共服务设施等集中在市中心、居住区分布在外围的形式,有利于在城市中形成规模效应,提高城市效率。因此在汽车时代之前,城市"单点"发展曾是城市发展的主要方式,"单点"集聚是许多城市以及现代小规模城市的主要形态。而现代城市多由"单点发展"转向"多点发展",城市通过调整和优化城市的功能结构和空间结构,将中心城市的各种功能,比如政治中心、经济中心、文化中心以及居住和休闲娱乐等功能纷纷向有条件的中小城镇及乡村分解。对城市中自然存在的城市生长点的观察及其演化的研究,展示了在时间和空间层面城市自身发展的非均衡性,为后续复杂动态的城市发展背景下城市生长点的研究提供了研究思路。

　　最后,笔者明确提出了城市生长点的概念,即"在城市发展过程中,以一个或一组特定的城市元素为核心,能够激发起周边城市区域快速发展,在此生长周期内的城市元素可被称为城市生长点"。从产生背景、时间层面演化特点、空间层面演化特点几个基本方面对概念进行了解读,重新审视了城市生长点研究的复杂动态的城市发展背景。

7.2 城市生长点的基本特征

本书认为,城市是在不断变化与发展的,城市有着自己的生命周期;在不同的生命周期阶段中,城市生长点因其功能属性、规模尺度、启动与机遇的不同而具有不同的形态、规模等特征,但是其自身在空间形态及时间演化过程中具有一定的特点和生命周期,推动了城市现在的复杂有机的肌理的形成,可以在城市范围内进行识别,从而区别于其他城市要素。本书指出,我们不仅可以观察到城市生长点的自发性产生、发展、自我更新,而且可根据城市生长点在城市中具有的自发性与可干预性并存的特点,进行适当的干预,即城市生长点的布点、培植、引导。

本书从形态与作用演化特点两个层面对城市生长点的基本特征进行了分析,明确了城市生长点的基本特点:通过对比城市生长点与城市"节点""中心""枢纽"等概念,指出城市生长点的空间形态特点;在作用原理层面,通过对比城市生长点与自组织原理的"基核"、神经网络学说的"神经元"、城市针灸理论的"穴位"以及城市触媒理论,指出城市生长点在城市中的作用特点。通过对比明确了城市生长点具有异质可识别性、开放性、非平衡性三个基本属性;指出城市生长点在城市发展过程中可能会产生激变区域和边缘效应;指出城市生长点具有一定的空间界定,而其形态、边界随着城市的发展与时代的进步在发生进化。

空间属性层面,城市生长点具有开放性和异质非平衡的特征,具有一定的自组织性。在城市中,往往以城市生长点为核心,形成"激变区域";或者是以城市生长点边缘地带为接触地带,产生"边缘效应",从而使得城市生长点具备可识别的空间属性。本书指出城市生长点之间存在几种重要的作用关系:①城市生长点之间存在连通性和异质吸引与同质排斥的作用;②城市生长点自身存在一定的自发性,同时具有可干预性。这些研究均为后续城市生长点的空间、时间层面的演化及布点开发提供研究基础。

7.3 城市生长点的空间演化特点

城市生长点在空间层面的演化,受到城市动态复杂背景的影响,受集聚与扩散、自组织与他组织双重作用力的推动与制约,具有自组织与他组织的两重性,具有竞争与协同的矛盾统一性。

本书通过对大量城市发展案例进行分析,研究城市生长点局部作用于整体的空间演化过程。以不同时期城市生长点的产生、特点、对城市的作用为主要影响因子,构建城市生长点的"点"—"轴"—"网"形态生长的逻辑,揭示了城市生长点以异质的"点"产生,通过入侵、扩张、更替变换等形式融入城市肌理的过程;指出城市生长点在此过程中与城市组成元素之间产生互动,发生选择、激发、竞争,最终达到共生,形成相对稳定的城市空间功能结构;研究此过程中城市系统内部非平衡、非线性相互作用所形成的作用反馈机制,这种机制使得城市生长点与城市系统通过相互的磨合、适应,产生一系列的城市发展契机,最终推动城市空间结构的生长与发展。

城市生长点在城市中,"点"最初由于城市的自组织作用、外力干预作用等力量共同作用下而产生,一经产生便通过城市系统与城市要素产生互动作用,呈现出一定的活力。城市生长点以自身为中心,对周边形成控制与辐射,或者是形成跨越。因而如何对点的位置、规模、性质进行适度的干预和引导，势必会直接影响其生长点作用的发挥，一般需理性考虑城市网络自身特点，在既有网络上顺势布点，或跳出城市网络延伸布点。

多点关联即形成"轴"，并可具有不同的层级，是城市生长点通过关联影响城市结构的一种方式，是"点"—"轴"—"网"演化的中级阶段，可对轴的特性加以利用设轴线布点或沿轴布点。

城市生长点最终融入城市肌理之时，点的特殊性逐渐变弱，往往弱化为城市"节点"，以"节点"的方式对城市局部的各种"流"产生引导，潜移默化地影响城市发展的方向。

7.4　城市生长点的时间演化特点

在城市生命周期的不同阶段中，城市生长点具有不同的作用力表现，其中最重要的为生长作用力、再生作用力、跨界耦合作用力，这三种作用力密不可分、相互联系地贯穿于城市生长点的生命周期。本书分析有代表性的城市发展历程，在时间维度建立城市生长点的作用模型，研究城市不同生命周期阶段的城市生长点的主导作用力与作用机制。

1）生长作用

城市生长点的生长作用贯穿城市生长点以及城市的生命周期始终，以城市发展阶段最为突出。在城市发展初期，城市生长点促成城市单点、多点集聚，形成以点为核心的肌理生长；城市发展到一定阶段，城市生长点的布点往往促成城市副中心形成；在新城建设阶段，城市生长点的布点往往影响新城建设时序。城市发展的肌理变化，城市结构的拓展，城市形态的变化形成都与城市生长点密切相关。

2）再生作用

城市生长点的再生作用，对城市内部新旧更替、肌理缝合有至关重要作用。通过点的建设、激发，引发城市要素的关联与良性互动，从而激发城市的活力，这对城市遗产保护、城市旧区改造、城市生态回归乃至城市产业升级等都具有重要意义。

3）跨界耦合作用

城市生长点的跨界耦合作用在空间、时间层面具有不同体现。空间层面的跨界耦合作用体现为城市发展不同阶段的肌理、结构、功能等随时间的不断叠加，使城市系统能适应不同时代的要求。时间层面的跨界耦合作用体现为城市中不同的空间片断之间的新旧互动与拼贴。城市生长点在空间、时间维度都成为系统交叉的耦合节点，可实现城市的肌理、结构、功能加载并实现城市内部的新旧平衡。

7.5　现代城市中城市生长点的开发机制与模式

城市生长点的相关研究，正是着眼于城市发展中局部作用于整体的互动关系，基于中国城市快速发展的背景，从众多"点"中发掘出对城市全局发展起引擎作用的"城市生长点"概念，通过研究城市生长点的发展形态与开发机制以逆向思维"自下而上"去协调城市发展，从而促进城市有机的生长。

城市生长点的研究，最终需要落实到城市生长点的开发建设中，能够为城市生长点定位、定性、定量的决策与设计提供科学的参考与借鉴。城市系统错综复杂，很难以一种模式、一种理论来解决所有城市问题，本书在空间演化与时间演化模型的基础上，结合实际生活中居民对城市的功能、空间、环境的需求,以及城市发展的内在规律,从定性定位、建设强度、投入与培植、设计层面的总体协调四个方面提出城市生长点的开发机制总体原则,并提炼出典型的城市生长点开发机制与模式,结合案例对其进行阐述与分析。如城市生长点的功能定性除了我国常见的行政中心模式外,还存在交通枢纽模式、开放空间模式、商业商务模式、大型公共建筑模式等。本书以实际调研的案例为主,结合其城市背景、城市规划条件进行阐述,力求能够以建筑设计专业的视野,对城市生长点开发建设中局部作用于整体的方式进行总结。

(1) 公共开放空间模式。该模式是通过城市公共开放空间的开放性与可参与性,赋予了该空间内在的活力,产生对人流的吸引与凝聚,从而从长远带动周边城市的发展。此模式的城市生长点的具有社会效益重于经济效益的特点,需要正确看待此模式的投资回报,宏观决策及具体开发层面要发挥其开放性、联系性,带动城市周边发展,与前续、后续建设的跨界耦合作用也不容忽视。

(2) 交通枢纽模式。随着城市的发展、主流交通方式的变化,该模式的作用机制和特点也发生着进化。该模式通过对交通与城市空间之间这种互动关系的利用,顺应其内在相互促进的规律,在以交通枢纽为核心的区域产生辐射与影响,促进城市的有机生长发展。我国的现代城市发展尤其要重视与轨道交通相关的城市生长点布点建设。

(3) CBD/Sub-CBD模式。该模式反映了城市发展到一定程度后的扩散—再集聚的内在需求。新点往往分担旧点部分功能,并形成自身的优势,形成新一轮的集聚。该模式指出,需要在新旧城市生长点形成有机的联系,避免同性相斥、恶性竞争,功能上实现错位竞争与互补。此外,该模式具有一定的针对性,一般来说,中小型城市、衰败期的大都市难以简单通过该模式促进多中心的形成。该模式布点对大型城市的副中心建设,以及对卧城的活力激活具有较强的针对性。

(4) 城市事件启动的公共建筑模式。通过城市事件对局部地段功能的改造或增加,促进和引导城市后续规划和发展,进而激活周边地块的价值提升,从而引发区域的良性增长与循环,具有一定的自组织特色。布点建设应符合城市发展需求,重视相关基础设施建设的契机,而城市事件过后活力的保持更是关系布点的成功。

(5) 行政中心模式。生长点布点建设具有一定的行政色彩,其最显著的特色在于,通过行政中心的迁移推动城市生长点布点与激发,但通过行政手段短时间内来实现城市生长点的模式有违市场规律,具有一定的弊端,今后城市生长点发展中将会减少采用该模式。

最后,笔者指出,开发机制与模式的混合是城市生长点的一大特点,在实际的城市生长点布点建设过程中,多数城市生长点是属于混合性质的模式,需根据实际情况进行针对性的分析和整体的综合考虑。

7.6 研究的分析方法

本书采用多种分析方法,通过对城市发展及相关要素的分析,提出城市生长点的概念,并指出其背景及空间、时间的限定,分析其属性特点及作用特点。通过结合案例的综合分析,得出城市生长点在空间层面、时间层面的特点及形态演化。本书结合点与城市的互动关系,概括性地提出城市生长点的开发建设机制与总体原则,最终归纳出若干具有代表性的开发模式,希望能为城市与建筑设计契合城市整体发展提供新的选择与途径,为城市规划与城市管理决策提供更为广泛的借鉴思路。

由于城市生长点的研究基于复杂、有机、联动的城市大背景，是一种从局部到整体、自下而上、由点及面的创新性研究，因而只有基于大量分析调研和对城市发展深刻的理解基础上，才能开展研究。

在分析阶段，由于城市动态、复杂的发展背景，相关研究很难通过简单的物质层面或逻辑层面的分类进行相关分析，笔者在本书中采取了多种方法综合的方式，主要从纵向时间层面与横向空间层面进行分析。在城市生长点研究的实际应用层面，笔者基于学科交叉的综合分析，最终从城市生长点的空间性质、空间构成出发，结合实际生活中居民对城市的功能、空间、环境的需求，以及城市发展的内在需求，提出城市生长点开发建设的机制与总体原则，并梳理出若干的开发模式。但这种概括是建立在对现代城市典型案例的研究基础之上，是一种基于实践的归纳，故很难囊括所有的开发机制与模式。此外，城市生长点的相关研究涉及建筑设计、景观设计、城市设计、城市规划等相关专业，同时与多学科存在交叉，如社会学、经济学、政治学等。笔者由于专业背景、阅历的限制，难免存在着疏漏与局限，希望抛砖引玉为以后的研究提供思路和借鉴。

7.7　研究的拓展方向

展望未来，城市生长点的相关研究具有相当大的弹性与拓展空间。

一是在研究对象层面可以进行拓展与延伸。本书的研究对城市生长点进行了背景、时间、空间等限定，关注于范围相对有限、层级较微观的城市生长点。而生长点的概念及相关作用特点可以延伸到更高层面的城市系统中，扩展到更大的城市范围。如相对于市级范围，城市区域可以作为生长点；相对于国家级、省级区范围，辖区内相关的城市可以视为生长点，如法国曾提出"平衡都市"的计划。

二是城市生长点的研究逻辑也可以移植拓展到城市其他"点"的研究中。本书侧重于城市发展核心的"城市生长点"，但在城市"点"作用于"面"的机制中，还存在着众多"生长点"以外的点状目标，如城市针灸等理论中关注的其他城市节点。在将来的拓展研究中，城市生长点的研究思路和方法可以借鉴和移植到这些研究中去。

参考文献

·中文文献·

［ 1 ］《世界大城市规划与建设》编写组. 世界大城市规划与建设［M］. 上海：同济大学出版社，1989.

［ 2 ］埃德蒙·N. 培根（美）. 城市设计［M］. 黄富厢，朱琪，译. 北京：中国建筑工业出版社，1989.

［ 3 ］安东尼·奥罗姆（美），陈向明. 城市的世界［M］. 曾茂娟，任远，译. 上海：上海人民出版社，2005.

［ 4 ］贝纳沃罗·L（意）. 世界城市史［M］. 薛钟灵，等，译. 北京：科学出版社，2000.

［ 5 ］蔡佳俊. 联系城市设计和建筑设计的控制要素［D］：［硕士学位论文］. 广州：华南理工大学，2005.

［ 6 ］曹西强. 晋城市资源型产业转型的实证研究［D］：［硕士学位论文］. 武汉：华中科技大学，2010.

［ 7 ］陈飞. 中小城市商住混合体研究［D］：［硕士学位论文］. 昆明：昆明理工大学，2003.

［ 8 ］陈剑儒. 城市规划与城市设计理论探讨［J］. 中国高新技术企业，2010(4)：167-168.

［ 9 ］陈任君. 城市开发区空间生长机理与优化策略研究［D］：［硕士学位论文］. 武汉：华中科技大学，2009.

［10］陈志华. 外国建筑史［M］. 北京：中国建筑工业出版社，2004.

［11］成小梅. 转型期洛阳城市空间结构重构研究［D］：［硕士学位论文］. 郑州：河南大学，2011.

［12］戴维·戈斯林（美），玛利亚·克里斯蒂娜·戈斯林（美）. 美国城市设计［M］. 陈雪明，译. 北京：中国林业出版社，2005.

［13］董君. 城市肌理研究［D］：［硕士学位论文］. 哈尔滨：哈尔滨工业大学，2004.

［14］段进. 城市空间发展论［M］. 南京：江苏科学技术出版社，1999.

［15］段进. 新时期中国城市的空间重构与转型发展——以南京南部新城整体城市设计为例［J］. 城市规划，2011，35(12)：16-19.

［16］方可. 当代北京旧城更新：调查·研究·探索［M］. 北京：中国建筑工业出版社，2000.

［17］菲利普·莫伊泽（德）. 城市建筑与规划［M］. 卢昀伟，等，译. 大连：大连理工大学出版社，2005.

［18］冯健. 转型期中国城市内部空间重构［M］. 北京：科学出版社，2004.

［19］冯雪冬. 中关村科技园区发展模式研究［D］：［硕士学位论文］. 北京：首都经济贸易大学，2005.

［20］冯毓. 煤炭资源型县域经济可持续发展研究［D］：［硕士学位论文］. 昆明：昆明理工大学，2010.

［21］傅克诚. 日本的现代建筑家桢文彦［J］. 建筑学报，1987(3)：71-77.

［22］高世明. 城市的核与轴［D］：［硕士学位论文］. 天津：天津大学，1997.

［23］高云峰. 以人为本视角下的西部资源型城市社会转型研究［D］：［硕士学位论文］. 兰州：西北师范大学，2010.

［24］葛远群. 资源型城市转型与淮南市经济结构调整［D］：［硕士学位论文］. 合肥：安徽大学，2010.

［25］宫宇地一彦（日）. 建筑设计的构思方法——拓展设计思路［M］. 马俊，里妍，译. 北京：中国建筑工业出版社，2006.

［26］韩冬青，冯金龙. 城市·建筑一体化设计［M］. 南京：东南大学出版社，1999.

［27］韩冬青. 文脉中的环节建筑［J］. 新建筑，1998(1)：20-22.

［28］何婷婷. 云南省资源型城市的可持续发展研究［D］：［硕士学位论文］. 昆明：云南大学，2010.

［29］赫曼·赫茨伯格（荷）. 建筑学教程：设计原理［M］. 仲德崑，译. 天津：天津大学出版社，2003.

［30］黑川纪章（日）. 黑川纪章：城市设计的思想与手法［M］. 覃力，黄衍顺，徐慧，等，译. 北京：中国建筑工业出版社，2004.

［31］黄富厢. 上海 21 世纪 CBD 与陆家嘴中心区规划的深化完善［J］. 北京规划建设，1997(2)：18-25.

［32］黄亚平. 城市空间理论与空间分析［M］. 南京：东南大学出版社，2002.

［33］金广君,陈旸.论"触媒效应"下城市设计项目对周边环境的影响[J].规划师,2006,22(11):8-12.

［34］金广君.图解城市设计[M].哈尔滨:黑龙江科学技术出版社,1999.

［35］凯文·林奇(美).城市形态[M].林庆怡,等,译.北京:华夏出版社,2001.

［36］凯文·林奇(美).城市意象[M].方益萍,何晓军,译.北京:华夏出版社,2001.

［37］P·克莱芒,魏庆泓.城市设计概念与战略——历史连续性与空间连续性[J].世界建筑,2001(6):23-25.

［38］肯尼斯·弗兰姆普敦(美).现代建筑:一部批判的历史[M].张钦楠,等,译.北京:三联书店,2004.

［39］李波.煤炭资源型城市可持续发展研究——以大同市为例[D]:[硕士学位论文].乌鲁木齐:新疆师范大学,2010.

［40］李玮.城市混合居住社区发展及其整合规划策略研究[D]:[硕士学位论文].杭州:浙江大学,2006.

［41］李艳丽.典型资源型城市综合要素生产率与人力资本关系实证研究[D]:[硕士学位论文].保定:河北大学,2009.

［42］梁承庭,等.法国巴黎公共交通研究与借鉴[M].北京:电子工业出版社,1990.

［43］刘捷.城市形态的整合[M].南京:东南大学出版社,2004.

［44］刘堃.城市空间的层进阅读方法研究[M].北京:中国建筑工业出版社,2010.

［45］刘雷.控制与引导——控制性详细规划层面的城市设计研究[D]:[硕士学位论文].西安:西安建筑科技大学,2004.

［46］刘杨.大庆市的产业转型研究[D]:[硕士学位论文].哈尔滨:哈尔滨工程大学,2005.

［47］刘旸.城市混合居住发展策略研究[D]:[硕士学位论文].上海:同济大学,2008.

［48］刘易斯·芒福德(美).城市发展史:起源、演变和前景[M].倪文彦,宋峻岭.译.北京:中国建筑工业出版社,1989.

［49］刘宇扬."城市再生"的意义、方式与能量来源[J].住区(城市再生专辑特别策划),2008(1):8-14.

［50］刘忠广.郑州高新区超硬材料产业集群的现状与对策研究[D]:[硕士学位论文].郑州:郑州大学,2004.

［51］龙固新.大型都市综合体开发研究与实践[M].南京:东南大学出版社,2005.

［52］卢济威.城市设计机制与创作实践[M].南京:东南大学出版社,2005.

［53］芦原义信(日).外部空间设计[M].尹培桐,译.北京:中国建筑工业出版社,1985.

［54］陆丽娜.依托高新技术园区提升哈尔滨市经济竞争优势问题研究[D]:[硕士学位论文].哈尔滨:东北农业大学,2004.

［55］陆锡明.大都市一体化交通[M].上海:上海科学技术出版社,2003.

［56］马文军.城市开发策划[M].北京:中国建筑工业出版社,2005.

［57］米歇尔·米绍(法),张杰,邹欢.法国城市规划40年[M].何枫,任宇飞,译.北京:社会科学文献出版社,2007.

［58］明月.资源型组团城市空间形态演变研究——以枣庄为例[D]:[硕士学位论文].昆明:昆明理工大学,2009.

［59］莫斌.建筑设计中的场地构思[D]:[硕士学位论文].北京:北京建筑工程学院,2000.

［60］努尔夏提.资源诅咒、真实储蓄率与新疆能源产业发展[D]:[硕士学位论文].武汉:华中科技大学,2010.

［61］皮埃尔·法维埃(法),米歇尔·马丹-罗良(法).密特朗掌权十年[M].宇泉,等,译.北京:世界知识出版社,1995.

［62］齐康,张浪,等.城市建筑[M].南京:东南大学出版社,2001.

［63］斯皮罗·科斯托夫(美).城市的形成——历史进程中的城市模式和城市意义[M].单皓,译.北京:中国建筑工业出版社,2005.

［64］宋培臣.上海中心城区多中心空间结构的成长[D]:[硕士学位论文].上海:上海师范大学,2010.

［65］孙婧.中国工业园区的贸易与环境协调发展研究[D]：[硕士学位论文].青岛：青岛大学,2005.

［66］汤朝晖.相容建筑——由城市公共空间切入建筑设计的方法研究[D]：[博士学位论文].广州：华南理工大学,2003.

［67］宛素春,等.城市空间形态解析[M].北京：科学出版社,2004.

［68］王富臣.形态完整——城市设计的意义[M].北京：中国建筑工业出版社,2005.

［69］王季秋.破产资源县(市)"矿业财政"存在的问题及对策研究[D]：[硕士学位论文].湘潭：湘潭大学,2009.

［70］王建国."城市再生"与城市设计[J].城市建筑,2009(2)：3.

［71］王世福.面向实施的城市设计[M].北京：中国建筑工业出版社,2005.

［72］王炜,陈学武,陆建,等.城市交通系统可持续发展理论体系研究[M].北京：科学出版社,2004.

［73］王新征.建筑城市性理念下的城市建筑专题研究[D]：[硕士学位论文].北京：清华大学,2004.

［74］王雅梅.欧盟区域政策研究[D]：[博士学位论文].成都：四川大学,2005.

［75］王苑,耿磊.大事件触媒作用的反思——以南京河西新城为例[M]//中国城市规划学会.规划创新：2010中国城市规划年会论文集.重庆：重庆出版社,2010.

［76］王战和.高新技术产业开发区建设发展与城市空间结构演变研究[D]：[博士学位论文].长春：东北师范大学,2006.

［77］王志华.昆山开发区研究(1984—2004)[D]：[硕士学位论文].苏州：苏州大学,2005.

［78］韦恩·奥图,唐·洛干(美).美国都市建筑：城市设计的触媒[M].王劭方,译.北京：创兴出版社,1994.

［79］魏成林,北京市规划委员会.北京中轴线城市设计[M].北京：机械工业出版社,2005.

［80］翁佳玲.以毕尔包分馆案例与台中分馆筹建案例解析古根海姆美术馆的国际分馆扩张模式[D]：[硕士学位论文].北京：中央美术学院,2007.

［81］吴锦绣.建筑过程的开放化研究[D]：[博士学位论文].南京：东南大学,2000.

［82］吴良镛.建筑·城市·人居环境[M].石家庄：河北教育出版社,2003.

［83］吴明伟,孔令龙,陈联.城市中心区规划[M].南京：东南大学出版社,1999.

［84］武永胜.中国区域经济差异原因分析[D]：[硕士学位论文].北京：清华大学,2005.

［85］许树伯.实用决策方法——层次分析法原理[M].天津：天津大学出版社,1988.

［86］轩明飞.经营城市[M].南京：东南大学出版社,2004.

［87］薛凌.资源型城市向现代化城市转型问题研究[D]：[博士学位论文].哈尔滨：哈尔滨工程大学,2008.

［88］亚历山大·C(美),奈斯·H(美),安尼诺·A(美),等.城市设计新理论[M].陈治业,童丽萍,译.北京：知识产权出版社,2002.

［89］阳建强,吴明伟.现代城市更新[M].南京：东南大学出版社,1999.

［90］扬·盖尔(丹麦).交往与空间[M].何人可,译.4版.北京：中国建筑工业出版社,2002.

［91］杨卡.长春汽车产业集群研究[D]：[硕士学位论文].长春：东北师范大学,2005.

［92］叶蔓.资源型城市经济可持续发展研究[D]：[博士学位论文].哈尔滨：哈尔滨工业大学,2009.

［93］原广司(日).世界聚落的教示100[M].于天祎,等,译.北京：中国建筑工业出版社,2003.

［94］曾莹.城市·建筑一体化设计中的环节建筑研究[D]：[硕士学位论文].南京：东南大学,2001.

［95］张凡,卢济威.发扬历史文化的城市设计方法初探[J].新建筑,2009(2)：12-16.

［96］张芳.城市生长点形态与机制研究[D]：[博士学位论文].南京：东南大学,2012.

［97］张鸿雁.城市·空间·人际——中外城市社会发展比较研究[M].南京：东南大学出版社,2003.

［98］张京祥.西方城市规划思想史纲[M].南京：东南大学出版社,2005.

［99］张路峰.城市的复杂性与城市建筑设计研究[D]：[博士学位论文].哈尔滨：哈尔滨工业大学,2001.

［100］张莉平.让"传统"在历史与时代中生长——丽江古城周边城市建设的调查与分析[D]：[硕士学位论

文].上海:同济大学,2006.

[101] 张琪林.图解——从抽象诠释到设计操作[D]:[硕士学位论文].南京:东南大学,2007.

[102] 张在元.东京建筑与城市设计(第一卷　桢文彦:代官山集合住宅街区)[M].香港/上海:建筑与城市出版社有限公司/同济大学出版社,1993.

[103] 张在元.在同一地平线上——张在元与阿尔瓦罗·瓦雷拉对话[J].世界建筑,1998(4):28-31.

[104] 彰国社(日).东京都新都厅[M].王洁,胡秀梅,译.北京:中国建筑工业出版社,2004.

[105] 郑毅.城市规划设计手册[M].北京:中国建筑工业出版社,2000.

[106] 支文军.城市触媒——轨道交通综合体[J].时代建筑,2009(5):1.

[107] 中华人民共和国第七届全国人民代表大会常务委员会.中华人民共和国城市规划法[S].中华人民共和国主席会,1989.

[108] 中华人民共和国建设部.GB 50180—93　城市居住区规划设计规范[S].北京:建设部标准定额研究所,1993.

[109] 中华人民共和国建设部.GBJ 137—90　城市用地分类与规划建设用地标准[S].北京:建设部标准定额研究所,1990.

[110] 中华人民共和国住房和城乡建设部.GB 50137—2011　城市用地分类与规划建设用地标准[S].北京:中国建筑工业出版社,2011.

[111] 钟纪刚.巴黎城市建设史[M].北京:中国建筑工业出版社,2002.

[112] 周泉.安徽省工业园区发展模式研究[D]:[硕士学位论文].合肥:合肥工业大学,2005.

[113] 周商吾,等.交通工程[M].上海:同济大学出版社,1987.

[114] 周淑景.法国老工业基地产业转型及其启示[J].经济研究导刊,2009(32):45-49.

[115] 周昕.A工业园可行性研究[D]:[硕士学位论文].北京:华北电力大学(北京),2006.

[116] 周育贤.事件、时间、空间之探讨[D]:[硕士学位论文].台中:朝阳科技大学,2006.

·外文文献·

[1] Alexander R. Cuthbert, Designing Cities[M]. Houston: Blackwell Publishers, Ltd, 2003.

[2] Alexandre C, Bertrand L. Sur Les Quais: Un Point de Ville Parisien[R]. Pavilion de l'Arsenal, 1999.

[3] Bernard T. Architecture and Disjunction[M]. Cambridge: The MIT Press, 1996.

[4] Bernard T. Event City[M]. Cambridge: The MIT Press, 2000.

[5] Bruno F. L'Amour des Villes[M]. Liége : Pierre Mardaga Éditeur, 1994.

[6] David G S. Recombinant Urbanism[M]. London: Wiley-Academy, 2005.

[7] David M. La Ville Franchisée, Formes et Structures de la Ville Contemporaine[M]. Paris: De la Villette, 2004.

[8] Eduardo F. The Impact of Mega Events, Annals of Tourism Research[Z]. 1988.

[9] Elizabeth S K. L'Enfant and Washington[M]. Baltimore: John Hopkins University Press, 1929.

[10] Gabriele L. Le Fleuve dans la Ville, La Valorisation des Berges et Milieu Urbain, Centre de Documentation de L'urbanisme[Z]. 2006.

[11] Gallion A B, Eisner S. Urban Pattern[M]. 6th ed. New York: Van Nostrand Reinhold, 1986.

[12] Henri B, Isabelle G. Le Front de Seine, Histoire Prospective[R]. La Semea 15, 2003.

[13] Jianquan C. Modeling Spatial and Temporal Urban Growth[D]. [Master Thesis]. Utrecht: Utrecht University, 2003.

[14] Jos P V L, Harry J, Timmermans P. Recent Advances in Design & Decision Support System[M]. Dordrecht: Kluwer Academic Publishers, 2004.

[15] Kitamura R, Fujii S, Pas E I. Time-use data, analysis and model-ing: Toward the next generation of transportation planning method-ologies[J]. Transport Policy, 1997(4):213-220.

［16］ Lewis M. The City in History[Z]. 1961.

［17］ Michael B. Urban Modeling[M]. Cambridge：The Syndics of the Cambridge University Press，2006.

［18］ Mirko Z. Designing Cities[M]. ［s. l］：Electa，1999.

［19］ Murayama Y. Japanese Urban System[M]. Dordrecht：Kluwer Academic Publishers，2000.

［20］ Paris Projet. Le Schéma Directeur d'Aménagement et d'Urbanisme de la Ville de Paris[Z]. 1980.

［21］ Paris Projet. L'Aménagement de l'Est de Paris[Z]. 1987.

［22］ Paris Projet. L'Aménagement du Secteur Seine Rive Gauche[Z]. 1990.

［23］ Paris Projet. Politique Nouvelle de la Rénovation Urbaine[Z]. 1982.

［24］ Peter G H. City of Tomorrow[M]. 3rd ed. Oxford：Blackwell Publishing，2002.

［25］ Peter H. Ulrich Pfeiffer，Urban Future 21[M]. London：E&FN Spon Press，2000.

［26］ Pierre P. Les Plans de Paris：Histoire d'une Capitale[R]. Le Passage，2004.

［27］ Richard T L，Frederic S. The City Reader[M]. New York：Routledge，2007.

［28］ Rocky Mountain Institute. Green Development[M]. Hoboken：John Wiley &Sons Inc，1998.

［29］ Rosenau H. The Ideal City in its Architectural Evolution[M]. New York：Routledge Library Editiss，1976.

［30］ Slater T R. The Built Form of Western Cities[M]. Leicester：Leicester University Press，1990.

［31］ Southall. A City in Time and Space[M]. Cambridge：Cambridge University Press，1998.

［32］ Sun Z. Simulating Urban Growth Using Cellular Automata[D]：[Master Thesis]. Enschede：International Institute for GEO-Information Science and Earth Observation，2003.

［33］ Tafuri M. Architecture and Utopia[M]. Cambridge：The MIT Press，1976.

［34］ Thomas S. Cities Without Cities[M]. London：Spon Press，2003.

［35］ Wallerstein I. The Modern World-System[Z]. 1974.

［36］ Wrigley E A. People，Cities and Wealth：The Transformation of Traditional Society[Z]. 1987.

图片来源

图 1-1 源自:巴黎荣军院,笔者拍摄于 2009 年.

图 1-2 源自:笔者绘制.

图 1-3 源自:笔者根据资料绘制.

图 1-4 源自:Budapest. ORG:budapestcity. uw. hu/. . . /index-hu. htm.

图 1-5 源自:http://en. wikipedia. org/wiki/Budapest.

图 2-1 源自:http://esatc. hutc. zj. cn/jpkc/xqxlx/uploadfile/gif/2008-2/2008218113210847. gif.

图 2-2 源自:笔者绘制.

图 2-3 源自:笔者根据资料重绘.

图 3-1 源自:笔者通过谷歌地球(Google Earth)软件获取处理绘制.

图 3-2 源自:笔者绘制.

图 3-3 源自:魏成林,北京市规划委员会. 北京中轴线城市设计[M]. 北京:机械工业出版社,2005.

图 3-4 至图 3-7 源自:笔者绘制.

图 3-8 源自:张京祥. 西方城市规划思想史纲[M]. 南京:东南大学出版社,2005.

图 3-9 源自:《常州城市总体规划(1996—2010)》.

图 3-10 源自:B. H. 别拉乌绍夫的《莫斯科建筑群发展体系图》.

图 3-11 源自:笔者绘制.

图 4-1 源自:笔者绘制.

图 4-2 源自:Allen P M. Cities and Regions as Self-Organizing Systems of Complexity,1997.

图 4-3 源自:笔者绘制.

图 4-4 源自:笔者通过 Google Earth 软件获取处理绘制.

图 4-5 源自:笔者根据法国拉德芳斯方案纪要整理绘制.

图 4-6 源自:笔者参考法国拉德芳斯,优秀的赌注(Le Pari de l'Excellence)绘制.

图 4-7 源自:笔者根据法国拉德芳斯方案纪要整理绘制.

图 4-8 源自:笔者拍摄于 2009 年.

图 4-9 源自:笔者拍摄于 2010 年.

图 4-10 源自:Victor G. The Heart of Our Cities:The Urban Crisis:Diagnosis and Cure[M]. New York:Simon and Schuster,1964.

图 4-11、图 4-12 源自:笔者绘制.

图 4-13 源自:《上海新天地旅游指南》.

图 4-14 至图 4-16 源自:维基百科,http://en. wikipedia. org/wiki/Parc_des_Buttes_Chaumont.

图 4-17 源自:笔者拍摄于 2010 年.

图 4-18 源自:http://www. menschkunst. de/news. php? _ID=dad668ca.

图 4-19 源自:http://gelsenkirchen. wikia. com/wiki/Nordsternpark.

图 4-20 源自:笔者绘制.

图 4-21 源自:笔者拍摄.

图 4-22 源自:笔者绘制.

图 4-23、图 4-24 源自:维基百科,http://en. wikipedia. org/wiki/Gas_Works_Park.

图 4-25 源自:http://samuelokopi. com/engaging-architecture/gas-works-park-past-meets-present/.

图 4-26 源自:笔者绘制.

图 4-27 源自:笔者通过 Google Earth 软件获取处理绘制.

图 4-28 源自:笔者根据毕尔巴鄂政府机场及超级港口电子小册(Airport and Superport in eBook Format)整理绘制.

图 4-29 源自:笔者根据毕尔巴鄂政府机场及超级港口电子小册,毕尔巴鄂地铁(Airport and Superport in eBook Format,Metro Bilbao),整理绘制.

图 4-30 源自:http://iartindex.wordpress.com/2012/04/25/guggenheim-museum-bilbao/.

图 4-31 源自:笔者绘制.

图 4-32 源自:http://www.zonu.com/fullsize-en/2011-01-28-12866/Bike-routes-and-paths-in-Bilbao-2003.html.

图 4-33 源自:笔者绘制;毕尔巴鄂政府宣传(Bilbao Internal).

图 4-34 源自:维基百科,http://it.wikipedia.org/wiki/Les_Halles_(quartiere).

图 4-35 源自:巴黎莱阿勒,ISBN 2-281-19234-2.巴黎贝勒维勒国立高等建筑学院(Ensa-Paris-Belleville)藏书.

图 4-36、图 4-37 源自:笔者绘制.

图 4-38 源自:笔者通过 Google Earth 软件获取处理绘制.

图 5-1 源自:笔者拍摄于 2010 年.

图 5-2 源自:笔者拍摄于 2014 年.

图 5-3 源自:笔者通过 Google Earth 软件获取处理绘制.

图 5-4、图 5-5 源自:笔者拍摄于 2010 年.

图 5-6 源自:http://transphoto.ru/articles/2823/.

图 5-7 源自:笔者通过 Google Earth 软件获取处理.

图 5-8 源自:http://www.gaoloumi.com/viewthread.php? tid=644926.

图 5-9 源自:笔者通过 Google Earth 软件获取处理.

图 5-10 源自:笔者拍摄于 2010 年.

图 5-11 源自:http://tp.longhoo.net/2014/yog_0816/6151.html♯5.

图 5-12 源自:笔者通过 Google Earth 软件获取处理绘制.

图 5-13 源自:张建韬拍摄于 2014 年.

图 5-14 源自:维基百科,http://de.wikipedia.org/wiki/Quartier_des_Halles.

图 5-15 源自:笔者拍摄于 2014 年.

图 5-16 源自:笔者通过 Goodte Earth 软件获取.

图 5-17 源自:笔者根据资料绘制.

图 5-18 源自:笔者拍摄绘制.

图 5-19 源自:笔者根据方案竞赛文本整理绘制(巴黎贝勒维勒国立高等建筑学院藏书).

图 5-20 源自:笔者绘制.

图 5-21 源自:笔者根据巴黎莱阿勒的竞赛文本,巴黎贝勒维勒国立高等建筑学院藏书整理绘制.

图 5-22 源自:笔者绘制.

图 5-23 源自:笔者根据竞赛方案重绘.

图 6-1 源自:笔者绘制.

图 6-2 源自:http://www.jaccede.com/fr/p/0s0-parc-de-bercy-paris/.

图 6-3 源自:笔者绘制.

图 6-4 源自:笔者拍摄于 2010 年.

图 6-5 源自:笔者拍摄于 2009 年.

图 6-6 源自:笔者拍摄于 2010 年;贝尔西城 2014 年的活动宣传.

图 6-7、图 6-8 源自：笔者绘制.

图 6-9 源自：笔者根据方案纪要建筑专题论文，让·皮埃尔·博斐，方案及建成作品（Monografic D'architecture, Jean-Pierre Buffi, Projet et Rélisation）整理绘制.

图 6-10 源自：笔者拍摄于 2010 年.

图 6-11 源自：笔者绘制.

图 6-12 源自：笔者绘制；环金鸡湖规划.

图 6-13 源自：苏州工业园区金鸡湖文化水廊城市设计调整；AAI 国际建筑师事务所（又名上海亚来建筑设计有限公司）.

图 6-14 源自：笔者拍摄于 2014 年.

图 6-15 源自：笔者通过 Google Earth 软件获取处理绘制.

图 6-16 源自：南京南部新城规划文本.

图 6-17 至图 6-19 源自：段进. 新时期中国城市的空间重构与转型发展——以南京南部新城整体城市设计为例[J]. 城市规划, 2011, 35(12): 16-19.

图 6-20 源自：中铁第四勘察设计院集团有限公司.

图 6-21 源自：笔者绘制.

图 6-22 源自：笔者摄于南京规划展览中心, 2011 年.

图 6-23、图 6-24 源自：笔者绘制.

图 6-25 源自：http://adawak. blogspot. com/2012/02/helicopter-ride-over-tokyo. html.

图 6-26 源自：东京旅游网站.

图 6-27 源自：http://www. skyscrapercity. com/showthread. php? t＝1605205&page＝4.

图 6-28 源自：涩谷站地区，站点街区规划.

图 6-29 源自：http://www. skyscrapercity. com/showthread. php? t＝1605205&page＝4.

图 6-30 源自：http://muza-chan. net/japan/index. php/blog/japanese-architecture-shibuya-hikarie.

图 6-31、图 6-32 源自：渋谷駅地区 駅街区開発計画.

图 6-33 源自：涩谷旅游手册，转载于 http://www. bowlgraphics. net.

图 6-34 源自：笔者绘制；Hikarie 官网，http://www. hikarie. jp/.

图 6-35 源自：笔者拍摄于上海规划展览馆, 2005 年.

图 6-36 源自：笔者根据规划资料绘制.

图 6-37 源自：黄富厢. 上海 21 世纪 CBD 与陆家嘴中心区规划的深化完善[J]. 北京规划建设, 1997(2): 18-25.

图 6-38 源自：笔者绘制.

图 6-39 源自：百度；上海新国际博览中心（SNIEC）交通宣传.

图 6-40 源自：笔者拍摄于上海, 2004 年.

图 6-41 源自：笔者绘制.

图 6-42、图 6-43 源自：http://club. pchome. net/thread_1_15_6918089_1_. html.

图 6-44、图 6-45 源自：王鲁民教授，郑州交通与城市发展演讲.

图 6-46、图 6-47 源自：笔者绘制.

图 6-48、图 6-49 源自：郑州市建筑设计院，郭晓方拍摄于 2011 年.

图 6-50 源自：笔者通过 Google Earth 软件获取处理绘制.

图 6-51 源自：笔者拍摄于 2010 年.

图 6-52 源自：笔者根据《法国城市历史遗产保护》地图整理绘制.

图 6-53、图 6-54 源自：笔者绘制.

图 6-55 源自：笔者拍摄于 2010 年.

图 6-56、图 6-57 源自：笔者绘制.

图 6-58 源自:笔者根据资料绘制.

图 6-59 源自:http://commons.wikimedia.org/wiki/File:Bercy,_Paris_01.jpg.

图 6-60 源自:笔者根据上海浦东国际金融学会 SPIF 整理绘制.

图 6-61 源自:周舟,《南京河西新城区图》,南京市测绘勘察研究院有限公司.

图 6-62 源自:《南京市河西新城区控制性详细规划》,南京市规划设计研究院有限公司.

图 6-63 源自:南京市规划设计研究院有限公司.

图 6-64 源自:http://nj.house.sina.com.cn/zt/hexicbd/.

图 6-65 源自:笔者通过 Google Earth 软件获取处理绘制.

图 6-66、图 6-67 源自:笔者绘制.

图 6-68 源自:成小梅.转型期洛阳城市空间结构重构研究[D]:[硕士学位论文].郑州:河南大学,2011;笔者绘制.

图 6-69 至图 6-70 源自:张建韬拍摄于 2014 年.

表格来源

表 1-1 至表 1-4 源自:笔者绘制.

表 1-5 源自:笔者绘制;张京祥.西方城市规划思想史纲[M].南京:东南大学出版社,2005.

表 1-6 源自:笔者绘制;陈志华.外国建筑史[M].北京:中国建筑工业出版社,2004.

表 1-7 源自:笔者根据资料重绘、拍摄.

表 1-8 源自:笔者根据资料重绘.

表 2-1 至表 2-11 源自:笔者绘制.

表 3-1 至表 3-6 源自:笔者绘制.

表 4-1 源自:笔者绘制;吴明伟,孔令龙,陈联.城市中心区规划[M].南京:东南大学出版社,1999.

表 4-2 源自:笔者根据资料绘制.

表 5-1 至表 5-6 源自:笔者绘制.

表 5-7 源自:笔者绘制;刘堃.城市空间的层进阅读方法研究[M].北京:中国建筑工业出版社,2010.

致谢

本书的研究是基于我博士研究的延伸而来,即将完成,感慨良多。在齐康院士指导下的硕士、博士学习,让我受益匪浅,齐康老师高屋建瓴的专业指导与严谨的治学态度对我影响至深。无论在日常学习、工程实践,还是在博士学位论文写作中都倾注了导师的心血。导师的教诲,长存于心,在此,谨向导师表示崇高的敬意和衷心的感谢!

感谢留法期间导师皮埃尔·克莱蒙特(Pierre Clément)教授对我的关心与指导,感谢东南大学建筑研究所林挺老师、卜纪青老师在整个写作过程中给予我的鼓励与关怀。

感谢国家留学基金的资助,除完成专业的学习任务外,使我有机会对巴黎及相关研究地区进行实地的考察。感谢巴黎贝勒维勒国立高等建筑学院(又译巴黎美丽城国立高等建筑学院)(ENSA－Paris Belleville)的图书馆的资源库支持,为我的研究积累了大量的一手资料与丰厚的研究素材。

感谢国家自然科学基金的资助,感谢江苏省高校优势学科建设项目的资助,使我的后续研究得以延伸。尤其要感谢苏州科技学院建筑与城市规划学院,促成了这次的出版!

最后感谢父母,为我提供了最强大的精神支持;感谢整个研究及写作期间给我鼓励与支持的丈夫,感谢我研究期间出生的宝宝;感谢张建韬以及郭晓方在资料收集阶段对我的无私帮助;感谢近在身边默默支持,以及远在大洋彼岸遥相牵挂的朋友,感谢你们的鼎力支持!

张芳

2014 年 12 月